主持编写单位：山东省调水工程运行维护中心

山东省胶东调水工程总结评价

主　编：毕树德

副主编：谷　峪　孙　翀　王晓东　张泽玉　牟燕妮

参　编：杨士瑞　颜景栋　段文明　任萌萌　庄志凤

　　　　纪诗闻　张　勇　张　波　苑丽丽　孙　博

　　　　韩　鹏　卜君如　李　杨　徐　欣　赵登良

山东大学出版社
SHANDONG UNIVERSITY PRESS
·济南·

内容简介

本书以山东省胶东地区引黄调水工程(以下简称"胶东调水工程")为案例,对调水工程总结评价工作的程序、内容及方法等进行了探索和研究。全书共分为两篇,分别为工程篇和总结评价篇。工程篇主要介绍工程情况,包括工程概况、工程等级及设计标准、工程任务及规模、工程总体布置及主要建设内容等。总结评价篇从工程建设者的角度,对工程进行全过程的总结和评价,包括项目实施过程总结、项目效果评价、项目目标和可持续性评价等。

本书可供从事水利工程规划、设计、咨询、建设管理、技术、高校工作等相关从业人员阅览和使用,对其他土木建筑领域工程管理和技术人员也具有较高的参考价值。同时对于规划制定、项目审批、投资决策、工程建设、运行管理等专家和工作人员也具有借鉴意义。

图书在版编目(CIP)数据

山东省胶东调水工程总结评价/毕树德主编.—济
南:山东大学出版社,2022.12
ISBN 978-7-5607-7756-6

Ⅰ.①山… Ⅱ.①毕… Ⅲ.①调水工程－总结－山东
②调水工程－评价－山东 Ⅳ.①TV68

中国国家版本馆 CIP 数据核字(2023)第 002149 号

责任编辑 祝清亮
文案编辑 任 梦
封面设计 禾 乙

山东省胶东调水工程总结评价
SHANDONG SHENG JIAODONG
DIAOSHUI GONGCHENG ZONGJIE PINGJIA

出版发行	山东大学出版社
社 址	山东省济南市山大南路 20 号
邮政编码	250100
发行热线	(0531)88363008
经 销	新华书店
印 刷	山东蓝海文化科技有限公司
规 格	787 毫米×1092 毫米 1/16
	15 印张 328 千字
版 次	2022 年 12 月第 1 版
印 次	2022 年 12 月第 1 次印刷
定 价	56.00 元

前　言

项目评价是对正在实施或已经完成的项目所进行的一种系统而又客观的分析评价，以确定项目的目标、目的、效果、效益的实现程度。20 世纪 60 年代以来，工程项目后评价理论已发展成为发达国家和国际金融组织实施投资监督、进行项目管理的得力手段和工具。我国的项目评价工作起步较晚，但发展较快。从 20 世纪 80 年代初期开始，中国进入了评价工作的快速发展阶段。到 20 世纪 90 年代中期，项目评价工作在全国范围内得到普遍推广。2010 年 2 月，水利部印发了《水利建设项目后评价管理办法（试行）》。2014 年 9 月，国家发改委发布了《中央政府投资项目后评价管理办法》和《中央政府投资项目后评价报告编制大纲（试行）》。项目后评价对于总结项目管理的经验教训、提高项目决策的科学化水平起着重要作用，国内各行业对投资项目后评价工作日益重视。

水利工程建设项目所处的区域自然环境条件的差异，使得各工程所发挥的效益以及对所在区域的社会、经济环境影响的程度各有不同，对已经完成项目的目的、执行过程、效益、作用和影响系统地、客观地进行分析，通过检查总结，确定目标是否达到，项目或规划是否合理有效，并通过可靠的资料信息反馈，为未来决策提供依据。同时对水利产业来说，这既是一次清产核资，也是一次向全社会宣传水利工程作为基础设施产业为社会、为人类创造的价值，这对深化经济体制改革，制定水利经济政策和水利建设长远规划都具有深远意义。因此，水利工程项目后评价是工程建设项目管理工作的延伸，属于项目管理周期中一个不可缺少的重要阶段。

山东省胶东地区引黄调水工程（以下简称"胶东调水工程"）是政府投资建设的公益性、基础性、战略性水利工程，是综合利用黄河水、长江水和其他水资源，向青岛市、烟台市、潍坊市、威海市等受水地区以及沿线其他区域引水、蓄水、输水、配水的大型骨干水资源配置工程。该工程于 2019 年年底竣工验收并投入使用，2015—2019 年实施应急抗旱调水。工程运行至 2021 年 6 月 30 日，累计供水 $11.14 \times 10^8 \ m^3$，其中向烟台市供水 $6.89 \times 10^8 \ m^3$，向威海市供水 $3.93 \times 10^8 \ m^3$，向青岛市（平度市）供水 $0.32 \times 10^8 \ m^3$，对缓解胶东地区水资源供需矛盾、保障受水区用水需求、优化区域水资源配置、保障供水安全以及保障国民经济和社会稳定可持续发展起到重要作用。

胶东调水工程是水利部于 2021 年确定的三项总结评价试点项目之一。开展项目总结评价试点工作，运用科学、系统、规范的方法，对项目决策、建设实施和运行管理等各阶段及工程建成后的效益、作用和影响进行分析评价，总结经验，吸取教训，不断提高项目决策和建设管理水平，完善项目全生命周期建设管理程序，是十分必要的。其目的不仅仅是对胶东调水工程自身的总结评价，对后续类似调水工程的规划制定、项目审批、投资决策、工程建设、运行管理均具有深远的指导和借鉴意义。

为了全面总结胶东调水工程的设计、建设、运行实际情况，从中汲取经验教训，为长距离调水工程的科学实施提供建议，山东省调水工程运行维护中心与青岛市水利勘测设计研究院有限公司组成联合课题组，将该工程自我总结评价工作成果提炼成本书。本书以胶东调水工程为案例，对该类工程的后评价工作步骤、方法和要点进行了有益的探索和研究。对胶东调水工程的总结评价可为政府投资新项目的决策提供参考依据，为项目的立项和可行性研究提供基础资料。同时，评价结果还可为项目的实施反馈信息，以便及时调整下一步建设投资计划，也可对建成项目进行诊断，提出完善项目的建议和方案。通过项目总结评价，反馈项目管理各阶段的经验教训，能进一步改进和完善项目管理工作，提高项目投资效益，促进水利项目投资的良性循环和健康发展。管理部门还可以对国家、地区或行业的规划进行分析研究，为国家有关部门调整政策和修订规划提供依据。

《山东省胶东调水工程总结评价》由山东省调水工程运行维护中心主持编写，青岛市水利勘测设计院有限公司参与编写。在此，对相关领导、专家、同行们的真诚帮助表示衷心的感谢！

胶东调水工程总结评价工作得到了山东省水利厅及工程沿线市、县（区）水利局及山东省调水中心有关分中心和管理站的大力支持，在项目研究和本书编写过程中得到了诸多专家学者的指导和指正，在此一并表示诚挚的感谢！另外，对本书标注引用的相关文献作者表示感谢！

本书对胶东调水工程总结评价进行了有益探索与研究，但由于作者水平有限，书中难免存在疏忽和不足之处，敬请各位读者批评指正，并对广大读者的支持和帮助表示诚挚的感谢！

作　者
2022 年 7 月

目 录

第二篇　总结评价篇

第一篇

工程篇

第1章 工程概况

1.1 工程位置

山东省胶东地区引黄调水工程（简称"胶东调水工程"）是党中央、国务院和山东省委、省政府决策实施的远距离、跨流域、跨区域大型水资源调配工程，是实现山东省水资源优化配置的重大战略性、基础性、保障性民生工程，是山东省省级骨干水网的重要组成部分。

胶东调水工程位于山东省胶东半岛北部，工程途经博兴县、广饶县、寿光市、寒亭区、昌邑市、平度市、莱州市、招远市、龙口市、蓬莱市、栖霞市、福山区、莱山区、高新区、牟平区及文登区共 16 个县（市、区）。

1.2 工程建设的必要性

1.2.1 建设背景

胶东地区是山东省经济发达地区，是对外开放的前沿阵地，政治、经济地位十分重要，但当地水资源十分贫乏，是山东省严重缺水的地区，也是南水北调东线工程山东省最主要的供水区和用水大户。干旱缺水已严重制约着该地区社会经济的可持续发展。1999—2001 年，胶东地区特别是烟台、威海两市持续干旱、严重缺水，大量工业企业停产限产，居民生活定量供水。其中威海市实行阶梯水价制度控制用水量，对于超出限量的部分收取 44 元/m³ 的水费。如此严峻的局面，引起了中央领导、有关部委和山东省委、省政府的高度关注，时任国务院副总理温家宝先后两次到胶东地区视察旱情，山东省委、省政府领导多次到胶东地区实地考察及调查研究，探讨解决供水危机的措施和办法。领导和专家一致认为，尽快实施南水北调东线工程和胶东地区调水工程已势在必行，解决烟台市、威海市严重缺水的问题已迫在眉睫。

1.2.2 建设的必要性

1.2.2.1 缓解烟台市、威海市的供水危机

胶东引黄供水区水资源匮乏、干旱缺水的形势已是不争的事实,面对胶东地区水资源严重紧缺的状况,从外流域调水是解决该地区水资源供需矛盾的根本出路。该工程建设完成后,可增加供水量 1.43×10^8 m³。若遇一般干旱年份或枯水年份,通过调水和节水可基本满足当地城市居民生活和工业企业用水要求;若再遭遇连续干旱或特枯年份,通过采取水资源优化配置和科学调度措施,适当延长输水时间,也可基本满足当地用水要求,大大缓解烟台市、威海市的供水危机。

1.2.2.2 确保胶东引黄供水区社会经济的可持续发展

胶东地区水资源严重匮乏,属资源型缺水地区,连年干旱缺水已严重制约着当地经济的持续发展和改革开放的进程,给社会稳定和生态环境造成了不利影响。胶东地区引黄调水工程作为解决胶东地区严重缺水问题的根本性措施,是缓解胶东地区供水紧张状况的必然选择,能够保证该地区社会经济的可持续发展。

1.2.2.3 可防止莱州湾地区海水入侵,改善当地生态环境

胶东引黄供水区水资源匮乏,遇到连续干旱少雨的时期,地下水超采量较大,造成地下水位大幅下降,致使沿海平原遭到海水入侵,进而引发大量耕地盐碱化、入侵区地下水不能饮用、企业设备锈蚀等严重问题,使当地的生态环境恶化,给当地工农业生产造成极大的损失。胶东地区引黄调水工程实施后,工业供水条件得到明显改善,可还水于农业、还水于环境,逐步缩减莱州湾地区海水入侵的面积,为彻底改善当地生态环境奠定坚实的基础。

1.2.2.4 为向胶东地区输送江水奠定基础

胶东地区引黄调水工程实施后,贯通了向烟台市、威海市供水的通道。通过引黄济青工程调引黄河水,待南水北调东线一期工程全线贯通后,可与引黄济青工程、引黄入峡工程连通,形成胶东地区骨干水网,这在协调好胶东地区水资源承载能力与经济社会的发展、生态建设的关系,合理配置生活、生产和生态用水方面发挥着重要作用。

1.3 工程总体布置及建设内容

1.3.1 工程总体布置及主要建筑物

胶东调水工程自打渔张引黄闸引取黄河水,利用现有引黄济青工程输水至昌邑市宋庄镇,经宋庄分水闸分水,沿烟潍公路新辟明渠输水,沿途经灰埠、东宋、辛庄 3 级泵站提水至龙口市黄水河泵站;经黄水河泵站加压后,管道输水至任家沟隧洞,隧洞出口接任家

沟暗渠输水至温石汤泵站;经温石汤泵站加压后,管道输水至村里隧洞,隧洞出口接村里暗渠输水至高疃泵站;在高疃泵站前分水入门楼水库,其余水量入泵站前池,经高疃泵站加压后,管道输水入高位水池,再由管道输水至桂山隧洞,隧洞出口由管道连接孟良口子隧洞,隧洞出口接管道至星石泊泵站;经星石泊泵站加压后,管道输水至卧龙隧洞,隧洞出口接卧龙暗渠,然后管道输水至米山水库。工程输水线路总长483.50 km,其中利用现有引黄济青段工程173.69 km(含引黄济青输沙渠和沉沙池长度),新辟输水线路309.80 km,包括宋庄分水闸至黄水河泵站前输水明渠段长159.94 km,黄水河泵站至米山水库输水管道、输水暗渠及隧洞段长149.87 km。工程全线共设9级提水泵站(新建7级、改建2级)、5座隧洞、6座大型渡槽,其他水闸、倒虹、桥梁等交叉建筑物495座,管道(暗渠)段阀、井218处;并配套建设自动化调度系统、管理设施、水土保持和输变电工程等。

1.3.2　工程主要建设内容

工程主要建设内容如下:

(1)引黄济青改建配套工程(包括小清河分洪道子槽衬砌、子堤加高、丹河倒虹改造、输水河衬砌、王耨及宋庄泵站机组更换、12B倒虹排涝工程等)。

(2)宋庄分水闸—黄水河泵站段输水明渠工程159.94 km。

(3)压力管道输水工程103.48 km(含泵站长度)。

(4)隧洞工程16.60 km(包括任家沟隧洞4.59 km、村里隧洞6.33 km、桂山隧洞2.25 km、孟良口子隧洞2.19 km和卧龙隧洞1.24 km)。

(5)暗渠输水工程29.79 km(任家沟暗渠0.44 km、村里暗渠28.98 km、卧龙暗渠0.37 km)。

(6)泵站工程(新建7级:灰埠泵站、东宋泵站、辛庄泵站、黄水河泵站、温石汤泵站、高疃泵站、星石泊泵站。改建2级:王耨泵站、宋庄泵站)。

(7)渡槽工程6座(大刘家河渡槽506 m、淘金河渡槽1 373 m、孟格庄渡槽430 m、界河渡槽2 021 m、后徐家渡槽369 m、八里沙河渡槽165 m)。

(8)交叉建筑物工程共495座(包括水闸、倒虹、桥梁等)。

(9)输变电工程。

(10)自动化调度系统。

(11)工程迁占及移民安置工程。

(12)专项设施改造工程。

(13)安全防护工程。

(14)水土保持工程。

(15)环境保护工程。

(16)工程管理设施。

1.4 工程相关图表

1.4.1 工程特性表

胶东调水工程主要特性见表1.4.1。

表 1.4.1 工程特性表

序号及名称	单位	数量	备注
1.社会经济			
(1)范围(县、市、区个数)	个	12	不含利用段
(2)土地面积	km²	15 614	
2.设计调水量	×10⁴ m³	14 300	
(1)青岛市(平度市)	×10⁴ m³	1 000	
(2)烟台市	×10⁴ m³	9 650	
①莱州市	×10⁴ m³	1 300	
②招远市	×10⁴ m³	1 200	
③龙口市	×10⁴ m³	1 300	
④蓬莱市	×10⁴ m³	1 200	
⑤栖霞市	×10⁴ m³	500	
⑥烟台市区	×10⁴ m³	4 150	
(3)威海市	×10⁴ m³	3 650	
3.黄河水源条件分析			
(1)渠首引黄水量	×10⁸ m³	2.04	不包括引黄济青1.93×10⁸ m³
(2)宋庄分水闸设计分水量	×10⁸ m³	1.73	
4.工程情况			
(1)现有引黄济青工程利用与扩建配套			
①利用输水河长度	km	173.69	含引黄济青输沙渠和沉沙池长度
②利用提水泵站级数	级	2	
③小清河分洪道子堤加高培厚及护砌长度	km	18×2	
④小清河分洪道子槽排污倒虹座数	座	2	

续表

序号及名称	单位	数量	备注
⑤现有泵站增设机组台数	台	0	
⑥现有泵站更换机组台数	台	5	
(2)宋庄分水闸—黄水河段输水渠工程			
①输水渠长度	km	159.94	
②设计流量(渠首—渠尾)	m³/s	12.6~22.0	
③分水口门			
a.平度市分水量/流量	×10⁴ m³/(m³/s)	1 000/1.27	
b.莱州市分水量/流量	×10⁴ m³/(m³/s)	1 300/1.65	
c.招远市分水量/流量	×10⁴ m³/(m³/s)	1 200/1.53	
d.龙口市分水量/流量	×10⁴ m³/(m³/s)	1 300/1.65	
④渠底比降		1/3 000~ 1/35 000	
⑤设计水深	m	2.0~2.5	
⑥边坡系数		1.0~2.5	
⑦渠床糙率		0.015~0.016	
⑧渠底宽	m	8.5~2.9	
⑨堤顶宽度	m	4~7	
⑩衬砌形式		143.868	
a.全断面混凝土六边形板＋塑膜防渗＋保温板	km	67.755	
b.钢丝网保温板＋现浇混凝土	km	4.917	
c.人工现浇混凝土板	km	44.021	
d.机械化衬砌	km	19.921	
e.金属网＋喷 C30 混凝土 5 cm,渠底现浇	km	2.418	
f.无砂混凝土找平＋复合膜＋保温板＋预制板	km	4.836	
⑪提水泵站:总扬程	m	54.64	
a.灰埠泵站:最低/设计/最高净扬程	m	7.2/8.0/9.2	
设计流量/加大流量	m³/s	20.7/26.9	
1400HD-9/1000HDS-9 型水泵			4 台混流泵/2 台 潜水泵
单机容量	kW	800/400	

序号及名称	单位	数量	备注
装机容量	kW	4 000	
b.东宋泵站:最低/设计/最高净扬程	m	12.06/12.86/13.99	
设计流量/加大流量	m³/s	19.7/25.6	
1400HD-14/1000HDS-12 型水泵			4 台混流泵/2 台潜水泵
单机容量	kW	1 100/5 600	
装机容量	kW	5 520	
c.辛庄泵站:设计/最高净扬程	m	32.01/33.10	
设计流量/加大流量	m³/s	17.0/22.1	
水泵型号		1 200S39	单级双吸卧式离心泵
SDS900-1150SX 型电动机			
单机容量	kW	1 400	
装机容量	kW	11 200	
⑫水闸工程	座	21	
a.进水闸	座	1	
b.节制闸	座	2	
c.分水闸	座	18	
⑬倒虹工程	座	41	
a.输水渠穿河倒虹	座	20	含漩河倒虹
b.输水渠穿路倒虹(穿路箱涵)	座	21	
⑭渡槽工程(座数/总长)	座/m	6/4 864	
a.大刘家河渡槽(流量/长度)	(m³/s)/m	19.0/506	
b.淘金河渡槽(流量/长度)	(m³/s)/m	16.3/1 373	
c.孟格庄渡槽(流量/长度)	(m³/s)/m	16.3/430	
d.界河渡槽(流量/长度)	(m³/s)/m	16.3/2 021	
e.后徐家渡槽(流量/长度)	(m³/s)/m	15.0/369	
f.八里沙河渡槽(流量/长度)	(m³/s)/m	15.0/165	

续表

序号及名称	单位	数量	备注
⑮桥梁工程	座	318	
a.输水渠跨河交通桥	座	11	
b.跨输水渠公路桥	座	74	
c.跨输水渠交通桥	座	232	
d.跨输水渠人行桥	座	1	
⑯大莱龙铁路交叉建筑物	处	4	
⑰河、沟、渠穿输水渠建筑物	座	111	
(3)黄水河泵站—村里隧洞出口输水工程	km	29.677	
①输水流量	m³/s	11.0～12.6	
②黄水河—村里隧洞段输水管道暗渠工程	km	18.755	含泵站长度
③泵站工程			
a.黄水河泵站:最低/设计/最高净扬程	m	63.39/64.39/67.19	
设计流量	m³/s	12.6	
800S83 型水泵			双吸离心泵
单机容量	kW	1 900	
装机容量	kW	19 000	
b.温石汤泵站:最低/设计/最高净扬程	m	15.77/18.27/20.77	
设计流量	m³/s	12.6	
800S29 水泵型号			双吸离心泵
单机容量	kW	710	
装机容量	kW	7 100	
④隧洞工程	km	10.922	
a.任家沟隧洞			
隧洞长度	km	4.590	
洞底比降		1/1 500	
洞径(宽×高)	m	3.9×3.5	
b.村里隧洞			
隧洞长度	km	6.332	

序号及名称	单位	数量	备注
洞底比降		1/1 500	
洞径(宽×高)	m	3.8×3.3	
(4)村里隧洞出口—米山水库段输水工程	km	120.194	
①输水流量	m³/s	4.8～11.0	
②村里隧洞出口—米山水库段输水管道暗渠工程	km	114.512	含泵站长度
③泵站工程			
a.高疃泵站:最低/设计/最高净扬程	m	55.85/56.85/59.03	
设计流量	m³/s	5.5	
水泵型号		800S65	双吸离心泵
单机容量	kW	1 700	
装机容量	kW	6 800	
b.星石泊泵站:最低/设计/最高净扬程	m	48.82/50.32/51.82	
设计流量	m³/s	4.8	
水泵型号		800S73	双吸离心泵
单机容量	kW	1 700	
装机容量	kW	6 800	
④隧洞工程	km	5.682	
a.桂山隧洞			
隧洞长度	km	2.249	
洞底比降		1/10 000	
洞径	m	2.6	
b.孟良口子隧洞			
隧洞长度	km	2.191	
洞底比降		1/1 000	
洞径(宽×高)	m	2.4×1.9	
c.卧龙隧洞			
隧洞长度	km	1.242	
洞底比降		1/1 500	

序号及名称	单位	数量	备注
洞径（宽×高）	m	2.4×1.9	
5.工程迁占情况			
①永久占地	亩	16 923.79	
②临时占地	亩	10 059	
6.工程施工			
(1)主要工程量			
①土石方开挖	×10⁴ m³	2 039	
②土方填筑	×10⁴ m³	888	
③砌石	×10⁴ m³	17.82	
④混凝土及钢筋混凝土	×10⁴ m³	107.4	
⑤钢筋制安	×10⁴ t	4.1	
(2)主要建筑材料			
①钢材	t	48 036	
②水泥	×10⁴ t	34.05	
③木材	m³	1 713	
④汽油	t	781	
⑤柴油	t	16 075	
7.工程总投资	万元	560 012.92	

1.4.2　工程布置图

胶东调水工程布置示意图见图 1.4.1。

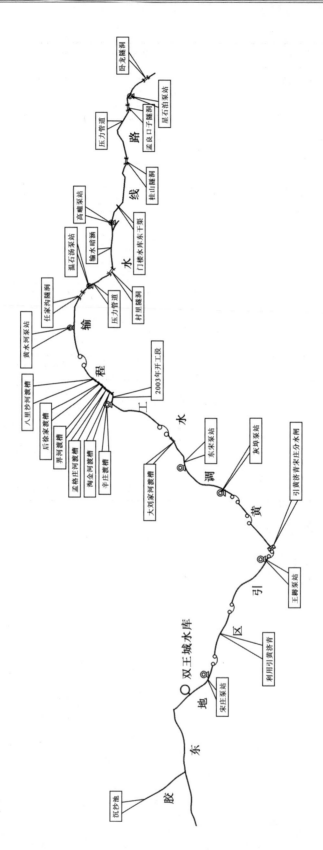

图 1.4.1　胶东调水工程布置示意图

第2章 工程等级及设计标准

2.1 工程等别及建筑物级别

根据《水利水电工程等级划分及洪水标准》(SL 252—2000),结合工程的实际情况,确定胶东调水工程的工程等别为Ⅰ等,其主要建筑物为1级,次要建筑物为3级。具体划分如下:

(1)泵站、隧洞、输水渠道(明渠、暗渠)、压力管道、渡槽、渠(管)道与铁路、高速公路及一级公路的交叉建筑物、输水渠道(压力管道)穿河倒虹、宋庄分水闸等永久性主要建筑物为1级。

(2)分水闸,节制闸,泄水闸,渠(管)道与二、三级公路的交叉建筑物,沟(渠)穿输水渠道(压力管道)的倒虹等永久性建筑物为3级。

(3)与输水渠道交叉的其他公路和生产道路的桥梁,其工程等别按与其相交叉的公路和生产道路的等别确定。

2.2 设计标准

2.2.1 洪水标准

(1)根据《防洪标准》(GB 50201—94)的规定,输水渠穿(跨)河倒虹、渡槽等1级建筑物,设计洪水标准采用50年一遇,校核洪水标准采用200年一遇;泵站设计洪水标准采用100年一遇,校核洪水标准采用300年一遇。

(2)穿输水渠倒虹、涵洞、渡槽等3级建筑物,设计洪水标准采用20年一遇,校核洪水标准采用50年一遇。

(3)输水渠右岸排水沟设计洪水标准采用10年一遇。

(4)桥梁设计洪水标准按原公路、道路的级别确定。

2.2.2 地震设防烈度

据《中国地震动参数区划图》(GB 18306—2001),输水线路自宋庄分水闸—胶莱河以西,地震动峰值加速度为 0.15g;胶莱河以西—米山水库,地震动峰值加速度为 0.10g,地震动反应谱特征周期为 0.40 s,相应于地震基本烈度Ⅶ度。

第3章 工程任务及规模

3.1 工程任务

胶东调水工程的主要任务是贯通宋庄分水闸—威海市米山水库段的输水干线,缓解烟台市、威海市的供水危机,防止莱州湾地区海水内浸,改善当地生态环境,并为胶东输水干线的全线贯通奠定基础,为青岛市、烟台市、威海市等胶东地区重点城市调引长江水创造条件,以保证该地区社会经济的可持续发展。

3.1.1 供水范围及供水目标

根据南水北调东线一期工程总体规划及专家组对胶东供水可行性研究报告的评估意见,为缓解烟台、威海两市的供水危机,在长江水未调来之前,首先实施引黄调水工程。其供水范围为青岛、烟台、威海3个市的12个县(市、区),土地面积 1.56×10^4 km²。由于从黄河调水水量有限,为发挥最大的供水效益,其供水目标以确保城市生活用水与重点工业用水为主,兼顾生态环境及部分高效农业用水。

3.1.2 供水量

根据胶东引黄供水区12个县(市、区)目前的缺水状况,结合水资源供需平衡计算结果及黄河可供水量,确定本工程总供水量为 $14\,300 \times 10^4$ m³,其中烟台市区 $4\,150 \times 10^4$ m³(含牟平区 500×10^4 m³),莱州市 $1\,300 \times 10^4$ m³,招远市 $1\,200 \times 10^4$ m³,龙口市 $1\,300 \times 10^4$ m³,蓬莱市 $1\,200 \times 10^4$ m³,栖霞市 500×10^4 m³;威海市 $3\,650 \times 10^4$ m³;青岛市(平度市) $1\,000 \times 10^4$ m³。

3.2 工程建设规模

宋庄分水闸—黄水河泵站段输水明渠工程设计流量 12.6~22.0 m³/s,校核流量 16.4~29.0 m³/s;黄水河泵站—门楼水库段输水管道与隧洞、暗渠工程设计流量 11.0~12.6 m³/s,隧洞和暗渠校核流量 14.3~16.4 m³/s;门楼水库—威海市米山水库段输水管道与隧洞工程设计流量 4.8~5.5 m³/s,隧洞校核流量 6.2~7.2 m³/s。

第4章 工程总体布置及主要建设内容

4.1 工程总体布置

胶东调水工程自打渔张引黄闸引取黄河水,利用现有引黄济青工程输水至昌邑市宋庄镇,经宋庄分水闸分水,沿烟潍公路新辟明渠输水,沿途经灰埠、东宋、辛庄3级泵站提水至龙口市黄水河泵站;经黄水河泵站加压后,管道输水至任家沟隧洞,隧洞出口接任家沟暗渠,输水至温石汤泵站;经温石汤泵站加压后,管道输水至村里隧洞,隧洞出口接村里暗渠,输水至高疃泵站;在高疃泵站前分水入门楼水库,其余水量入泵站前池,经高疃泵站加压后,管道输水入高位水池,再由管道输水至桂山隧洞,隧洞出口由管道连接孟良口子隧洞,隧洞出口接管道至星石泊泵站;经星石泊泵站加压后,管道输水至卧龙隧洞,隧洞出口接卧龙暗渠,然后管道输水至米山水库。工程输水线路总长483.50 km,其中利用现有引黄济青段工程173.69 km(含引黄济青输沙渠和沉沙池长度),新辟输水线路309.81 km,包括宋庄分水闸至黄水河泵站前输水明渠段长159.94 km,黄水河泵站至米山水库输水管道、输水暗渠及隧洞段长149.87 km。工程全线共设9级提水泵站(新建7级、改建2级)、5座隧洞、6座大型渡槽,其他水闸、倒虹、桥梁等交叉建筑物495座,管道(暗渠)段阀、井等218处。配套建设自动化调度系统、管理设施、水土保持和输变电工程等。

宋庄分水闸至黄水河泵站段输水明渠的工程设计主要包括渠道设计、堤防设计、两岸排水设计、衬砌设计、暗渠设计等,总长159.94 km,设计流量12.6～22.0 m³/s,校核流量16.4～29.0 m³/s。全线共布置了灰埠、东宋和辛庄3座扬水泵站,大刘家河、淘金河、孟格庄、界河、后徐家及八里沙河6座渡槽,各类交叉建筑物495座。其中水闸21座,包括渠首进水闸1座,节制闸2座,分水闸、向渠内排涝闸18座;输水渠穿河倒虹20座;输水渠穿路倒虹、暗涵21座;输水渠跨河交通桥11座,跨输水渠人行桥1座,穿大莱龙铁路交叉建筑物4座,跨输水渠公路桥74座,跨输水渠交通桥232座,河、沟、渠穿输水渠交叉建筑物111座。

黄水河泵站至米山水库段输水管道、暗渠、隧洞工程总长149.87 km。输水管道工程根据所在地区的不同划分为七个管段。第一管段为龙口段:黄水河泵站—任家沟隧洞入口。第二管段为蓬莱段:温石汤泵站—村里隧洞入口。第三管段为福山段:高疃泵站—福山、莱山段管道接管点。第四管段为莱山段:福山、莱山段管道接管点—桂山隧洞进口,桂山隧洞出口—莱山、牟平(一)段管道接管点。第五管段为牟平(一)段:莱山、牟平(一)段管道接管点—孟良口子隧洞进口,孟良口子隧洞出口—星石泊泵站。第六管段为牟平(二)段:星石泊泵站—卧龙隧洞进口。第七管段为文登段:卧龙隧洞出口—米山水库。输水管道工程全长 103.48 km(含泵站长度),沿途经龙口市、蓬莱市、福山区、莱山区、牟平区、文登区 6 个地区,设计流量 4.8~12.6 m³/s,与黄水河、温石汤、高疃、星石泊4 级加压泵站及任家沟、村里、桂山、孟良口子、卧龙 5 座隧洞和任家沟、村里、卧龙 3 段暗渠共同完成由黄水河泵站至米山水库的输水任务。

胶东调水工程布置示意图见图 1.4.1。

4.2　引黄济青改建配套工程

引黄济青改建配套工程包括小清河分洪道子槽衬砌、子堤加高、丹河倒虹改造、输水河衬砌、宋庄及王耨泵站机组更换、12B 倒虹排涝工程等。

4.3　输水明渠工程

4.3.1　设计流量

胶东调水工程渠首引水闸—黄水河泵站段输水线路,是从引黄济青输水河设计桩号160+500 宋庄分水闸处分水,主要是将黄河水分别送到烟台市区、威海市区和烟台的莱州市、招远市、龙口市、蓬莱市、栖霞市及青岛的平度市,以解决 12 个县(市、区)群众生活用水及重点工业的用水危机问题。引黄济青输水河 160+500 以上至引黄渠首打渔张闸,与向青岛市供水的输水线路相同,因此,该工程需与引黄济青工程进行联合调度。在考虑输水时间时,应首先保证青岛市用水,满足棘洪滩水库原设计充库的输水时间 70 天要求,保证向调水工程供水区的输水天数为 91 天。输水明渠工程自引黄济青工程设计桩号 160+500 宋庄分水闸分水至黄水河泵站,全长 159.94 km。该段设计流量 12.6~22.0 m³/s,校核流量 16.4~29.0 m³/s。

4.3.2　渠道工程

4.3.2.1　纵断面

结合各渠段的具体情况,确定输水渠渠底比降范围为 1/35 000~1/3 000,分述如下:

(1)渠首进水闸—灰埠泵站

渠首进水闸后 1 km 左右位于青山脚下,输水渠顺坡而下,地面高程由 11.7 m 降至7.7 m,比降较陡。此后,至胶莱河前地面较平缓,地面高程逐渐降至 6 m 左右,地面自然比降约为 1/2 500。渠首进水闸前引黄济青输水河水位为 9.82 m，考虑与其衔接及结合胶莱河以后渠段的纵断面设计，该段输水渠水面比降定为 1/10 000，渠首进水闸后水位跌至 9.00 m，胶莱河前水位为 8.10 m。该段除前段 500 m 水位在地面以下外，其余均在地面以上，为填方渠段。胶莱河至双山河段输水渠基本沿 5～8 m 等高线布置，水位在地面以上 0.5～1.0 m；双山河至灰埠泵站段地形逐渐抬高，水位均在地面以下。根据以上地形情况，确定胶莱河至双山河前水面比降为 1/20 000，双山河至灰埠泵站段比降为 1/10 000，其中穿威乌高速路暗渠段比降为 1/3 000。

（2）灰埠泵站—东宋泵站

灰埠泵站以后地形变化不大，地面高程在 10～16 m 之间，站后水位 12.3 m，水位基本在地面附近。结合各渠段土方平衡，确定灰埠泵站至代古庄铁路倒虹段比降为 1/35 000，代古庄铁路倒虹至沙河段比降为 1/15 000，沙河至海郑河段比降为 1/8 000，海郑河至东宋泵站水面比降为 1/35 000。

（3）东宋泵站—辛庄泵站

东宋泵站至大刘家河渡槽线路经过山前丘陵地带，地面突然抬高，地形起伏较大，该段均为石方，为减少石方开挖量，水面比降定为 1/12 000～1/3 000。大刘家河渡槽至南阳河段线路经过山丘洼地，渠底高程在地面附近，填方量较大，比降定为 1/5 000。南阳河至王河地形较为平缓，水位一般在地面线附近，比降定为 1/30 000～1/15 000；王河至埠上节制闸，地形较为平缓，比降定为 1/20 000；埠上节制闸至朱桥河地形又有较大起伏，地面最高点在水位以上约 10 m，该段为石方段，水面比降拟定为 1/15 000～1/8 000。朱桥河至曲马沟地形起伏较小，除局部段地面在设计水位以上 2.5～4 m 外，其他大部分渠段水位均在地面高程附近，设计比降定为 1/20 000，其中金城至万深河段比降为 1/12 000。曲马沟以后地面逐渐升高，至诸流河滩又逐渐降低，过诸流河后，沿河谷而上至辛庄泵站，地面又逐渐抬升，该段设计比降定为 1/20 000。

（4）辛庄泵站—黄水河泵站

辛庄泵站后地面突然抬高，水位由 13.54 m 扬至 45.35 m。泵站至淘金河前地面高程在 45～50 m 之间，挖方量大，且均为石方，水面比降定为 1/10 000。淘金河、界河附近地势低洼，河底高程均在 20 m 以下，输水渠与淘金河、界河交叉设渡槽跨越，渡槽长度分别为 1.373 km 和 2.021 km，槽底比降 1/2 000，连接两渡槽之间的输水渠设计比降定为 1/20 000。

界河至八里沙河段地形复杂，地面起伏不平，高低交错，地面高程在 35.0～58.5 m 之间，其中后徐家村东、岭西水库坝下地势低洼，地面高程 34.0～38.0 m，设渡槽跨越，渡槽长度为 0.65 km，槽底比降 1/2 000。界河与后徐家渡槽间输水渠设计比降为 1/10 000，后徐家渡槽至八里沙河段渠底比降为 1/15 000。

八里沙河至河里张家河地形较平缓，水位一般在地面附近，基本上为半挖半填断面，水面比降为 1/15 000；河里张家河至南滦河段比降为 1/10 000，其中输水渠过大陈家镇段长 342 m,通道狭窄,采用输水暗渠,水面比降为 1/1 710;南滦河至鸦鹊河段,大部分渠段地面高程在 37.0～42.0 m 之间,最高处为东江镇的徐家东、兰高镇的欧头李家西,地面高程均为 52.0 m 左右,其中输水渠过芦头镇通道狭窄,采用暗渠,暗渠长 344 m,渠底比降 1/3 000;过东江镇蔺家、徐家两村之间通道狭窄,需挖深约 11 m,亦采用暗渠,暗渠长 1 452 m,比降为 1/12 000;鸦鹊河至黄水河泵站前水面比降为 1/20 000,入黄水河泵站设计水位为 37.35 m。

4.3.2.2　横断面

(1)断面形式

根据输水渠沿线的实际情况,输水明渠横断面设计均采用梯形单式输水断面形式,总长 143.868 km。8 段输水暗渠均采用钢筋砼箱涵形式,长 2.865 km。

(2)设计水深

根据设计流量的大小、工程地质、渠床土壤、施工条件等因素,按照经济实用断面的设计原则,经分析研究设计水深为 2.0～3.0 m 不等。对于石方段,为减少石方开挖量,设计水深一般选用 2.0 m。

(3)边坡系数

根据地质条件、挖深及筑高情况确定边坡系数,渠床为砂质、亚黏土及黏土土层,内坡系数一般采用 2.0;曲马沟两岸渠床为粉砂土,挖深较大,为防止边坡坍塌,经稳定计算确定内坡系数为 2.5;渠床为风化岩石,内边坡根据实际情况可适量放陡至 1.0～1.5;输水渠堤外边坡系数一般采用 1.5。

(4)渠床糙率

根据渠床土壤、地质条件、衬砌形式、施工质量及流量的大小,按规范确定渠床糙率,并根据引黄济青输水河实测糙率进行适当的修正。采用混凝土预制或现浇板护砌的渠段,石方段糙率采用 0.016,土渠段糙率采用 0.015,暗渠段糙率采用 0.014。

(5)设计底宽

根据选定的边坡系数、水深、糙率、渠底设计比降和各段的设计流量,按明渠均匀流公式计算,确定输水渠设计底宽。

4.3.3　堤防工程

4.3.3.1　堤型

输水渠堤防采用均质土堤堤型或混合堤型(风化岩、粉细沙筑堤外包壤土或黏土)。

4.3.3.2　堤顶高程

(1)填方渠段及半填半挖渠段

由于输水渠水面宽度一般在 10～20 m,水深在 2.0～3.0 m,风区长度及水域的水深均不大,输水渠的波浪爬高及风壅水面高度较小,可忽略不计。1 级堤防的安全加高为

1.0 m,因此输水渠的堤顶超高应不小于 1.0 m。

宋庄分水闸—黄水河泵站段的输水明渠校核水位一般比设计水位高 0.35～0.45 m。根据规范及以上分析,要求设计堤顶比校核水位高 1.0 m 以上,即要求设计堤顶比设计水位高 1.35～1.45 m 以上。另外,考虑到本工程冬季冰盖下输水的要求,确定本工程设计堤顶超高为 1.5 m,对填方渠段及半填半挖渠段的设计堤顶高程为设计水位加 1.5 m 的堤顶超高。

(2)挖方渠段

挖方渠段的地面高程一般在设计水位以上 1.5 m,以满足堤顶超高的要求。为了防止地面坡水进入输水渠,破坏渠道衬砌及对渠道产生淤积、污染,渠道左右堤应结合堤顶交通道路及弃土堆放,要求堤顶高出地面 1.0 m 以上。在丘陵区为了减少堤顶的起伏,对地面变化较大的渠段,堤顶随坡就势,局部拉平。

4.3.3.3 堤顶结构

(1)堤顶宽度的确定

为满足工程管理、检修的要求,确定输水渠堤防有交通要求的一侧堤顶宽度为 5.5～7.0 m;另一侧为便于工程管理及维修,堤顶宽度为 4.0 m。

输水渠沿线地面高程右岸要高于左岸,为了减少渠道开挖与堤防填筑方量,对借方渠段堤顶交通道路尽可能布置在右侧,对弃土渠段堤顶交通道路一般布置在左侧。另外,埠南尹家前后渠段(1.341 km)和隋家庄东南至邢家东公路段(3.022 km)因地形起伏较大,为便于交通和工程管理,堤顶交通道路布置在地面以下渠道两侧戗台处。

(2)堤顶路面

为便于交通管理,在输水渠有交通要求的堤顶上铺设 0.2 m 厚的泥结碎石路面,路面宽度为 4.5～6.0 m,堤顶宽度为 5.5～7.0 m;另一侧堤顶宽度为 4.0 m,路面不硬化。

(3)路缘石与堤顶土埂

为保护堤顶、有组织地排除堤顶雨水,在堤顶两侧设置路缘石及土埂。路缘石布置在桥梁两端临输水渠一侧上下各 10 m 的范围;输水渠穿河倒虹前 300 m、后 100 m,两岸堤顶两侧处;节制闸前后各 100 m,两岸堤顶两侧处;泵站前后各 500 m,两岸堤顶两侧处。路缘石均采用 C20 预制混凝土板结构,板厚 0.15 m、宽 0.35 m、长 0.60 m,为空心板结构。其余堤段堤顶为防止雨水入渠,有组织地排除集水,在堤顶两侧均设置挡水土埂,土埂高 0.20 m、宽 0.30 m,土埂上种植草皮。

(4)堤坡与戗台

根据输水渠等级、堤身结构、渠床地质、筑堤土料、堤高等因素,经稳定分析确定:对半挖半填渠段,输水渠的内坡均设计为 1:2,外坡为 1:1.5。

对填方渠段,当筑堤高度超过 6.0 m 小于 8.0 m 时,设计内坡为 1:2,外坡为 1:1.5,并在外坡对应渠底高程处设置 2.0 m 宽的戗台;当筑堤高度大于 8.0 m 时,外坡除在对应渠底高程处设置戗台外,还需将堤坡放缓为 1:2,并在外坡距渠底以下 4.0 m 处再加一级戗台,输水渠内坡不变。

对挖方渠段,当挖深大于 6.0 m 小于 8.0 m 时,对土基渠床设计内坡为 1∶2,外坡 1∶1.5,并在内坡设计水位加 1.5 m 高程处设置 2.0 m 宽的戗台。对强风化岩石渠床,设计水位加 1.5 m 超高处设 2.0 m 宽的戗台,戗台以下设计边坡为 1∶1,戗台以上设计边坡为 1∶1.5,当挖深超过 8.0 m 时,除了在设计水位加 1.5 m 高程处设置一道戗台外,在距渠底 8.0 m 处还需设置一道戗台,设计边坡同上。

(5)堤顶与堤坡排水

为及时排除堤顶集水与堤坡雨水,减轻对输水渠的冲刷,均设置有专项排水设施。具体方案如下:

纵向排水槽:在堤外侧弃土高于堤顶的渠段于堤外肩处设置纵向排水槽,汇集堤顶及弃土坡面雨水,通过每隔一定距离布置的横向排水槽将雨水排入路沟或现有排水沟内。纵向排水槽采用 C20 混凝土,"U"形结构,壁厚 5 cm。

横向排水槽:采用 C20 混凝土,为"U"形结构,壁厚 5 cm,布置在堤外有路沟或河沟堤坡处。

水簸箕:为排除堤顶积水,在堤外侧弃土平或低于堤顶的堤段,每隔 60 m 在堤外坡处布置一道水簸箕。水簸箕采用 C20 混凝土,为"U"形结构,壁厚 5 cm。

对于深挖方渠段,堤顶雨水排向外侧,坡面及戗台的雨水直接排入渠道。

(6)堤坡防护

堤顶道路位于内坡戗台处的渠段,渠道挖深大,开挖岩面较破碎,设计坡度较陡。为保证交通及输水渠的安全,对交通道路以上的渠坡采用 CE131 土工网进行防护。

4.3.4　渠道衬砌工程

4.3.4.1　衬砌顶高程

输水明渠设计水深 2.0～3.0 m,堤顶超高为 1.5 m,校核水深比设计水深高 0.28～0.50 m。根据《渠道防渗工程技术规范》(GB/T 50600—2010)及《灌溉与排水工程设计规范》(GB 50288—99),渠道衬砌超高值可采用 0.3～0.8 m。考虑冬季冰盖输水,经综合分析确定输水明渠衬砌高度为设计水位加 1.5 m。

4.3.4.2　衬砌结构

(1)全断面铺设聚苯乙烯保温板＋土工膜＋土工布＋6 cm 预制砼板

预制砼板衬砌为梯形断面,预制砼板砼强度等级为 C30,抗渗等级为 W8,根据《水工混凝土结构设计规范》(SL/T 191—96),抗冻等级为 F200。砼板采用六边形,边长为 38 cm,厚 6 cm;预制砼板下铺设 200 g/m² 土工布,土工布下铺设 0.4 mm 厚聚乙烯土工膜,土工膜下铺设聚苯乙烯保温板。

预制砼板衬砌的坡脚设 C20 现浇砼齿墙,尺寸为 50 cm×30 cm。封顶板采用 C20 预制砼板,尺寸为 60 cm×50 cm×8 cm。

（2）全断面铺设聚苯乙烯保温板＋钢丝网＋6 cm 现浇砼板

现浇砼板衬砌为梯形断面，砼强度等级采用 C30，抗渗等级采用 W8，抗冻等级采用 F200。现浇砼板厚 6 cm，其下铺设钢丝网保温板。

现浇砼板衬砌的坡脚设 C20 现浇砼齿墙，尺寸为 50 cm×30 cm。封顶板采用 C30 现浇砼板，尺寸为 50 cm×8 cm。

现浇砼板衬砌的渠段在渠坡中间设一道纵向伸缩缝，渠段每 3.0 m 设一道横向伸缩缝。

（3）人工现浇砼板

砼强度等级采用 C25（C30、C40），抗渗等级采用 W8，抗冻等级采用 F200。现浇砼板厚 8 cm（C25）或 10 cm（C30、C40）。

现浇砼板衬砌为梯形断面，现浇砼板衬砌的坡脚设 C25（C30、C40）。现浇砼齿墙尺寸为 50 cm×30 cm。封顶板采用 C25（C30、C40）现浇砼板，尺寸为 50 cm×8 cm。

现浇砼板衬砌的渠段每 4.2 m 设一道横向伸缩缝。

（4）机械化现浇砼板，全断面铺设聚苯乙烯保温板＋12 cm 现浇砼板

现浇砼板衬砌为梯形断面，砼强度等级采用 C30，抗渗等级采用 W8，抗冻等级采用 F200，现浇砼板厚 12 cm。现浇砼板下铺设聚苯乙烯保温板。

现浇砼板衬砌的坡脚设 C30 现浇砼齿墙，尺寸为 50 cm×30 cm。封顶板采用 C30 现浇砼板，尺寸为 58 cm×12 cm。

现浇砼板衬砌的渠段每 4.2 m 设一道横向伸缩缝。

（5）渠坡 5 cm C10 砼垫层找平＋扩张金属网＋喷 C30 砼，现浇砼板厚 5 cm，渠底现浇 C30 砼，厚 10 cm。

喷砼及现浇砼板衬砌为梯形断面，砼强度等级采用 C30，抗渗等级采用 W8，抗冻等级采用 F200。由于岩石开挖面凹凸不平，渠坡首先用 5 cm C10 砼垫层找平，然后挂扩张金属网，最后喷 C30 砼现浇砼板，厚 5 cm；渠底直接现浇 C30 砼，厚 10 cm。

喷砼和现浇砼板衬砌的渠段每 4.2 m 设一道横向伸缩缝。

（6）无砂砼 15 cm 找平＋复合膜＋保温板＋预制砼六边形板

首先利用无砂混凝土找平（兼排水），平均厚度 15 cm，为保证排水畅通，无砂砼的最小厚度要求不小于 5 cm。复合膜采用一布一膜，土工布 200 g/m²，聚乙烯土工膜厚 0.4 mm。为防止冻胀破坏，在复合膜上铺设聚苯乙烯保温板，板上铺设六边形预制块，边长为 38 cm，厚 6 cm。坡脚设 C20 现浇砼齿墙，尺寸为 50 cm×30 cm。封顶板采用 C20 预制砼板，尺寸为 60 cm×50 cm×8 cm。

4.3.4.3 衬砌分缝及填缝

（1）纵缝

纵向伸缩缝布置在预制砼板和现浇砼板中，沿输水渠长度方向布置。

预制砼板纵向伸缩缝共设置 2 条，在渠道底部齿墙与边坡连接处各设置 1 条，均为

通缝。

现浇砼板和喷砼纵向伸缩缝共设置 4 条,在两侧衬砌渠坡中间各设置 1 条;渠道底部齿墙与边坡连接处各设置 1 条,均为通缝。

(2)横缝

横向伸缩缝布置在预制砼板和现浇砼板中,垂直于输水渠长度方向布置。

预制砼板横向伸缩缝与输水渠横断面轮廓相同。六边形板每隔 16.4 m 布设 1 条,肋形板每隔 15.7 m 布设 1 条,均为通缝。

现浇砼板横向伸缩缝与输水渠横断面轮廓相同,每隔 4.2 m 布设 1 条,均为通缝。

(3)填缝材料

预制砼板纵、横缝均采用 L-600 闭孔泡沫塑料板和渠道专用聚氨酯弹性密封膏(PUI)封顶,缝深 6 cm,缝宽 2 cm。L-600 闭孔泡沫塑料板横断面为 4 cm×2 cm,渠道专用聚氨酯弹性密封膏封顶横断面为 2 cm×2 cm。

现浇砼板和喷砼纵、横缝采用 L-600 闭孔泡沫塑料板和聚氨酯弹性密封膏(PUI)填充。缝深根据衬砌形式分别为 6 cm、8 cm 和 10 cm,缝宽为 2 cm。L-600 闭孔泡沫塑料板横断面为 4(8)cm×2 cm,聚氨酯弹性密封膏横断面为 2 cm×2 cm。

4.3.4.4　防冻胀

保温材料选用聚苯乙烯泡沫板(简称"保温板"),预制砼板衬砌渠段保温板铺设长度采用全断面保温,长度为渠底、两侧衬砌边坡长度之和。

经计算,输水渠采取全断面铺设聚苯乙烯泡沫板,渠床为东西走向的,阳坡厚度为 2 cm,阴坡厚度为 4 cm;渠床为南北走向的,厚度为 3 cm;渠床为西南—东北走向的,阳坡厚度为 2 cm,阴坡厚度为 3 cm;渠底保温板厚度均为 3 cm。

4.3.4.5　排水减压

采用暗管集水、逆止式排水器自流内排的排水方案,具体布置:在渠道两侧靠近坡角处砼板下设置暗管集水,每隔一定间距设一逆止式排水器,排水器出水管的出口距渠底的垂直高度为 10 cm。当地下水位高于输水渠水位时,地下水通过排水暗管汇入排水器,逆止式阀门开启,地下水由出水管排至输水渠内,以降低地下水位,减少浮托力;反之阀门关闭。

暗管排水系统包括集水暗管及其反滤材料、逆止式排水器和出水管。

(1)集水暗管及其反滤材料

①集水暗管

集水暗管布置一排,沿渠道两侧边坡外侧布置,暗管中心距渠底 23~24 cm,比降与渠底一致。集水暗管采用排水效果好的塑料排水盲沟,盲沟直径选用 ∅150,空隙率 82%,单位长度质量 1 kg/m,抗压强度要求达到 80 kPa 以上。

②反滤材料

为了阻止土壤颗粒进入排水管造成管道淤堵,增加管周围的透水性、稳定管基土壤,排水管周围采用土工布包裹。土工布规格选用 300 g/m²，搭接长度为 25 cm。

（2）逆止式排水器和出水管

①逆止式排水器

逆止式排水器采用排水效果好、便于安装的 FNP（地下水专用排水器），排水器间距根据暗管排水流量及排水器出水流量计算确定。

②出水管

集水箱出水管采用硬质聚乙烯塑料管，根据集水箱出水管出流量，确定管径为 6 cm 和 8 cm，出水管比降为 1/50。

4.3.4.6　衬砌观测

（1）布设原则

衬砌观测系统的布设原则：应考虑与输水渠其他观测系统相结合、减少重复设置、便于观测和管理，同时也应考虑输水渠防渗衬砌形式、输水渠走向、防冻胀形式、排水减压措施等因素，合理确定衬砌观测系统的布设；所有观测点应设置在建筑物管理房的附近，既可为观测人员提供工作、生活上的方便，又可节省观测费用。

（2）观测系统布设

根据上述原则，选取气温、降雨量观测点 10 处，冻胀观测点 10 处，排水观测点 4 处，砼板应变观测点 2 处，渠道渗漏观测点 7 处。

4.3.4.7　右堤外坡防护

输水渠穿越招远市、龙口市丘陵区，有 7 处（其中招远市 2 处、龙口市 5 处）是在冲沟、坑塘中筑堤。雨季会受到山洪的冲刷，为保证输水安全，对输水渠的右岸采用 M10 水泥砂浆砌块石护砌，护砌总长度 628 m，护砌厚度 0.3 m，坡脚处设浆砌石齿墙，断面尺寸为 0.6 m（宽）×1.0 m（高）。有关明渠现场情况见图 4.3.1～图 4.3.3。

图 4.3.1　明渠穿高速

图 4.3.2　明渠鸟瞰

图 4.3.3　铁路过明渠

4.3.5　暗渠工程

由于大莱龙铁路、威乌高速的建设以及沿线乡镇,特别是龙口市的大陈家、芦头和东江等地乡镇企业的快速发展,输水明渠所择线路的输水通道越来越狭窄,开辟输水明渠的条件受到各方面的制约。为减少拆迁工程量、防止水质污染、便于运行管理,考虑到地方政府的强烈要求,经研究确定,在平度市的穿威乌高速,莱州市的可门庄头,龙口市的大陈家、芦头、黄城连接线、蔺家东、泉水及穿威乌高速处设置暗渠通过。暗渠总长2 865 m。

4.3.5.1　总体布置

(1)输水暗渠工程

①平度市穿威乌高速暗渠

该暗渠位于任家疃东灰埠泵站前深挖方渠段,从威乌高速预留桥孔下穿过。由于通道狭窄,为不中断公路交通,确保公路桥安全,确定采用暗渠从桥下穿过。暗渠起止设计桩号为 32+513~32+855,总长 353 m。

②莱州市可门庄头暗渠

该暗渠位于可门庄头北,从村庄和公路之间穿过,通道狭窄,公路以北属丘陵区,因地势高、挖方较大而不适宜建明渠,故采用钢筋混凝土暗渠形式。暗渠起止设计桩号为 95+041~95+165,总长 124 m。

③龙口市大陈家暗渠

该暗渠从大陈家镇中间穿过,为避免有大量拆迁及防止水质污染,采用输水暗渠形式。暗渠起止设计桩号为 137+651~137+993,总长 342 m。

④龙口市芦头暗渠

该暗渠从芦头镇南威乌高速北穿过,通道狭窄,为避免有大量拆迁及防止水质污染,采用输水暗渠形式。暗渠起止设计桩号为 145+219~145+563,总长 344 m。

⑤龙口市黄城连接线暗渠

黄城连接线为连接威乌高速与龙口市政府所在地(黄城)的主要交通干道。输水渠位于中智家西南,采用暗渠穿越公路形式。暗渠的起止桩号为 149+146~149+198,全长 52 m。

⑥龙口市蔺家东暗渠

由于位于黄城南部的东江镇经济发展迅速,原选择的输水通道已陆续盖满房屋,为减少搬迁量及防止水质污染,采用暗渠形式。暗渠的起止桩号为 149+554~151+006,全长 1 452 m。

⑦泉水暗渠

该暗渠的起止桩号为 154+556~154+652,全长 96 m。

⑧龙口市穿威乌高速暗渠

该暗渠位于欧头李家南、鸦鹊河西,起止桩号为 158+283~158+385,全长 102 m。

(2)结构设计

经计算,确定 8 处暗渠均采用双孔钢筋混凝土箱涵结构,龙口市大陈家、芦头及穿威乌高速暗渠为有压暗渠,其他 5 座为无压暗渠。

暗渠进出口连接段均采用 M10 水泥砂浆砌块石扭曲面、粗料石镶面。扭面的长度为设计水深的 4~6 倍,扭面的厚度按满足稳定、强度要求设计。

暗渠洞身混凝土强度等级为 C20,抗渗等级为 W4,抗冻等级为 F100,洞身底板下部的垫层采用 C10 混凝土。

(3)进、出口布置

为使进、出口水流平顺,减少水头损失并结合实际情况,进、出口渐变段均采用浆砌石扭曲面,扭曲面前后直接与渠道衬砌相接。为减小水头损失,并考虑工程美观,暗渠与矩形渠进、出口扭曲面均采用 M10 水泥砂浆砌块石、粗料石镶面。

4.3.5.2　暗渠洞身布置

暗渠洞身均采用现浇钢筋砼箱形结构。根据最大冻土深要求并考虑洞顶部的汽车荷载,洞顶板距地面的垂直距离应不小于 1.0 m。为适应地基的不均匀沉降,洞身每隔 8.5～14 m 设一道沉降缝,缝宽 2 cm;缝内设 FPZ-A3-10 型橡胶止水带并用 L-600 闭孔泡沫塑料板填塞,在缝的临水侧利用聚硫密封膏封堵。为了减轻不均匀沉陷,改善受力条件,在土基箱形洞身沉降缝下设钢筋砼垫梁。为确保混凝土浇筑质量,在洞身及垫梁下设 10 cm 厚的 C10 素砼垫层。

4.3.6　王村张家矩形渠工程

王村张家有两条 110 kV 高压线位于渠道南北两侧,高压输电塔间通道狭窄。为避免迁移输电塔,节省工程投资,该段采用矩形渠。矩形渠起止设计桩号为 148＋348～148＋498,总长 150 m。

矩形渠宽 8.5 m,两侧为重力式挡土墙结构,采用 M10 水泥砂浆砌块石砌筑。为减小输水糙率,迎水面采用粗料石镶面。为适应不均匀沉陷,计划每隔 12 m 设一道沉陷缝。另外在挡土墙外侧及渠底下部铺设“两布一膜”防渗材料,膜厚 0.3 mm。

4.3.7　两岸排水工程

4.3.7.1　排水工程布置

胶东地区引黄调水工程明渠段输水线路多为山丘区或缓平坡地,输水渠两侧地势大部分为“左低右高”。输水工程实施后,沿线原有排水系统受到不同程度的影响。为此考虑在输水渠的右侧开挖排水沟,联通田间涝水就近入河、沟,不能就近入河的,则汇入较大的排水干沟或低洼处,汇流后采用倒虹、涵洞或渡槽形式将涝水导入左岸现有排水系统。

根据实际情况,排水沟一般在距输水渠或弃土外堤脚 3 m 以外开挖,部分渠段受征地范围的限制距堤脚的距离小于 3 m,涝水流向则根据地形及行政区划与地方共同商定。

(1)昌邑段

昌邑段输水渠全长 5.261 km。根据输水渠布置情况,该段输水渠右侧设排水沟总长 3.089 km。自渠首闸至梁家部段南(1＋422)段地势平缓,南侧为引黄济青输水河,汇流面积较小,经与地方水利部门协商,此段不设排水工程。梁家部至大官庄西生产桥段汇入二分干取土场;大官庄西生产桥至东王家庄北生产桥段汇入漩河。

(2)平度段

平度段输水渠全长 32.905 km,地势为“左低右高”。根据输水渠布置情况,该段输水渠右侧设排水沟总长 26.097 km。胶莱河倒虹出口至埠口村西弯道右侧已有排水渠,不再设排水工程,而埠口村以北至前房二级沟的涝水亦汇入此沟;前房二级沟至友谊河倒虹进口段的田间涝水结合自然地势,分别就近汇入闫庄西沟、逄家庄北沟、小张戈庄西沟、天新庄东沟、小新河等,通过倒虹穿输水渠后接原有河沟。其中排水沟入小新河处需设闸,防止汛期河道洪水倒漾;友谊河倒虹至双山河倒虹段田间涝水就近汇入跃进渠、小泥河,通过穿渠倒虹导入下游沟渠;双山河倒虹至威乌高速路段分别汇入吕家集西南沟、辽河,通过穿渠建筑物排向下游;威乌高速至平灰公路段,其右侧紧邻现有的干河子支沟和干沟,不需设排水沟;平灰公路至平莱市界段排水向北入莱州市境内的邱家北沟。

(3)莱州段

莱州段输水渠全长 70.403 km。该段输水渠右侧设排水沟总长 59.664 km,埋设涵管 0.300 km。平莱市界至屯里西生产桥段排水入邱家北沟;屯里西生产桥以北至烟潍公路全部排入烟潍公路南侧路沟;烟潍公路至沙河段,除了代古庄倒虹至方杨北段南侧紧靠大莱龙铁路不设排水工程外,其他段分别汇入小泥河、东登南沟等;沙河至珍珠河段全部排入珍珠河;珍珠河至海郑河段全部排入海郑河,并在入河口处设闸防止汛期洪水倒漾;海郑河至坡子西段排入桥村河;西大宋南沟倒虹至东宋泵站地势为"左高右低",该段在输水渠北侧设排水沟入西大宋南沟;西大宋至东宋东南(水泥制品厂南)渠段顺自然地势向西排水入西大宋南沟,其中穿过东宋泵站厂区段约 300 m 通过布设涵管连接上下游;东宋东南至东宋铁路倒虹段排水入东宋东南公路路沟;东宋铁路至西杨村西汇水面积较小,不设排水沟;西杨村至大刘家河渡槽段,输水渠基本与铁路平行,该段右侧坡水结合地势分别就近汇入秀东东南沟、后趴埠东沟等,其中趴埠周家渡槽至西崔家村北段排水沟设在弃土区外侧;大刘家河渡槽出口至北邓家东南公路段汇水流入大刘家河;北邓家至南阳河段以镁矿厂东公路桥为界,分别向两侧汇入北邓家东沟和小于家西北沟;南阳河北岸至城三公路段分别汇入南阳河及小原西倒虹,其中南阳河需设闸防止洪水倒漾;城三公路至小原西沟段汇入小原西沟;小原西沟至橡胶厂段不设排水沟;橡胶厂至草坡东沟段排水入草坡东沟;苏郭河出口至王河段分别排水入龙王河、王河等,入王河口设闸控制;王河至庄头西南沟段地形变化较大,排水沟顺坡就势设置,分别汇入诸冯北沟、庄头西南沟等;庄头东沟至朱桥河段以前杨村为界,分别向两侧汇入庄头东沟及朱桥河,朱桥河入口处设闸门控制;朱桥河至马塘河段右侧为公路,汇流面积较少,不设排水沟,但建有河套新庄南沟倒虹排除地面涝水;马塘河至刘家东公路桥分别排水入南吕北沟、草坡东沟等;刘家东公路至万深河段不设排水沟;万深河北岸至莱招市界段来水全部汇入万深河。排水沟通过倒虹、涵洞或渡槽等建筑物穿越输水渠,将涝水导入下游河道。

(4)招远段

招远段输水渠全长 18.146 km。该段输水渠右侧设排水沟总长 12.239 km。市界至大莱龙铁路段排水入马埠庄子沟;铁路以北至曲马沟段排水入马埠庄子铁路北沟、曲马沟;曲马沟至诸流河段以丁家庄子西北交通桥为界,分别向两侧汇水入曲马沟和诸流河;诸流河至辛庄泵站汇水入诸流河;辛庄泵站至辛庄铁路倒虹出口段为压力管道输水,不设排水沟;铁路倒虹出口至淘金河渡槽段分别排入辛庄南沟、淘金河;孟格庄渡槽至界河渡槽入口段分别汇入石虎孙家沟、马连沟等;界河渡槽出口至黄水路段不设排水沟;黄水路至招龙市界段分别排水入黄水路穿涵、张家沟、前徐家沟等。排水沟通过倒虹、涵洞或渡槽等建筑物穿越输水渠,将涝水导入下游河道。

（5）龙口段

龙口段输水渠全长 32.894 km。该段输水渠右侧设排水沟总长 24.495 km。市界至后徐家东生产桥段排水沟汇水由两侧向中间汇流全部涝水入后徐家南沟;生产桥向北至后徐家渡槽前的来水全部排入岭西水库;后徐家渡槽至邢家东公路段为丘陵地区,地形起伏大,天然冲沟多,排水沟随地形变化分段较多,分别就近排入隋家庄南沟、耩下刘家西南沟等;邢家东公路至八里沙河段排入邢家东公路路沟;八里沙河渡槽出口至威乌高速龙口连接线段排入八里沙河;龙口连接线至马南河段排水入王寿庄南沟、安家河、庙前西南沟等,其中庙前东北公路桥至马南河段南侧距公路较近,汇水面积较少,不设排水沟;马南河至望马史家段以泊子村东为界,分别向两侧汇入马南河及望马史家南沟;望马史家至毕家公路桥段分别汇入望马史家沟和毕家北公路路沟;毕家北公路至南滦河段排水入西南梧桐北沟、栾家北沟;南滦河至芦头暗渠段排水入南滦河;芦头暗渠至南山集团公路段南侧为威乌高速公路,输水线路基本与高速公路平行,不设排水沟;南山集团公路至蔺家暗渠进口段汇水入王村阎家东南沟、中智西南沟渡槽;蔺家暗渠段不需设排水沟;暗渠出口至黄庄贾家南段汇入黄格庄南沟和黄庄贾家南沟;黄庄贾家至王屋水库三支渠段;王屋水库三支渠至青龙河段分别排水入泉水南沟、龙湾河、青龙河等;青龙河至欧头李家南沟段以王屋水库支渠为界,分别向两侧排水入青龙河和欧头李家南沟;穿威乌高速暗渠至鸦鹊河倒虹进口段排水入鸦鹊河;鸦鹊河至黄水河泵站段排水入鸦鹊河,并设闸控制。

根据以上布置,全线沿输水渠共设排水沟 125.884 km,埋设涵管 0.300 km,其中昌邑段 3.089 km,平度段 26.097 km,莱州段 59.964 km(包括东宋泵站埋设涵管 0.300 km),招远段 12.239 km,龙口段 24.495 km。

4.3.7.2　排水沟

排水沟总长 125.884 km,其中护砌长度 57.360 km,采用浆砌块石护砌。根据线路沿线地形情况,昌邑市、平度市、莱州市境内东宋泵站前渠段地形平缓,设计排水沟沟底比降一般为 1/5 000～1/1 000;莱州市东宋北至大刘家河段和诸冯北至庄头段为丘陵地段,沟底比降一般为 1/300～1/50;招远市、龙口市渠段平缓渠段排水沟沟底比降一般为 1/3 000～1/800,丘陵地区沟底比降一般为 1/100～1/20。全线沟底比降最大为 1/3,最小为 1/10 000。

排水沟均采用梯形断面。排水沟糙率选用 0.025,边坡一般为 1∶1.5,岩石段为 1∶1.0,个别渠段为 1∶0.5。设计底宽一般为 0.5～3.0 m,水深一般为 0.5～1.5 m,沟深为 1.0～2.5 m。

对沟底比降较大、流速较大(超过不冲流速)的排水沟采用 M10 水泥砂浆砌块石全断面护砌,厚 20 cm。护砌总长 57.36 km。

4.3.7.3 排水沟交叉建筑物

(1)排水沟交叉建筑物布置

排水沟沿线主要与公路、生产路交叉,为沟通排水沟两岸的交通,排水沟遇公路、生产路时架桥或埋涵(经调查,全线共需设 388 座)。另外,当排水沟排水入小新河、海郑河及鸦鹊河(左右岸)时,为防止河水倒漾,需布设 4 座挡水闸;全线共设王河左右岸、朱桥河、万深河及马南河 5 处穿堤涵洞,将涝水直接排入相应的河道。

(2)水闸设计

排水沟沿线 4 座挡水闸结构形式相近,其中鸦鹊河挡水闸与道路交叉,由于交通要求,在闸室上游侧设生产桥;小新河右岸及海郑河挡水闸无交通要求,在闸室上游端只设交通便桥。

(3)暗涵及涵桥设计

①暗涵(埋管)设计

对设计流量小于 3.0 m³/s 的排水沟与现有道路交叉时设置暗涵通过。据统计,沿线共设置 289 座暗涵(埋管),埋管材料为 C25 钢筋混凝土。根据排水流量的大小,经计算选用管内径为 0.5~1.0 m,采用 1~2 根排水管。各暗涵进、出口各设 5 m 长的连接段,护砌材料为 M10 浆砌块石,护砌厚度为 0.3 m。

②涵桥设计

对设计流量大于 3.0 m³/s 的排水沟与现有道路交叉时设置涵桥通过。据统计,全线共设置 99 座涵桥。各涵桥进、出口连接段护砌材料为 M10 浆砌块石,护砌厚度为0.3 m。

(4)穿堤涵洞设计

排水沟沿线共有 5 座穿堤涵洞。其中王河左右岸穿堤涵洞采用 3.0 m×2.5 m 盖板涵,浆砌石边墙,钢筋混凝土盖板;朱桥河穿堤涵洞、万深河穿堤涵洞、马南河穿堤涵洞采用圆涵,圆管内径 1.0 m,浆砌石管座。涵洞进、出口为扭曲面翼墙。

4.3.8 交叉建筑物工程

胶东调水输水明渠工程共布置渡槽 6 座,各类交叉建筑物 495 座。其中水闸 21 座,包括渠首进水闸 1 座,节制闸 2 座,分水闸、向渠内排涝闸 18 座;输水渠穿河倒虹 20 座;输水渠穿路倒虹、暗涵 21 座;输水渠跨河交通桥 11 座,跨输水渠人行桥 1 座,穿大莱龙铁路交叉建筑物 4 座,跨输水渠公路桥 74 座,跨输水渠交通桥 232 座,河、沟、渠穿输水渠交叉建筑物 111 座。

4.3.8.1 渡槽工程

胶东调水输水明渠工程共布置渡槽 6 座。有关渡槽现场情况见图 4.3.4~图 4.3.7。

(1)大刘家河渡槽

大刘家河渡槽(见图 4.3.4)跨越莱州市境内的大刘家河,进口位于崔庄北,设计桩号为 65＋625；出口位于北邓家村西，设计桩号为 66＋131。渡槽全长 506 m，其中包括进口渐变段长 12.5 m，出口渐变段长 16 m，进口节制闸长 7.5 m，进、出口衔接段长均为 10 m。槽身采用简支梁式预应力砼箱形结构，跨度 25 m，共计 18 跨，总长 450 m。

大刘家河渡槽槽身选用简支梁式预应力砼箱型结构，净宽 4.5 m，净深 3.15 m。每节槽身长 25.0 m，底梁宽 0.6 m，高 1.0 m，沿底板每隔 4.5 m 设一道底肋，底肋宽 0.5 m，高 1.0 m，槽身底板厚 0.3 m，侧立板厚 0.4 m，顶板厚 0.2 m；在渡槽两端支座处加大端梁断面尺寸，端梁宽 0.6 m，高 1.3 m，目的是增加结构的刚度，改善支座受力条件和结构稳定性。

图 4.3.4　大刘家渡槽

（2）淘金河渡槽

淘金河渡槽（见图 4.3.5）进口位于招远市辛庄镇辛庄村南，侯家水库分水闸下游约 80 m 处，设计桩号为 118＋758；出口位于大宋家村南，设计桩号为 120＋131。渡槽全长 1 373 m，其中包括进口渐变段长 15.5 m，出口渐变段长 11 m，进口节制闸长 7.5 m，进、出口衔接段长各 10 m。槽身采用三种结构形式：一是上承式预应力砼拉杆拱式矩形渡槽结构，跨度 50.6 m，共计 15 跨，长 759 m；二是简支梁式预应力砼矩形渡槽结构，跨度 20 m，共计 16 跨，长 320 m；三是简支梁式普通钢筋砼矩形渡槽结构，跨度 10 m，共计 24 跨，长 240 m。槽身净宽 4.5 m，净高 2.95 m。

上承式预应力混凝土拉杆拱由两榀拱片、拱片间横系杆、拱上排架三部分组成。矩形渡槽支撑在 14 个双柱排架上。

预应力混凝土拉杆采用矩形断面。为使拉杆受力均匀且尽可能地减小预应力筋张拉时施工操作空间，以减小渡槽下部支撑结构的工程量和投资，拉杆内共布置 4 个预应力筋孔道。预留孔道采用预埋塑料波纹管成型,预应力筋采用两端同步对称张拉。

拉杆拱拱脚一端为固定盆式橡胶支座,另一端为顺水流向单向滚动盆式橡胶支座。

图 4.3.5　淘金河渡槽

（3）孟格庄渡槽

孟格庄渡槽位于招远市境内孟格庄村东南方向的天然冲沟上,进口位于冲沟的西岸,距淘金河渡槽出口 280 m,进口设计桩号为 120＋411;出口位于沟东岸,出口设计桩号为 120＋841。渡槽全长 430 m,其中包括进口渐变段长 15 m,出口渐变段长 20 m,进、出口衔接段长各 10 m。槽身采用简支梁式预应力砼箱形结构,跨度 25 m,共计 15 跨,总长 375 m。

孟格庄渡槽槽身选用简支梁式预应力砼箱型结构,净宽 4.5 m,净深 3.15 m。每节槽身长 25.0 m,底梁宽 0.6 m,高 1.0 m,沿底板每隔 4.5 m 设一道底肋,底肋宽 0.5 m,高 1.0 m,槽身底板厚 0.3 m,侧立板厚 0.4 m,顶板厚 0.2 m;在渡槽两端支座处加大端梁断面尺寸,端梁宽 0.6 m,高 1.3 m,目的是增加结构的刚度,改善支座受力条件和结构稳定性。

（4）界河渡槽

界河渡槽(见图 4.3.6)进口位于招远市辛庄镇马家沟村南,距淘金河渡槽 2 701 m,进口设计桩号为 122＋832;在水盘村南跨越界河,出口设计桩号为 124＋853。渡槽全长 2 021 m,其中包括进口渐变段长 15.5 m,出口渐变段长 15.4 m,进口节制闸长 7.5 m,进、出口衔接段长各 10.0 m。槽身采用三种结构形式:一是上承式预应力砼拉杆拱式矩形渡槽结构,跨度50.6 m,共计 21 跨,长 1 062.6 m;二是简支梁式预应力砼矩形渡槽结构,跨度 20 m,共计 36 跨,长 720 m;三是简支梁式普通钢筋砼矩形渡槽结构,跨度 10 m,共计

18 跨,长 180 m。

　　槽身结构为矩形钢筋混凝土结构,槽身支座跨度 3.6 m,净宽 4.5 m,深 2.95 m。侧墙壁厚 0.25 m,底板厚 0.25 m;侧肋宽 0.3 m,高 0.5 m;底肋宽 0.3 m,高 0.6 m;侧肋及底肋间距为 3.6 m,肋顶设有拉杆,拉杆宽 0.3 m,高 0.4 m。

图 4.3.6　界河渡槽

　　(5)后徐家渡槽

　　后徐家渡槽(见图 4.3.7)进口位于龙口市后徐家村东,进口设计桩号为 127+410,距界河渡槽 2 557 m;出口位于岭西村西,出口设计桩号为 127+779。渡槽全长 369 m,其中包括进口渐变段长 15 m,进口节制闸长 7.5 m,出口渐变段长 15.3 m,进、出口衔接段长各 10 m。槽身采用两种结构形式:一是下承式预应力砼桁架拱式矩形渡槽结构,跨度 40.20 m,共 6 跨,长 241.2 m;二是简支梁式普通钢筋砼矩形渡槽结构,跨度 10 m,进口 3 跨、出口 4 跨,长 70 m。

　　单片下承式预应力砼拉杆拱由下弦杆、竖杆及上弦杆组成。下弦杆为一根水平矩形直杆,断面高 500 mm,宽 440 mm;为减小其拉应力,预防裂缝及控制裂缝开展宽度,采用预应力砼结构;竖杆由 16 根不等长的直杆组成,断面为高 440 mm,宽 400 mm,间距为 2.5 m;上弦杆为一根二次抛物线曲杆;两片拉杆拱通过下横系杆、上横系杆及风撑相连,组成槽身支承结构。

　　预应力混凝土拉杆采用矩形断面,为使拉杆受力均匀且尽可能地减小预应力筋张拉时施工操作空间,拉杆内共布置 4 个预应力筋孔道,预留孔道采用预埋塑料波纹管成型。预应力筋采用两端同步对称张拉。

拉杆拱拱脚一端为固定盆式橡胶支座,另一端为顺水流向单向滚动盆式橡胶支座。

槽身为预制组装整体钢筋砼结构,底板为预制微弯板和上层现浇板叠合结构。槽身净宽 4.5 m,深 2.95 m,槽身侧壁顶厚 0.15 m,底厚 0.2 m,顺水流向每隔 2.5 m 设两道拉杆,拉杆位于桁架拱上横系杆的两侧,拉杆宽 0.2 m,高 0.4 m。为减小桁架拱底横系梁对渡槽底板的约束,横系梁与渡槽底板交接处先在横系梁上涂热沥青后,再布设微弯板及现浇渡槽底板,且微弯板与横系梁之间留有 2 cm 的施工缝,缝内填油毛毡;单跨空腹桁架拱矩形槽身共分三节,两节槽身间设 2 cm 伸缩缝,缝内设止水。渡槽侧墙顶部设有 0.4 m 宽、0.1 m 厚的缘角板,以保护侧墙顶部免受损伤及增加拉杆固端刚度。

图 4.3.7　后徐家渡槽

(6)八里沙河渡槽

八里沙河渡槽位于龙口市境内邢家村东南方向龙口市西游饮料厂北侧,进口距辛招公路约 320 m,进口设计桩号为 132+854;出口东距威乌高速龙口连接线 230 m,出口设计桩号为 133+019。渡槽全长 165 m,其中包括进口渐变段长 12.5 m,出口渐变段长 14.8 m,进口节制闸长 7.5 m,进、出口衔接段长 10 m。槽身采用三种结构形式:一是下承式预应力砼桁架拱式矩形渡槽结构,跨度为 40.2 m,计一跨;二是简支梁式预应力砼矩形渡槽结构,跨度 20 m,进、出口各一跨,长 40 m;三是简支梁式普通钢筋砼矩形渡槽结构,跨度 10 m,共计三跨,长 30 m。

渡槽工程结构设计包括槽身、支承结构、进出口渐变段、衔接段及基础五部分。

单片下承式预应力砼拉杆拱由下弦杆、竖杆及上弦杆组成。下弦杆为一根水平矩形直杆,断面高 500 mm,宽 440 mm;为减小其拉应力,预防裂缝及控制裂缝开展宽度,采用预应力砼结构;竖杆由 16 根不等长的直杆组成,断面高 440 mm,宽 400 mm,间距为 2.5 m;上弦杆为一根二次抛物线曲杆。

预应力混凝土拉杆采用矩形断面,为使拉杆受力均匀,且尽可能地减小预应力筋张拉时施工操作空间,拉杆内共布置 4 个预应力筋孔道,预留孔道采用预埋塑料波纹管成型。预应力筋采用两端同步对称张拉。

拉杆拱拱脚一端为固定盆式橡胶支座,另一端为顺水流向单向滚动盆式橡胶支座。

槽身为预制组装整体钢筋砼结构,底板为预制微弯板和上层现浇板叠合结构。槽身净宽 4.5 m,深 2.95 m,槽身侧壁顶厚 0.15 m,底厚 0.2 m,顺水流向每隔 2.5 m 设两道拉杆,拉杆位于桁架拱上横系杆的两侧,拉杆宽 0.2 m,高 0.4 m。为减小桁架拱底横系梁对渡槽底板的约束,横系梁与渡槽底板交接处先在横系梁上涂热沥青后,再布设微弯板及现浇渡槽底板,且微弯板与横系梁之间留有 2 cm 的施工缝,缝内填油毛毡;单跨空腹桁架拱矩形槽身共分三节,两节槽身间设 2 cm 伸缩缝,缝内设止水。渡槽侧墙顶部设有 0.4 m 宽、0.1 m 厚的缘角板,以保护侧墙顶部免受损伤及增加拉杆固端刚度。

4.3.8.2 倒虹工程

根据输水渠线路规划和运行管理及检修维护的要求,并且考虑倒虹吸与输水渠、河道及管理区的交叉与衔接,倒虹工程应做到合理规划、优化设计,一方面满足控制与使用要求的安全性、经济性,另一方面兼顾建筑物与周围环境的协调,使工程经济适用、美观大方,不仅满足控制运用的要求,而且与周围环境融为一体。

输水渠倒虹有穿河、穿公路两大类。穿河倒虹中的海郑河、泽河、诸流河、鸦鹊河倒虹与输水渠泄水闸结合布置。

(1)穿河倒虹

输水渠与现有渠沟的交叉均采用立交方式,以确保输水渠水质不被污染及保证原有河、渠、沟工程的有效功能正常发挥。根据实际情况,对于流量大于输水渠的河道新建输水渠穿河倒虹。共布置 20 座穿河倒虹,其中昌邑市 1 座,为潍河倒虹;平度市 4 座,分别为胶莱河、友谊河、双山河及泽河倒虹;莱州市 9 座,分别为沙河、珍珠河、海郑河、南阳河、苏郭河、王河、朱桥河、马塘河及万深河倒虹;招远市 2 座,分别为曲马沟、诸流河倒虹;龙口市 4 座,分别为南栾河、泳汶河、绛水河及鸦鹊河倒虹。

(2)穿公路倒虹

输水渠与主要公路交叉处大部分都在输水渠上新建公路桥连接原有交通,但部分路面低于设计水位,最低的如邢家东公路,二者相差 3.63 m,如采用公路桥,桥面位于现有路面 3 m 以上,桥两端需要很长的引道,工程量相对较大,且会给交通带来不便,因此采用穿公路倒虹。另外,原初始设计中的 5 座桥梁因道路与渠道交叉角度太小,故将其变更为箱涵计入倒虹工程中。穿公路倒虹、箱涵总计有 21 座。

4.3.8.3 桥梁工程

(1)输水渠跨河交通桥工程

为了便于工程管理及维修,需在输水渠穿河处设置必要的跨河交通桥。交通桥设置原则为:一是输水渠跨河处上、下游 1 km 范围内河道上已有桥梁的不再设置交通桥;二是现有河道上的桥梁离输水渠跨河处超过 1 km 但不超过 3 km,河道上口宽超过 300 m 时不设桥。根据上述布置原则,全线共设置 11 座跨河交通桥。

(2)跨输水渠桥梁工程

①跨输水渠公路桥工程

输水渠所经各市工农业生产水平均较高,特别是近 10 余年沿线各市经济、交通发展迅速,道路四通八达,而且标准也较高。据新测 1/5 000 地形图及现场勘查统计,输水渠沿线与 79 条公路交叉,除了路虹、箱涵外,需建设跨输水渠公路桥共 74 座。

②跨输水渠交通桥工程

为了保证输水渠两岸的正常交通及工农业生产不受影响,在输水渠上设生产交通桥。设桥的条件和原则是:输水渠两岸有村庄;输水渠一岸有村庄,群众要求过渠耕作或现有主要的生产道路被输水渠截断;若同一岸的两个村庄相距较近,则共设 1 座桥供两村使用;在村庄稠密的地方适当加密生产桥,一般每隔 500~1 000 m 设 1 座桥;输水渠两岸虽无村庄,但现有的交通路被截断,也需建桥恢复交通。根据以上布置原则并结合实际情况,本工程输水渠全线需建跨输水渠交通桥共 232 座。

4.3.8.4 水闸工程

输水明渠工程共布置水闸 21 座,其中渠首进水闸 1 座,节制闸 2 座,分水闸、向渠内排涝闸 18 座。

(1)渠首进水闸工程

宋庄分水闸位于昌邑市,引黄济青工程输水河的左岸设计桩号 160+500 处,是向烟台市、威海市分水的控制性建筑物。该水闸工程设计流量 22.0 m³/s,校核流量 29.0 m³/s;闸前设计水位即引黄济青输水河水位 9.82 m,校核水位 10.26 m,设计水深 3.0 m;闸后设计水位 9.00 m,校核水位 9.35 m,设计水深 2.5 m;闸前挡水位 10.70 m。

(2)节制闸工程

根据冬季输水形成冰盖的需求及沿线分水的要求,结合输水渠泵站、倒虹及渡槽的位置,在输水渠上设置节制闸 2 座。

(3)分水闸工程

根据沿线各市需调水量的大小、调蓄工程的位置、输水及分水时间,确定各分水闸的位置及规模。沿线明渠段共设置 10 座分水闸,其中平度市设置双友水库和灰埠 2 座分水闸,设计桩号分别为 23＋910 和 36＋066,设计分水流量分别为 0.95 m³/s 和 0.32 m³/s;莱州市设置沙河、宁家水库、王河 3 座分水闸,设计桩号分别为 47＋141、60＋119 和 86＋189,设计分水流量分别为 0.25 m³/s、0.64 m³/s 和 0.76 m³/s;招远市设置侯家水库、新建水库 2 座分水闸,设计桩号分别为 118＋686 和 124＋897,设计分水流量分别为 0.25 m³/s 和 1.27 m³/s;龙口市设置马南河、南滦河及南山水库 3 座分水闸,设计桩号分别为 138＋894、143＋307 和 146＋760,设计分水流量分别为 0.25 m³/s、1.02 m³/s 和 0.38 m³/s。

4.3.8.5　铁路交叉工程

输水渠与大莱龙铁路在代古庄西、东宋镇东、马埠庄子西及辛庄镇南处共有 4 次交叉,因此需设 4 座交叉建筑物。根据输水渠设计指标及大莱龙铁路设计要素,确定代古庄西、辛庄镇南采用倒虹的形式穿越铁路,东宋镇东、马埠庄子西采用穿涵的形式穿越铁路。

代古庄西设计桩号 41＋489～41＋634,设计流量 20.0 m³/s,校核流量 26.0 m³/s;东宋镇东设计桩号 59＋870～59＋935,设计流量 19.7 m³/s,校核流量 25.6 m³/s;马埠庄子西设计桩号 109＋595～109＋700,设计流量 17.0 m³/s,校核流量 22.1 m³/s;辛庄镇南设计桩号 117＋455～117＋545,设计流量 17.0 m³/s,校核流量 22.1 m³/s。

4.3.8.6　其他建筑物

输水渠工程的兴建截断了原有的河道、排水沟及渠道。为了保证原有工程功能的正常发挥,必须修建配套的交叉建筑物。据统计,全线共需设置河、沟、渠穿输水渠交叉建筑物 111 座,包括倒虹 85 座、涵洞 10 座、渡槽 16 座。其中昌邑市布置了 1 座倒虹;平度市布置了 18 座,包括倒虹 16 座、渡槽 2 座;莱州市布置了 44 座,包括倒虹 38 座、渡槽 5 座、涵洞 1 座;招远市布置了 10 座,包括倒虹 8 座、涵洞 2 座;龙口市布置了 38 座,包括倒虹 22 座、涵洞 7 座、渡槽 9 座。

4.4　输水管道工程

4.4.1　输水管道工程管段划分

黄水河泵站—米山水库段输水工程采用压力管道、暗渠和隧洞输水,线路总长 149.871 km。该段工程以黄水河泵站为起点,接下来依次为黄水河泵站工程、黄水河泵站—温石汤泵站输水工程、温石汤泵站工程、温石汤泵站—高疃泵站输水工程、高疃泵站工程、高疃泵站—星石泊泵站输水工程、星石泊泵站工程、星石泊泵站—米山水库输水工程。输水管道根据所在地区的不同划分为不同的管段:黄水河泵站—温石汤泵站输水工程包含龙口段输水管道、任家沟隧洞及任家沟暗渠工程;温石汤泵站—高疃泵站输水工程包含蓬莱段输水管道、村里隧洞及村里暗渠工程;高疃泵站—星石泊泵站输水工程包含福山段、莱山段、牟平(一)段共 3 段输水管道及桂山隧洞、孟良口子隧洞工程;星石泊泵站—米山水库输水工程包含牟平（二）段、文登段共 2 段输水管道及卧龙隧洞、卧龙暗渠工程。

4.4.2 龙口段输水管道工程

黄水河泵站—温石汤泵站输水工程主要由输水管道、任家沟隧洞、任家沟暗渠工程组成，沿途经龙口市、蓬莱市两个县（市、区），设计流量 12.6 m³/s，校核流量 16.4 m³/s。

龙口段输水管道工程从黄水河泵站出口接管点（桩号 0＋000）至任家沟隧洞进口接管点（桩号 12＋417.8），设计流量 12.6 m³/s，输水方式为加压输水。

该管段设输水管道两根，桩号里程长度 12.42 km，设 DN2200 输水管道。泵站出口接管点处输水管道管中心高程 35.8 m，任家沟隧洞进口接管点管道管中心高程 100.0 m。龙口段输水管道共采用 DN2200 螺旋钢管约 5.3 km、预应力钢筒砼管约 19.53 km，均为地埋敷设。该管段沿线共设阀门井 5 座、排气井 21 座、排水井 4 座。阀门井内设电动蝶阀、管道伸缩器、进排气阀、MDI 100 kN 电动葫芦等设备；排气井内设手动蝶阀、进排气阀等设备；排水井内设手动蝶阀、管道伸缩器等设备。

4.4.3 蓬莱段输水管道工程

温石汤泵站—高疃泵站输水工程主要由输水管道、村里隧洞、村里暗渠工程组成，沿途经蓬莱市、栖霞市、福山区三个县（市、区），设计流量 11.0～12.6 m³/s，校核流量为 14.3～16.4 m³/s。

蓬莱段输水管道工程从温石汤泵站出口接管点（桩号 0＋000）至村里隧洞进口接管点（桩号 5＋487.7），设计流量 11.0 m³/s，输水方式为加压输水。

该管段设输水管道两根，桩号里程长度 5.49 km，设 DN2000 输水管道。泵站出口接管点处输水管道管中心高程 89.26 m，村里隧洞进口接管点管道管中心高程 107.5 m。蓬莱段输水管道共采用 DN2000 螺旋钢管约 2.66 km，预应力钢筒砼管约 8.32 km，均为地埋敷设。该管段沿线共设阀门井 3 座、排气井 11 座、排水井 3 座。阀门井内设电动蝶阀、管道伸缩器、进排气阀、MDI 100 kN 电动葫芦等设备；排气井内设手动蝶阀、进/排气阀等设备；排水井内设手动蝶阀、管道伸缩器等设备。

4.4.4 福山段输水管道工程

高疃泵站—星石泊泵站输水工程主要由输水管道、桂山隧洞、孟良口子隧洞工程组成，沿途经福山区、莱山区、牟平区三个县（市、区），设计流量 5.5～4.8 m³/s。输水管道工程根据所在地区的不同划分为三大管段，分别为福山段、莱山段、牟平（一）段输水管道工程。

福山段输水管道工程从高疃泵站出口接管点（桩号 0＋000）至福山段与莱山段输水管道工程分界接管点（桩号 24＋921.5），设计流量 5.5 m³/s，采用加压输水和有压重力输水组合的输水方式。在桩号 4＋708.4 处设无压高位水池 1 座。高位水池上游管道采用加压输水,高位水池下游管道采用有压重力输水。高位水池平面净尺寸为 20 m×10 m(长×宽),水池底板底高程 83.0 m,池内最高水位 93.5 m,设计水位 87.53 m,进出管道管中心高程 85.6 m,水池池顶高程 94.1 m。水池最大容积 1 900 m³,设计容积 706 m³。

该管段设输水管道一根,桩号里程长度 24.92 km,高位水池上游设 DN2000 输水管道,高位水池下游设 DN2200 输水管道。高疃泵站出口接管点处输水管道管中心高程 28.66 m,高位水池进出管道管中心高程 85.6 m,福山段与莱山段输水管道工程分界接管点处输水管道管中心高程 13.68 m。福山段输水管道共采用 DN2200 螺旋钢管约 3.86 km,DN2200 预应力钢筒砼管约 12.46 km,DN2200 玻璃钢管约 3.57 km,DN2000 螺旋钢管约 1.39 km,DN2000 预应力钢筒砼管约 3.27 km,均为地埋敷设。该管段沿线共设阀门井 10 座、调压阀门井 1 座、排气井 34 座、排水井 10 座。阀门井内设电动蝶阀、管道伸缩器、进/排气阀、MDI 100 kN 电动葫芦等设备;排气井内设手动蝶阀、进排气阀等设备;排水井内设手动蝶阀、管道伸缩器等设备;调压阀门井内设电动蝶阀、管道伸缩器、进/排气阀、"Y"形过滤器、箱式双向调压塔、MDI 100 kN 电动葫芦等设备。

4.4.5　莱山段输水管道工程

莱山段输水管道工程从福山段与莱山段工程分界接管点(桩号 0＋000)至莱山段与牟平(一)段工程分界接管点(桩号 17＋184.0),其中桩号 0＋000～9＋320.3、桩号 11＋370.3～17＋184.0 为输水管道段,桩号 9＋320.3～11＋370.3 为有压桂山隧洞段。输水管道设计流量 5.5 m³/s。输水方式为管道有压重力输水和隧洞有压输水。

该管段设 DN2200 输水管道一根,输水管道桩号里程长度 15.13 km。莱山段与福山段输水管道工程分界接管点处输水管道管中心高程 13.68 m,输水管道与桂山隧洞进出口接管点处管中心高程分别为 50.59 m、50.385 m,莱山段与牟平(一)段输水管道工程分界接管点处输水管道管中心高程 8.0 m。莱山段输水管道共采用 DN2200 螺旋钢管约 5.329 km,DN2200 预应力钢筒砼管约 5.745 km,DN2200 玻璃钢管约 4.016 km,均为地埋敷设。该管段沿线共设阀门井 7 座、泄压阀门井 1 座、排气井 16 座、排水井 4 座。阀门井内设电动蝶阀、管道伸缩器、进/排气阀、MDI 100 kN 电动葫芦等设备;排气井内设手动蝶阀、进/排气阀等设备;排水井内设手动蝶阀、管道伸缩器等设备;泄压阀门井内设电动蝶阀、管道伸缩器、进/排气阀、超压泄压阀、MDI 100 kN 电动葫芦等设备。

4.4.6　牟平(一)段输水管道工程

牟平(一)段输水管道工程从莱山段与牟平(一)段工程分界接管点(桩号 0＋000)至星石泊泵站进口接管点(桩号 27＋373.0),其中桩号 0＋000～20＋507.0、桩号 22＋699.0～27＋373.0 为输水管道段,桩号 20＋507.0～22＋699.0 为无压孟良口子隧洞段。该管段在桩号 3＋515.0 设有 1 座分水井(牟平分水口),输水管道分水井前设计流量 5.5 m³/s,

分水井后设计流量4.8 m³/s。输水方式为管道有压重力输水和隧洞无压输水。

该管段设输水管道一根，输水管道桩号里程长度 25.18 km。莱山段与牟平(一)段工程分界接管点管中心高程 8.0 m，牟平分水口管中心高程 3.28 m，隧洞进口管中心高程 39.7 m，隧洞出口管中心高程 37.3 m，星石泊泵站进口接管点高程 5.46 m。0＋000～8＋801.0 段设计管径 2 200 mm，8＋801.0～14＋262.0 段设计管径 2 000 mm，14＋262.0～18＋362.0 段设计管径 2 200 mm，18＋362.0～20＋507.0(孟良口子隧洞进口接管点)段设计管径 2 000 mm，22＋699.0(孟良口子隧洞出口接管点)～27＋373.0(星石泊泵站进口接管点)设计管径 1 600 mm。

牟平(一)段输水管道共采用 DN2200 玻璃钢管约 4.956 km，DN2200 螺旋钢管约 2.172 km，DN2200 预应力钢筒砼管约 4.535 km，DN2000 螺旋钢管约3.18 km，DN2000 预应力钢筒砼管约 5.275 km，DN1600 预应力钢筒砼管约4.29 km，DN1600 螺旋钢管约 0.383 km，均为地埋敷设。该管段沿线共设 1 座分水阀门井、1 座消力阀门井、1 座调压阀门井、1 座泄压阀门井、6 座阀门井、21 座排气井和 9 座排水井。阀门井内设电动蝶阀、管道伸缩器、进排气阀、MDI 100 kN 电动葫芦等设备；排气井内设手动蝶阀、进/排气阀等设备；排水井内设手动蝶阀、管道伸缩器等设备；泄压阀门井内设电动蝶阀、管道伸缩器、进/排气阀、超压泄压阀、MDI 100 kN 电动葫芦等设备。调压阀门井内设电动蝶阀、管道伸缩器、进/排气阀、"Y"形过滤器、箱式双向调压塔、MDI 100 kN 电动葫芦等设备；消力阀门井内设电动蝶阀、管道伸缩器、对冲式消能器、进/排气阀、MDI 100 kN 电动葫芦等设备；分水阀门井内设电动蝶阀、管道伸缩器、进排气阀、MDI 100 kN 电动葫芦等设备。

4.4.7　牟平(二)段输水管道工程

星石泊泵站—米山水库输水工程主要由输水管道、卧龙隧洞、卧龙暗渠工程组成，沿途经牟平区、文登区两个县(市、区)，设计流量 4.8 m³/s。输水管道工程根据所在地区的不同划分为两大管段，分别为牟平(二)段和文登段输水管道工程。

牟平(二)段输水管道工程从星石泊泵站出口接管点(桩号 0＋000)至卧龙隧洞进口接管点(桩号 9＋882.37)，设计流量 4.8 m³/s，输水方式为加压输水。

该管段设输水管道一根，桩号里程长度 9.88 km，设 DN1800 输水管道。泵站出口接管点处输水管道管中心高程 5.2 m，卧龙隧洞进口接管点处输水管道管中心高程 59.1 m。牟平(二)段输水管道共采用 DN1800 预应力钢筒砼管 8.7 km，DN1800 螺旋钢管1.18 km，均为地埋敷设。该管段沿线共设 5 座阀门井、18 座排气井和 1 座排水井。阀门井内设电动蝶阀、管道伸缩器、进/排气阀、MDI 100 kN 电动葫芦等设备；排水井内设手动蝶阀、管道伸缩器等设备；排气井内设手动蝶阀、进/排气阀等设备。

4.4.8　文登段输水管道工程

文登段输水管道工程从卧龙暗渠出口接管点(桩号 0＋000)至米山水库接管点(桩号

9+566.5),设计流量 4.8 m³/s。输水方式为有压重力输水。

该管段设输水管道一根,桩号里程长度 9.57 km。卧龙暗渠出口接管点处输水管道管中心高程 56.9 m,米山水库接管点处输水管道管中心高程 27.78 m。桩号 0+000~2+601.0 段设计管径 1 800 mm,2+601.0~4+286.0 段设计管径 1 600 mm,4+286.0~4+871.0 段设计管径 1 800 mm,4+871.0~9+566.5 段设计管径 1 600 mm。文登段输水管道共采用 DN1800 预应力钢筒砼管 2.369 km,DN1800 螺旋钢管 0.914 km,DN1600 玻璃钢管 6.11 km,DN1600 螺旋钢管 0.174 km,均为地埋敷设。

该管段沿线共设阀门井 2 座、排气井 6 座、排水井 1 座、管道末端消力池 1 座。阀门井内设电动蝶阀、管道伸缩器、进/排气阀、MDI 100 kN 电动葫芦等设备;排气井内设手动蝶阀、进/排气阀等设备;排水井内设手动蝶阀、管道伸缩器等设备。

4.4.9　调流调压工程

黄水河泵站—米山水库段输水工程调流调压设施工程主要建设内容为:在桂山隧洞进口、孟良口子隧洞进口、星石泊泵站前池、米山水库上游界石镇处分别设置活塞式控制阀调流调压,在桂山隧洞出口处设 1 座无压调节水池。新增调流调压设施工程共设 2 座流量计井、7 座检修阀门井、3 座控制阀井、1 座半球阀井及 1 座无压调节水池,全部为 C25 钢筋混凝土整体结构。

桂山隧洞进口处选用 2 台 DN1200 活塞式控制阀同时控制。孟良口子隧洞进口处选用 1 台 DN1800 活塞式控制阀控制。星石泊泵站前池处选用 1 台 DN1400 活塞式控制阀控制。米山水库上游界石镇处选用 1 台 DN1600 活塞式控制阀控制。在各处活塞式控制阀上游处设流量传感器,将其安装在流量计井内。

桂山隧洞调流调压设施主要包括桂山隧洞控制阀井、上下游检修阀门井等。孟良口子隧洞调流调压设施主要包括孟良口子隧洞控制阀井、上下游检修阀门井等。星石泊泵站调流调压设施主要包括星石泊泵站控制阀井、上游检修阀门井、星石泊泵站前池检修闸、星石泊泵站半球阀阀门井等。界石镇调流调压设施主要包括界石镇控制阀井、上下游检修阀门井等。新增调流调压设施工程共有 3 座厂房,分别为界石镇控制阀厂房、孟良口子隧洞控制阀厂房、桂山隧道隧洞控制阀厂房。

4.4.10　管道防腐设计

4.4.10.1　钢管防腐设计

(1)钢管及管件的表面预处理

埋地螺旋钢管及管件防腐前均应进行表面预处理。除锈前应对管道表面所有可见油污、尘土等污物进行擦拭和清洗,并视污物的具体情况选择处理方法和工艺。除锈等级应达到《涂装前钢材锈蚀等级和除锈等级》(GB 8923—88)中规定的指标。人工除锈应达到 St3 级;喷砂或化学除锈应达到 Sa2.5 级。钢材表面应无可见的油脂和污垢,并且没有附着不良的氧化皮、铁锈和油漆涂层等附着物。底材显露部分的表面应具有金属光泽,焊接表面应光滑无刺,无焊瘤、棱角等。

(2)防腐层结构设计

外防腐层结构设计:埋地钢管及管件外防腐层采用高分子防腐涂料重加强级("二布四油"),其防腐层结构为:底漆一道+玻璃布一层+底漆一道+玻璃布一层+面漆两道。涂料用量 0.8~0.9 kg/m²。防腐层漆膜厚度 280~300 μm(干)。

内防腐层结构设计:埋地钢管及管件内防腐层均采用高分子防腐涂料普通级("两底两面"),其防腐层结构为:底漆两道+面漆两道。涂料用量 0.5~0.6 kg/m²。防腐层漆膜厚度 80~100 μm(干)。

4.4.10.2 预应力钢筒混凝土管防腐设计

根据输水管道沿线地下水的类型,本工程 PCCP(预应力钢筒混凝土管)管材防腐设计采用两种方案:滨海平原地区(牟平区东系山至星石泊)地下水的水化学类型主要为氯化钠型水、重碳酸硫酸镁钙型水,地下水对普通水泥具有结晶类硫酸盐型弱-强腐蚀,其防腐方案采用厚浆型高分子防腐涂料加强级和牺牲阳极的阴极保护复合保护方法;其他地下水对混凝土无侵蚀性的所有 PCCP 管材采用牺牲阳极的阴极保护复合保护方法。

4.5 泵站工程

山东省胶东地区引黄调水工程由引黄济青输水河输水,利用现有的宋庄、王耨 2 级泵站提水,设宋庄分水闸分水;新建输水明渠,经灰埠、东宋、辛庄 3 级明渠泵站输水;新建压力管道、隧洞、暗渠,经黄水河、温石汤、高疃、星石泊 4 级加压泵站提水至米山水库。有关泵站现状情况见图 4.5.1~图 4.5.7。

4.5.1 灰埠泵站工程

灰埠泵站(见图 4.5.1)为山东省胶东地区引黄调水工程新建 7 级泵站中的第 1 级泵站,位于平度市灰埠镇附近,设计桩号为 35+674。

泵站设计流量 20.7 m³/s,校核流量 26.9 m³/s;设计净扬程 8.0 m,最高净扬程 9.2 m,最低净扬程 7.2 m;总装机容量 4 000 kW。

泵站厂区主要由生产区和管理生活区组成。生产区包括清污闸、前池、主厂房、副厂房、出水管道、出水机房、出水池、避雷塔、机修车间等;管理生活区包括办公楼、宿舍楼、供水泵房、食堂、车库、锅炉房、传达室、仓库等。生产区布置在站区南部;管理生活区布置在站区北部,靠近站外道路;生产区与管理生活区既有机结合,又相对独立。站区内生产区与辅助区均有道路相连,主厂房安装间通过清污闸交通桥满足对外交通需求。生产区满足布置合理、有利施工、管理方便、美观协调、少占耕地的原则。

灰埠泵站生产区布置如下:清污机闸前设 15.0 m 长的扭曲段与输水渠连接,其后为 16.0 m 长的前池扩散段。前池经 16.8 m 长的陡坡段与进水池相接,进水池后为泵站主厂房。主厂房右侧设安装间,左侧布置副厂房。水流出泵站主厂房后,经6根压力钢管至出水机房,出水机房后设有出水池及14.0 m的扭曲段与输水渠连接。

输水渠中心线呈东西走向,主厂房沿垂直水流向布置。主厂房坐落在岩基上,共安装6台泵,其中4台主泵为1400HD-9型混流泵,配套电机型号为TL800-16,功率800 kW,转速375 r/min,额定电压10 kV;2台1000HDS-9型潜水泵作为调节泵,配套电机型号YL400-12,功率400 kW,转速490 r/min,额定电压10 kV。泵站总装机容量4 000 kW。6台泵呈“一”字形排列,4台主泵布置在中间,2台调节泵布置在两侧,安装间布置在主厂房右(南)端。机组间距5.75 m,主厂房总长41.85 m,基础(底板)总宽15.5 m,厂房总宽12.00 m。长度方向分两联,左侧2台主泵加1台调节泵为一联,右侧2台主泵、1台调节泵加安装间为一联。两联之间及主、副厂房之间均设伸缩缝。

图4.5.1　灰埠泵站

4.5.2　东宋泵站工程

东宋泵站(见图4.5.2)为山东省胶东地区引黄调水工程新建7级泵站中的第2级泵站,位于莱州市东宋镇西南。

泵站设计流量19.7 m³/s,校核流量25.6 m³/s;设计净扬程12.86 m,最高净扬程13.99 m,最低净扬程12.06 m;总装机容量5520 kW。

泵站厂区主要由生产区和管理生活区组成。生产区包括清污闸、前池、主厂房、副厂房、出水管道、出水机房、机修车间等;管理生活区包括办公楼、宿舍楼、供水泵房、食堂、车库、锅炉房、传达室、仓库等。生产区布置在站区南部;管理生活区布置在站区西北部,靠近站外道路;生产区与管理生活区既有机结合又相对独立。泵站占地74.64亩,站区内生产区与辅助区均有道路相连,主厂房安装间通过清污闸上的交通桥满足对外交通需求;沿东西方向布设排水系统,排入清污闸前渠道,满足防洪要求。生产区满足布置合理、有利施工、管理方便、美观协调、少占耕地的原则。

东宋泵站生产区布置如下:清污机闸前设 20.0 m 长的扭曲扩散段与输水渠连接,其后为 32.0 m 长的前池扩散段。前池经 12.0 m 长的陡坡段与进水池相接,进水池后为泵站主厂房。主厂房右侧设安装间,左侧布置副厂房。水流出泵站主厂房后,经 6 根压力钢管至出水机房,出水机房后设出水池及 20.0 m 的扭曲段与输水渠连接。清污闸上设场内交通桥以满足场内交通要求。

输水渠中心线呈东北—西南走向,中心线东偏北 $10.36°$。主厂房沿垂直水流向布置。输水渠中心线与主厂房机组轴线交点坐标为(4 112 515.6,40 482 650.0)。主厂房坐落在岩基上,共安装 6 台泵,其中 4 台主泵为 1400HD-14 型混流泵,配套电机型号为 TL1100-16,功率 1 100 kW,转速 375 r/min,额定电压 10 kV;2 台 1000HDS-12 型水泵作为调节泵,功率 560 kW,转速 490 r/min,额定电压 10 kV。泵站总装机容量 5 520 kW。6 台泵呈"一"字形排列,4 台主泵布置在中间,2 台调节泵布置在两侧,安装间布置在主厂房右(南)端。机组间距 5.75 m,主厂房总长 41.85 m,基础(底板)总宽 15.5 m,厂房总宽 12.00 m。长度方向分两联,左侧 2 台主泵加 1 台调节泵为一联,右侧 2 台主泵、1 台调节泵加安装间为一联。两联之间及主、副厂房之间均设伸缩缝。

图 4.5.2　东宋泵站

4.5.3　辛庄泵站工程

辛庄泵站(见图 4.5.3)为山东省胶东地区引黄调水工程新建 7 级泵站中的第 3 级泵站,位于招远市辛庄镇季家村北、烟潍公路以西。

泵站设计流量 17.0 m³/s,校核流量 22.1 m³/s;设计净扬程 32.01 m,最高净扬程33.10 m,设计流量时扬程为 35.68 m;总装机容量 11 200 kW。主、副厂房及生产辅助区占地约 120 亩。

辛庄泵站的总体布置包括拦污建筑物,进、出水建筑物,泵站主、副厂房,压力管道及生产管理区等。泵站主厂房坐落于岩基上,主厂房内安装 8 台(6用2备)1200S39 型单级双吸卧式离心泵,单机设计流量 2.83 m³/s,配套同步电机为 T1400-12/1730 型,功率 1 400 kW。电机采用管道通风冷却形式。

辛庄泵站站前输水河渠底宽 5.6 m,根据拦污栅过栅流速要求,渠后接 10 m 长的引水渠扩散段,底宽渐变至 10.16 m,经 15 m 长的渠底平直段岸坡由 1∶2 扭曲为直坡后,布置有 12.5 m 长的回转式清污机室及交通桥,两孔清污机闸单孔净宽 4.5 m。交通桥后为泵站前池。前池首端为扩散段,根据扩散角不大于 20°的规范要求,前池扩散段长 80 m。前池经长 10 m、坡度为 1∶4.9 的陡坡段与进水池相接,进水池长 15 m,宽 65 m,后接泵站主厂房。

主厂房总长 72.54 m,宽 12.00 m,左侧设有安装间,右侧设有中央控制室。因地形限制,为减少开挖工程量,将副厂房移至主厂房右岸的山坡上。生产管理区与副厂房统一规划,分区布置。水流出泵站主厂房后,每两台相邻出水管道并管为 4 根 DN1800 钢管,通过测流井后,出水管管材变为 4 根 DN1800 夹砂玻璃钢管。为满足顶管施工的要求和加强出水管道的可靠性保障,穿越烟潍公路路基采用 DN1800 钢管。经过总长约 700 m 的出水管道,水流进入出水池。出水池处设有进人井和拍门,出水池后接倒虹穿越铁路。

图 4.5.3　辛庄泵站

4.5.4　黄水河泵站工程

黄水河泵站(见图 4.5.4)为山东省胶东地区引黄调水工程新建 7 级泵站中的第 4 级泵站,位于龙口市兰高镇侧高村西、牟黄公路和烟威高速公路南侧、鸦鹊河右岸、黄水河左岸。

泵站设计流量 12.6 m³/s,校核流量 16.4 m³/s;站前池设计水位 37.22 m,最高水位 38.22 m,最低水位 34.42 m;泵站的扬程高达 83 m,站后任家沟隧洞进口设计水位 101.61 m。

泵站按"8 用 2 备"进行设计,共安装 10 台 800S83 型水泵(转速为 750 r/min),其中备用 2 台,配电动机型号为 T1900-8(电压 10 kV,6 台)和 Y1900-8(电压 10 kV,4 台),额定功率均为 1 900 kW;最大轴功率时,功率备用系数 1.10。泵站配备 2 套调速系统。

泵站设 2 根 DN2200 输水总管道,在进行泵站设备布置时,将水泵和输水管道分为两组,即每 5 台水泵和 1 根总管道为一组。5 台水泵出水管通过 1 根 45°斜叉管汇于总输水管,两根斜叉管平行布置,间距 6.5 m。每根 DN2200 输水总管道设多声道超声波流量计 1 套,共 2 套;并安装 2 台 DN500 泄压阀,泄压阀压力设置为 108 m 水柱(可调)。

泵站为枢纽工程,主要由生产区和办公生活区组成。生产区包括清污闸、前池、进出水管道、主厂房、副厂房、阀门室、测流井、避雷塔等;办公生活区包括办公楼、宿舍楼、门卫室、机修车间、供水泵房、锅炉房、食堂、车库、仓库等,还包括厂区绿化带、内外交通道路、厂区排水及围墙等,整个枢纽占地 121.4 亩。生产区布置在站区南部;办公生活区布置在站区西北部,靠近厂外道路。站区内设置环形道路及厂区绿化带,使生产区与办公生活区有机结合但又互不干扰;同时还能美化厂区环境,为管理人员提供良好的工作环境。

渠道来水经清污闸进入泵站前池、进水池,渠道末端桩号为 160+989,前池总长 180 m,总宽 124 m。

泵站中心线为东西方向,与主厂房机组中心线交点桩号为 161+245。主厂房较长,内设有 10 台机组,机组台数较多。为便于运行管理,将副厂房的中央控制室、6 kV 及 0.4 kV 配电室、电容器室、通信室、电工实验室、值班室及休息室布置在主厂房的进水侧,与主厂房形成整体结构。1 号、2 号、3 号主变室及 35 kV 变电室根据电源引线方向,紧靠 6 kV 配电室,布置在主厂房的北端。

各水泵提水后经出水管汇入两根直径为 2.2 m 的压力总管。为便于管道检修并保证运行灵活,在出水支管的末端设置阀门室,在其下游设一侧流井。

站区原地面北低南高,高程 34.5～40.5 m。为利用开挖土石方,将生产区回填至 39.0 m 高程,管理区回填至 38.0 m 高程。站区内设置了便于机电设备运输、管理人员管理运行的交通道路。同时,在空闲地段种植草皮,用于厂区绿化,美化厂区环境。厂区四周设有围墙。为排除厂区内雨水,在围墙内侧设一排水沟,厂区内设若干排水支沟,将水排入鸦鹊河中。此外,为减少雨水在厂区的渗漏,减小前池底板的渗透压力,在建筑物墙后及厂区回填时,下部回填石渣,顶部回填压实 1～2 m 厚的壤土。

图 4.5.4　黄水河泵站

4.5.5　温石汤泵站工程

温石汤泵站(见图 4.5.5)为山东省胶东地区引黄调水工程新建 7 级泵站中的第 5 级泵站,位于蓬莱市境内、黄水河左岸、蓬莱市村里集镇温石汤村北侧,处于输水线路的任家沟隧洞下游约 2 km。

泵站设计流量 12.6 m³/s,设计净扬程 18.27 m,最高净扬程 20.77 m,最低净扬程 15.77 m。站前池设计水位 90.5 m,前池最高水位 93.0 m,前池最低水位 88.0 m;站后村里隧洞进口设计水位 108.77 m。工程总占地面积 70 亩。

温石汤泵站的总体布置包括进水池,泵站主、副厂房,阀门室,管道,测流井及生产管理区等。各建筑物的布置力求设置合理、运行安全、管理方便、工程量少、外形美观。

温石汤泵站安装 10 台 800S29 型双吸离心水泵,配 710 kW 的异步电动机,按"8 用 2 备"进行设计,其中 2 台水泵采用内反馈传级调速运行。泵站采用单列布置,机组基本间距 7.5 m。水泵进水管 DN1200 上设电动蝶阀,压力 0.6 MPa,蝶阀与水泵间设伸缩器。离心水泵需关阀起动,在每台水泵出口设蓄能式液控蝶阀和电动蝶阀,其中液控蝶阀为工作阀门,电动蝶阀为检修阀门。液控蝶阀能按预定程序实现泵阀联动,能够实现远距离控制,在设定时间内可以根据需要调整关闭时间。液控蝶阀与电动蝶阀直径为 1 000 mm,压力 1.0 MPa。出水管道上设传力式伸缩器,与主厂房采用柔性连接方式。

泵站安装 10 台水泵,设 2 根 DN2200 输水总管道。在进行泵站设备布置时,将水泵和输水管道分为两组,即每 5 台水泵和 1 根总管道为一组,5 台水泵出水管通过 1 根 45°

斜叉管汇于总输水管,两根斜叉管平行布置,间距 6.5 m。在每个弯头与斜叉管处均设有镇墩。每根 DN2200 输水总管道设多声道超声波流量计 1 套,共 2 套。在 DN2200 输水总管道上设分水井(蓬莱分水口),向蓬莱市分水,分水流量 1.6 m³/s。

图 4.5.5　温石汤泵站

4.5.6　高疃泵站工程

高疃泵站(见图 4.5.6)为山东省胶东地区引黄调水工程新建 7 级泵站中的第 6 级泵站,位于烟台市福山区高疃镇高疃村东、门楼水库上游清洋河左岸,北邻 G204 国道。

泵站设计流量 5.5 m³/s,站前池设计水位 30.68 m,前池最高水位 31.68 m,前池最低水位 28.50 m,站后高位水池设计水位 87.53 m。

高疃泵站安装 4 台 800S65 型双吸离心水泵,按"3 用 1 备"进行设计。配套电动机型号为 T1700-8(2 台)和 YRCT710-8(2 台),电压 10 kV,额定功率 1 700 kW,功率备用系数 1.17。泵站采用单列布置,机组基本间距 8 m。水泵进水管 DN1200 上设电动蝶阀,压力 0.6 MPa,蝶阀与水泵间设伸缩器。离心水泵需关阀起动,在每台水泵出口设重锤式液控蝶阀和电动蝶阀,其中液控蝶阀为工作阀门,电动蝶阀为检修阀门。液控蝶阀能按预定程序实现泵阀联动,能够实现远距离控制,在设定时间内可以根据需要调整关闭时间。液控蝶阀与电动蝶阀直径 1 000 mm,压力 1.6 MPa。出水管道上设传力式伸缩器,出水管道与主厂房采用柔性连接方式。

泵站设一根 DN2000 输水总管道,输水总管道设多声道超声波流量计 1 套;并安装 2台直径 500 mm 的泄压阀,泄压阀压力设置为 86 m 水柱(可调)。

图 4.5.6　高疃泵站

4.5.7　星石泊泵站工程

星石泊泵站为山东省胶东地区引黄调水工程新建 7 级泵站中的最后一级泵站,位于烟台市牟平区龙泉镇星石泊村东南约 400 m 处,上接高疃泵站站后压力管道,下接压力管道至卧龙隧洞。

泵站设计流量 4.8 m³/s,设计扬程 73 m,单机流量 1.65 m³/s,配 1 700 kW 同步电动机,总装机容量 6 800 kW。前池设计水位 9.2 m,前池最高水位 10.7 m,前池最低水位 7.7 m;站后卧龙隧洞进口设计水位 59.52 m。

星石泊泵站总体布置包括进水建筑物,泵站主、副厂房,压力管道及生产管理区等。

进水建筑物依次为蓄水池、前池、进水池。平面布置呈梭形,顺水流方向总长 115 m,最宽处 60 m。蓄水池承接高疃泵站压力管道来水,进水总管型号为 DN1800,将来水输入蓄水池。蓄水池满后,来水通过前池输入进水池,进水池通过 4 根进水管道(DN1200),将来水输入主厂房水泵。进水管与主厂房采用刚性连接方式。

主厂房内设置 4 台机组,单列布置,机组间距 8 m。安装 4 台 800S73 型双吸离心泵,配 1 700 kW 同步电动机。按"3 用 1 备"进行设计,其中 1 台水泵采用内反馈传级调速运行,配套电动机为异步电动机。水泵进水管(DN1200)上设电动蝶阀,压力 0.6 MPa,蝶阀与水泵间设伸缩器。离心水泵需关阀起动,在每台水泵出口设重锤式液控蝶阀和电动蝶阀,其中液控蝶阀为工作阀门,电动蝶阀为检修阀门。液控蝶阀能按预定程序实现泵阀联动,能够实现远距离控制,在设定时间内可以根据需要调整关闭时间。液控蝶阀与电动蝶阀的直径为1 000 mm,压力1.6 MPa。水泵出水管(4根)型号为DN1000,上设传力式伸缩器,出水管与主厂房采用柔性连接方式。

副厂房布置在主厂房西侧。副厂房整体为一"L"形二层结构,局部分为三层。一层设有10 kV及0.4 kV配电室、电容器室、变频室、励磁室、星点液阻柜室、主变室、35 kV开关室及电工实验室;二层设有中央控制室、保护室、通信室、休息室、储藏室等;三层为建筑造型。

主厂房下游侧4根出水压力管汇成一根直径为1 800 mm的压力总管,压力总管叉管处设置镇墩。为降低水锤时管道内过高的水锤压力,在出水总管距主厂房32 m处设泄压阀室,内置2个直径500 mm的泄压阀(压力设置为95 m水柱)和1个排气阀。泄压管采用2根DN500钢管。泄压阀室下游侧13.3 m处,出水压力总管上设一测流井。测流井为钢筋砼地下整体结构,内置多声道超声波流量计1套。

主、副厂房地面高程回填至9.5 m,其余低于8.2 m高程的地面平整至高程8.2 m,高于8.2 m高程的地面依势平整。剩余土方填筑于蓄水池、前池、进水池挡墙外侧,与主厂房外形成一个封闭的浏览平台。平台总宽度5.0 m,顶高程9.5 m,其上设置绿化带。

图4.5.7　星石泊泵站

4.6　隧洞工程

4.6.1　任家沟隧洞工程

任家沟隧洞进口位于龙口市任家沟村东,出口位于蓬莱市。任家沟隧洞进口与龙口段输水管道连接,出口接任家沟暗渠。设计流量12.6 m³/s,校核流量16.4 m³/s。设计断面为 3.9 m×3.5 m(宽×高)加半圆拱,隧洞全长 4 590 m,进口底高程 98.51 m,出口底高程 96.14 m,比降为 1/1 500。隧洞进、出口分别设竖井、通气孔通至地面,为无压隧洞。进口设计水位 101.62 m,校核水位 102.35 m;出口设计水位 99.08 m,校核水位 99.76 m。

4.6.2　村里隧洞工程

村里隧洞进口与蓬莱段输水管道连接,出口接村里暗渠。设计流量 11.0 m³/s,校核流量 14.3 m³/s。设计断面为 3.8 m×3.3 m(宽×高)加半圆拱,隧洞全长 6 332 m,进口底高程 106.0 m,出口底高程 101.83 m,比降为 1/1 500。隧洞进、出口分别设竖井通至地面,为无压隧洞。进口设计水位 108.88 m,校核水位 109.55 m;出口设计水位 104.71 m,校核水位105.38 m。

4.6.3　桂山隧洞工程

桂山隧洞进口位于烟台市莱山区莱山镇贾家疃村北,出口位于梁家夼村北,为莱山段输水管道工程的组成部分。设计流量 5.5 m³/s,校核流量 6.9 m³/s。设计断面为圆形,洞径 2.6 m,隧洞全长 2 249 m,进口底高程 49.29 m,出口底高程 49.085 m,比降为 1/10 000。隧洞进、出口分别与输水管道连接,为有压隧洞。隧洞进、出口压力线分别为 63.3 m、62.7 m,隧洞进、出口洞顶压力水头分别为 10.8 m、11.0 m。

4.6.4　孟良口子隧洞工程

孟良口子隧洞进口位于烟台市牟平区大窑镇万家山村北,出口位于徐班庄北,为牟平(一)段输水管道工程的组成部分。设计流量 4.8 m³/s,校核流量 6.2 m³/s。设计断面为 2.4 m×1.9 m(宽×高)加半圆拱,隧洞全长 2 191 m,进口底高程 39.5 m,出口底高程 37.332 m,比降为 1/1000。隧洞进、出口分别设竖井通至地面,为无压隧洞。进口设计水位 41.166 m,校核水位 41.574 m;出口设计水位 38.098 m,校核水位 38.241 m。

4.6.5　卧龙隧洞工程

卧龙隧洞进口位于牟平区龙泉镇潘格庄,出口位于文登区界石镇辛上庄。卧龙隧洞进口与牟平(二)段输水管道连接,出口接卧龙暗渠。设计流量 4.8 m³/s,校核流量 6.2 m³/s。设计断面为 2.4 m×1.9 m(宽×高)加半圆拱,隧洞全长 1 242 m,进口底高程 58.0 m,出口底高程 56.965 m,比降为 1/1 500。隧洞进、出口分别设竖井通至地面,为无压隧洞。进口设计水位 59.52 m,校核水位 59.85 m;出口设计水位 58.485 m,校核水位 58.815 m。

4.7 暗渠工程

4.7.1 任家沟暗渠工程

任家沟隧洞出口与温石汤泵站前池之间设暗渠连接。设计流量 12.6 m³/s,校核流量 16.4m³/s。暗渠全长 1 395.6 m。设计过水断面为 1.9 m×2.7 m(宽×高)。当温石汤泵站前池水位为 93.0 m 时,在校核流量下暗渠内为有压流;其他工况下均为半有压流。进口暗渠底高程 96.09 m,出口暗渠底高程 88.8 m。

在桩号 0+120～0+130 处设挡水闸。挡水闸设 1 扇 1.9 m×2.7m-8.627 m(宽×高-挡水高度)潜孔式平面定轮钢闸门,闸底板高程 95.373 m,最高挡水位 104.0 m;闸门启闭设备选用 150 kN 手拉葫芦。在桩号 0+525 和 0+925 处设通气孔,通气孔顶部高于地面 0.3～0.5 m。

4.7.2 村里暗渠工程

村里隧洞出口与高疃泵站前池之间设暗渠连接。设计流量 11.0 m³/s,校核流量 14.3 m³/s。暗渠全长约 28.96 km。在桩号 7+194 处设栖霞分水口,分水流量 0.64 m³/s。暗渠渠底比降为 1/2 280～1/177.4。暗渠过流断面尺寸分别为1.8 m×2.6 m(宽×高)和 2.6 m×2.6 m,不同断面之间设 12 m 长的渐变连接段。在校核流量下暗渠内为有压流,其他工况下均为半有压流。进口暗渠底高程101.78 m。暗渠末端设分水口,一部分通过节制闸控制入高疃泵站前池,另一部分由分水闸入门楼水库。暗渠出口沿水流方向依次为暗渠出口扩散段、分流池、节制闸、分水闸等,除分流池、闸室段为明渠外,其余均为钢筋砼箱涵结构,水流流态为无压流。

节制闸设 1 扇 2.0 m×2.8 m-2.55 m(宽×高-挡水高度)单向止水露顶式铸铁闸门,设计水位 30.75 m,校核水位 31.05 m,闸底板高程 28.50 m;闸门启闭设备采用 1 台 100 kN 单吊点手、电两用螺杆启闭机。分水闸设 1 扇 2.0 m×2.2 m-3.57/3.21 m(宽×高-挡水高度)双向止水潜孔式铸铁闸门,正向设计水位 30.75 m,正向校核水位 31.71 m,反向设计水位 30.68 m,反向校核水位32.07 m,闸底板高程 28.50 m;闸门启闭设备采用 1 台 100 kN 单吊点手、电两用螺杆启闭机。暗渠沿线设 15 座进/排气阀井,井内设 4 台直径 300 mm 的手动蝶阀、进/排气阀等设备,并设 17 处通气孔或检修井。

4.7.3 卧龙暗渠工程

卧龙暗渠进口与卧龙隧洞出口相连接,出口接文登段输水管道。设计流量 4.8 m³/s。暗渠全长 324.6 m,设计过水断面为 1.6 m×2.0 m(宽×高),为有压暗渠。暗渠进口底高程 56.065 m,暗渠出口底高程 55.945 m,比降为 1/2 700。

4.8　安全防护工程

4.8.1　护栏网布置

根据胶东调水输水明渠工程沿线地形条件及输水渠工程设计情况,将宋庄分水闸至黄水河泵站前池定为安全防护范围。扣除泵站、倒虹、暗渠、渡槽及矩形渠长度等建筑物长度后,两岸交通防护段总长度 143.868 km,两岸护栏网防护总长度287.736 km。

护栏网沿输水渠左、右堤内堤肩进行防护,并与渠道上的桥梁及建筑物栏杆形成封闭结构。为方便日常维护维修,每个封闭段设 4 道检修门。

4.8.2　冬青生态墙的布置

在招远防风林段,为减少泥沙入渠,在渠道左侧外堤肩处种植冬青生态墙。冬青生态墙位于渠道设计桩号 109+680~112+718 处,总长 3.038 km,墙宽 0.8 m。

4.8.3　集中取土场安全防护布置

根据土方调配原则,并结合沿线地形、地质及渠道设计实际情况,胶东调水工程全线共布置 8 处集中取土场。为保证取土场周围群众耕作安全及交通安全,在取土场四周采用带刺铁丝护栏网,防护总长 4 941 m。

4.8.4　标志、警示牌布置

在护栏网防护的基础上,为向人们传达制度,规范人们的行为,提醒人们注意自身的言行举止和责任义务,对人们的行为安全进行提示,根据输水渠沿线工程的实际情况,在输水线路交叉建筑物处设标志、警示牌,并在堤顶路的护栏网立柱上,每隔一个立柱刷反光标志漆。反光标志距地面 0.5 m,反光标志高 20 cm。

为了保护渠道堤防安全,减轻超重车辆对堤顶路的破坏,在主要交通路口、堤顶管理道路上两端分别设立两个限宽素混凝土墩,并在限宽素混凝土墩侧面涂刷反光漆。限宽素混凝土墩共设置 1 170 块,其中昌邑市 24 块,平度市 240 块,莱州市 580 块,招远市 60块,龙口市 266 块。

4.8.5　渡槽防护工程布置

胶东调水工程共布置 6 座渡槽,渡槽均处在冲沟发育地带,切割深度大,冲沟宽。渡槽建成后,在槽身进出口设"U"形护栏网封闭防护,并在进出口处设检修门。防护总长度138 m。

第二篇

总结评价篇

第5章　胶东调水工程概述

5.1　工程基本情况

山东省胶东地区引黄调水工程(简称"胶东调水工程")位于山东省胶东半岛北部,工程输水线路总长483.50 km。工程自博兴县打渔张引取黄河水,利用现有引黄济青段工程173.69 km,在昌邑市宋庄分水闸后新辟输水线路至威海市米山水库,新辟输水线路309.81 km(包括宋庄分水闸至黄水河泵站前输水明渠段长159.94 km,黄水河泵站至米山水库输水管道、输水暗渠及隧洞段长149.87 km)。工程沿线途径6个地市,16个县(市、区)。

胶东调水工程于2002年由国家发展计划委员会批复立项,2003年由国家发展和改革委员会批复可行性研究报告,2003年山东省发展计划委员会批复初步设计。工程于2003年12月19日开工建设,2015年按山东省政府和山东省水利厅的安排部署实施应急抗旱调水,2019年12月18日完成竣工验收。项目法人是山东省胶东地区引黄调水工程建管局。

山东省调水工程运行维护中心是胶东调水工程的省级管理机构。中心实行"三级垂直管理体制",潍坊、青岛、烟台、威海分中心为胶东调水工程的市级管理机构,昌邑、平度、莱州、招远、龙口、蓬莱、福山、牟平管理站为胶东调水工程的县级管理机构,从而对工程实施有效管理。

工程详细情况介绍见本书第一篇"工程篇"。

5.2　工程投资情况

胶东调水工程最终批复工程概算总投资56.00亿元,累计完成投资516 337.98万元。工程建设投资过程见图5.2.1。

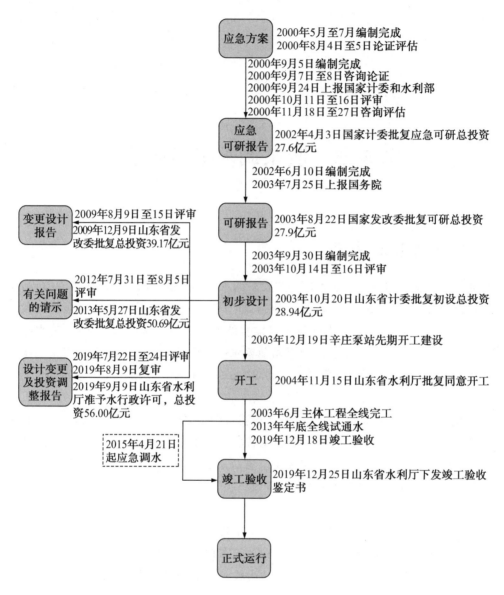

图 5.2.1　工程建设投资过程

5.3　项目前期过程

2002年4月3日,国家发展计划委员会以《印发国家计委关于审批山东省胶东地区引黄调水工程项目建议书的请示的通知》(计投资〔2002〕523号),对工程项目建议书进行了批复。

2003年8月22日,国家发展和改革委员会下发《印发国家发展改革委关于审批山东省胶东地区引黄调水工程可行性研究报告的请示的通知》(发改投资〔2003〕1013 号),对工程可行性研究报告进行了批复。

2003 年 10 月 20 日,山东省发展计划委员会以《关于山东省胶东地区引黄调水工程初步设计报告的批复》(鲁计重点〔2003〕1111 号)对工程初步设计报告进行了批复。

2009 年 12 月 9 日,山东省发展和改革委员会以《山东省发展和改革委员会关于胶东地区引黄调水工程有关问题确认意见的函》(鲁发改农经〔2009〕1564 号)对有关问题进行了确认。

2013 年 5 月,山东省发展和改革委员会以《山东省发展和改革委员会关于胶东地区引黄调水工程有关问题的批复》(鲁发改农经〔2013〕601 号)对胶东调水工程有关事项进行了批复。

2019 年 9 月 9 日,山东省水利厅以《山东省水利厅关于山东省胶东地区引黄调水工程初步设计变更准予水行政许可决定书》(鲁水许可字〔2019〕67 号)决定准予许可。

5.4　项目实施过程

2003 年 12 月 19 日,胶东调水工程在辛庄泵站先期开工建设。

山东省胶东地区引黄调水工程建管局于 2004 年 11 月 8 日以《关于山东省胶东地区引黄调水工程主体开工的请示》(鲁水胶建管工字〔2004〕02 号)向山东省水利厅申请工程开工。11 月 15 日,山东省水利厅以《山东省水利厅关于胶东地区引黄调水工程主体工程开工报告的批复》(鲁水建字〔2004〕130 号)批复同意工程开工。

2005 年 8 月,国土资源部作出了建设用地批复;2006 年,泵站、隧洞等控制性工程开始兴建,完成土地迁占补偿;2009 年年底,明渠工程建设完成;2010 年,暗渠及门楼水库以下段管道工程开始实施;2013 年年底,主体工程全线贯通。

2011 年,对宋庄分水闸至黄水河泵站段明渠工程进行综合调试运行,调试结果表明明渠工程具备了通水条件;2013 年 6 月,主体工程全线完工;2013 年年底,对全线进行试通水,将黄河水分别送入门楼水库和米山水库。

2019 年 11 月,自动化调度系统、管理设施和水土保持等附属设施建设完成。至此,工程全面建成。

5.5　项目运行管理

山东省调水工程运行维护中心是胶东调水工程的省级管理机构,实行"三级垂直管理体制"。省中心下设分中心,分中心下设管理站。胶东调水宋庄分水闸以上工程由引黄济青原管理单位组织管理,以下工程增设 2 个分中心,分别为烟台、威海分中心;增设 6 个管理站,分别为莱州、招远、龙口、蓬莱、福山、牟平管理站,对工程实施有效管理。其中与胶东调水工程有关的分中心共 4 个,分别为潍坊、青岛、烟台、威海分中心;有关的管理站共 8 个,分别为昌邑、平度、莱州、招远、龙口、蓬莱、福山、牟平管理站。各分中心参照省调度中心的职责成立分调度中心,负责辖区内调度运行、应急抢险与运行管护人员的技术安全培训,服从省调度中心的统一调度指挥。各管理站成立调度组,负责辖区内调度运行、应急抢险工作,服从省调度中心和分调度中心的调度指挥。泵站、闸站、阀门井站点、渠道、管道巡视人员为现地运行单位管理人员,负责运行期间的水位、压力、流量观测,接收调度指令具体操作泵站、闸站、阀门井机电设备,组织工程安全巡查,参与应急抢险等运行工作,服从上级调度中心(组)的指挥。

胶东调水工程自 2015 年按山东省政府和山东省水利厅的安排部署实施应急抗旱调水,截至 2021 年 6 月 30 日,共向胶东地区调水 7 次,累计供水 11.14×10^8 m³。其中累计向烟台市供水 6.89×10^8 m³,向威海市供水 3.93×10^8 m³,向青岛市(平度市)供水 0.32×10^8 m³。

5.6　总结评价工作简述

5.6.1　评价依据

5.6.1.1　依据的规范、规程

(1)《水利工程建设程序管理规定》(水利部令第 49 号)。

(2)《中央政府投资项目后评价管理办法》和《中央政府投资项目后评价报告编制大纲(试行)》(发改投资〔2014〕2129 号)。

(3)《水利建设项目后评价管理办法(试行)》(水规计〔2010〕51 号)。

(4)《水利建设项目后评价报告编制规程》(SL 489—2010)。

(5)《水利部建设项目经济评价规范》(SL 72—2013)。

(6)《国家发展改革委、建设部关于印发建设项目经济评价方法与参数的通知》(发改投资〔2006〕1325 号)。

(7)《水利建设项目后评价报告编制规程》(SL 489—2010)。

(8)《水利建设项目环境影响后评价导则》(SL/Z 705—2015)。

(9)其他国家相关规范规程。

5.6.1.2　依据的文件

(1)《山东省水利厅关于开展山东省胶东地区引黄调水工程后评价工作的通知》(鲁水调管函〔2021〕16 号)。

(2)《水利部调水管理司关于组织开展典型调水工程项目自我总结评价工作的函》(调管函〔2021〕4 号)。

(3)前期各阶段的设计、审批文件,包括各专项报告。

(4)各阶段验收报告和鉴定书,设计变更及审批情况,包括各专项验收。

(5)建设期年度投资表、竣工决算等。

（6）运行期各年的年度运行报告、财务报表，以及维修养护、安全监测报告等。

（7）相关的地方性政策、法律法规，经济发展、资源优化配置、生态环境保护等方面的政策性文件。

（8）山东省胶东地区引黄调水工程自我总结评价报告编制工作招标文件等。

5.6.2　评价的必要性和流程

5.6.2.1　评价的必要性

《水利建设项目后评价管理办法（试行）》（水规计〔2010〕51 号）规定，水利建设项目后评价是水利建设投资管理程序的重要环节，是在项目竣工验收且投入使用后，或未进行竣工验收但主体工程已建成投产后，对照项目立项及建设相关文件资料，与项目建成后所达到的实际效果进行对比分析，总结经验教训，提出对策建议。

水利工程建设项目所处区域自然经济环境条件的差异，使得各工程所发挥的效益以及对所在区域的社会、经济、环境影响的程度各有不同。对已经完成的项目的目的、执行过程、效益、作用和影响进行系统、客观的分析，通过检查总结，确定目标是否达到，项目或规划是否合理有效，并通过可靠的资料信息反馈，为未来决策提供依据。这对水利产业来说是一次清产核资，也是一次向全社会宣传水利工程作为基础设施产业为社会、为人类创造的价值的机会，对于深化经济体制改革，制定水利经济政策和水利建设长远规划都具有深远意义。因此，水利工程项目后评价是工程建设项目管理工作的延伸，属于项目管理周期中一个不可缺少的重要阶段。

项目后评价一般分为三个阶段：项目自我总结评价阶段、后评价阶段和成果反馈阶段。

《中央政府投资项目后评价管理办法》要求，项目单位应在项目竣工验收并投入使用或运营一年后两年内完成自我评价报告。胶东调水工程已于 2019 年年底竣工验收并投入使用，自 2015 年起按山东省政府和山东省水利厅的安排部署实施应急抗旱调水。工程运行至 2021 年 6 月 30 日，累计供水 11.14×10^8 m³，其中累计向烟台市供水 6.89×10^8 m³，向威海市供水 3.93×10^8 m³，向青岛市（平度市）供水 0.32×10^8 m³，在缓解胶东地区水资源供需矛盾、保障供水需求、保障国民经济和社会稳定可持续发展方面起到了重要作用。该项目建设规模大、条件复杂、工期长、投资大，对优化水资源配置、保障供水安全有重要作用，符合组织开展后评价工作的条件。

作为项目后评价不可或缺的重要组成部分，自我总结评价是通过利用项目的实际成果和效益来分析评价项目决策、建设、运营的整个过程，通过总结经验教训，为政府投资新项目的决策提供可靠的依据，为项目的立项和可行性研究提供基础资料。同时，这种评价结果还可为项目的实施反馈信息，以便及时调整下一步的建设投资计划，也可对建成项目进行诊断，提出完善项目的建议和方案。在项目后评价的基础上，行政管理部门还可以对国家、地区或行业的规划进行分析研究，为国家有关部门对项目评价方法与参数的修改及调整政策和修订规划提供依据。通过项目后评价，能及时反馈项目管理各阶段的经验教训，从而进一步改进和完善项目管理工作，提高项目投资效益，促进水利项目投资的良性循环和健康发展。

胶东调水工程是山东省大型骨干调水工程,也是山东省重要的水资源配置工程。运用科学、系统、规范的方法,对项目决策、建设实施和运行管理等各阶段及工程建成后的效益、作用和影响进行分析评价,总结经验,吸取教训,不断提高项目决策和建设管理水平,完善项目全生命周期建设管理程序,是十分必要的。其目的不仅仅是对胶东调水工程自身的总结评价,对山东省后续类似调水工程的规划制定、项目审批、投资决策、工程建设、运行管理也均具有深远的指导和借鉴意义。

5.6.2.2 评价流程

根据《水利建设项目后评价管理办法(试行)》(水规计〔2010〕51 号)的要求,结合胶东调水工程的项目特点,胶东调水工程自我总结评价的流程如图 5.6.1 所示。

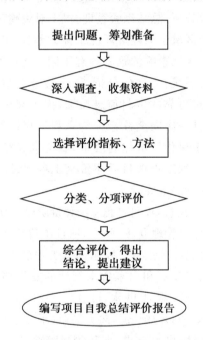

图 5.6.1 胶东调水项目自我总结评价流程图

(1)提出问题,筹划准备

2021 年 8 月 9 日,山东省调水工程运行维护中心委托山东水务招标有限公司发布招标公告,就"山东省胶东地区引黄调水工程自我总结评价报告编制工作"公开招标。2021年 8 月 31 日,青岛市水利勘测设计研究院有限公司中标,准备开展胶东调水工程自我总结评价报告编写工作。

报告编写项目组制订了详细的工作计划,其中包括人员的配备、组织机构的建立,评价内容与深度的确定、时间进度的安排,以及评价指标、评价方法的选择,编写完成了《山东省胶东地区引黄调水工程自我总结评价报告编制大纲》,并通过了山东省调水工程运行维护中心组织的技术咨询。

（2）深入调查，收集资料

翔实的基本资料是进行自我总结评价的基础。对基础资料的调查、搜集、整理、分析和合理性检查，是做好自我总结评价的重要环节。

开展实际调查工作时，根据自我总结评价的任务，搜集各种资料和数据，主要包括项目规划设计、建设管理、运行管理、社会经济、社会环境等资料，水利和相关行业有关资料，与本项目有关的其他经济技术资料。

①中标合同签订后，项目组至山东省调水工程运行维护中心档案室，搜集有关规划设计、建设管理、运行管理等方面的资料。

②2021 年 9 月上旬至 10 月上旬，项目组分别赴滨州市、东营市、潍坊市、青岛市、烟台市、威海市 6 市，进行实地调研和交流，与现场管理单位、当地水利局等相关部门以及个人座谈，以便深入了解工程运行情况、工程效果所带来的社会影响，以及当地经济发展对项目的持续性影响等。

（3）选择评价指标、方法

根据工程规划、设计、建设及运行管理状况，结合工程所在地的经济及社会发展计划，针对项目特点，选择合适的评价指标及评价方法。

（4）分类、分项评价

分类、分项评价是项目评价的重点，这里采用三种分析方法：定量分析法、定性分析法和综合分析法。按照如下步骤进行评价：

①对调查资料和数据的代表性、一致性和可靠性进行检验，并对核实后的资料进行分析研究。

②计算各类能够定量的生态、社会、经济、节水等方面的评价指标。

③构建多种有效模型，对难以定量的效果和影响进行分析；判断各种指标对经济、社会发展及当地环境的影响程度。

④客观评价各项指标的效果。结合工程实施过程中及实施后所在地各群体因工程导致的经济社会变化而产生的各种问题，揭示工程存在的水资源、经济、社会和环境风险，提出减轻或消除影响的措施。

（5）综合评价，得出结论，提出建议

采用合适的模型和评价方法对项目分类、分项评价结果进行综合分析评价，得出总体评价结论，并提出今后的改进措施和建议。

（6）编写项目自我总结评价报告

将上述调查、分析、评价的结果写成书面报告，总结胶东调水工程近期运行过程中的经验教训，提出对策和建议，征求领导和专家的意见，修改完善后提交委托单位。

5.6.3 评价参数、对象和范围

5.6.3.1 评价的基准时点、评价期

（1）基准时点

胶东调水工程于 2002 年由国家发展计划委员会批复立项，2003 年由国家发展和改革委员会批复可行性研究报告，2003 年由山东省发展计划委员会批复初步设计。工程于 2003 年 12 月 19 日开工建设，2015 年按山东省政府和山东省水利厅安排部署实施应急抗旱调水，2019 年 12 月 18 日完成竣工验收。

为了便于对照且不失典型性，本次评价的基准年定为 2002 年，基准时点定为 2003 年 1 月 1 日 0 时。

（2）评价期

对胶东调水工程进行自我总结评价的评价期为 2003 年 1 月 1 日至 2021 年 6 月 31 日，共 19.5 年。

5.6.3.2 评价对象和范围

胶东调水工程评价范围自博兴县打渔张渠首工程起，至输水线路末端的威海市米山水库止，沿程包括利用现有引黄济青段工程 172.5 km，昌邑市宋庄分水闸后新辟输水线路 309.9 km，以及沿线全程的水工交叉建筑物。

本次自我总结评价的基本内容包括实施过程总结（项目前期工作总结、建设实施过程总结和项目运行管理总结）、项目效果评价（技术水平评价、财务及经济效益评价、移民安置评价、社会影响评价、环境影响评价、水土保持评价）、项目目标和可持续性评价以及结论与建议等。

本次自我总结评价涉及的地市主要包括工程所在地滨州市（博兴县）、东营市（广饶县）、潍坊市（寿光市、寒亭区、昌邑市）、青岛市（平度市）、烟台市（福山区、牟平区、莱山区、莱州市、招远市、龙口市、蓬莱市）、威海市（文登区），其中受水区为青岛市（平度市）、烟台市（福山区、牟平区、芝罘区、莱山区、莱州市、招远市、龙口市、蓬莱市、栖霞市）、威海市（环翠区、文登区）。

第6章 项目实施过程总结

6.1 项目前期工作总结

6.1.1 项目建议书报告及审批情况

6.1.1.1 编制单位

项目建议书编制单位为山东省水利勘测设计院。

山东省水利勘测设计院创建于 1956 年,现已拥有水利工程设计行业、工程勘察、工程咨询、工程造价、工程监理、工程总承包、工程测绘、水土保持、水文、水资源调查评价、建设项目水资源论证、水利工程质量检测、土工试验等甲级资质 13 项;土地规划、装饰设计、工程咨询、建筑、市政、电力、通信等乙级资质 9 项;且拥有水利水电工程施工总承包一级资质。

该设计单位人力资源雄厚,技术设备装备齐全,综合实力强大,能满足工程设计需要。

6.1.1.2 项目建议书

山东省水利勘测设计院于 2000 年 5 月至 7 月编制完成了《南水北调东线山东供水区水资源规划报告》和《南水北调东线工程向胶东地区供水应急方案》(以下分别简称《规划报告》和《应急方案》),并先后向山东省水利厅党组扩大会议和山东省政府第 47 次省长办公会议做了专门汇报,随后对两个报告分别进行了补充完善和调整修订。

2000 年 8 月 4 日至 5 日,由山东省水利厅邀请国内有关方面专家对《规划报告》和《应急方案》进行了论证评估。专家们对这两项成果给予了肯定,并提出了意见和建议。

考虑到烟台市、威海市面临的严重供水危机,并结合专家论证意见,山东省委、省政府作出了尽快编制《南水北调东线向胶东地区应急供水一期工程可行性研究报告》(以下简称《应急可研报告》)并尽早上报立项的决定。遵照山东省委、省政府的指示,山东省水利厅成立了专门的领导班子,责成山东省水利勘测设计院于 2000 年 9 月 10 日前编制完成《应急可研报告》。山东省水利勘测设计院于 2000 年 9 月 5 日完成了《应急可研报告》编制工作。2000 年 9 月 7 日至 8 日,山东省水利厅组织山东省内有关方面的专家在济南市对《应急可研报告》进行了咨询论证。

2000 年 9 月 11 日,原国家计委副主任刘江、水利部副部长张基尧及两部委有关司局的领导同志认真听取了山东省水利勘测设计院关于《应急可研报告》的汇报,并提出国家将计划在“十五”期间建设南水北调东线工程,现在该项目尚未立项,真正实施还需要一段时间;为落实国务院关于尽快解决烟台、威海两市严重缺水问题的指示精神,当前对胶东调水工程应按应急专项工程对待,可以单独上报、立项、建设。根据国家计委、水利部两部委领导的意见和山东省政府的决策,山东省水利勘测设计院又进行了相应的修改和补充,并于 2000 年 9 月 24 日编制完成了《应急可研报告》。2000 年 9 月 24 日,山东省水利厅以鲁水规计字〔2000〕118 号文上报国家计委和水利部。

6.1.1.3 审查及意见落实情况

2000 年 10 月 11 日至 16 日,水利水电规划设计总院主持召开了《山东省胶东地区应急调水工程可行性研究报告》审查会,会议认为《应急可研报告》基本上达到了本阶段的深度要求,基本同意《应急可研报告》的内容,同时也对《应急可研报告》提出了许多修改意见。据此,山东省水利勘测设计院又对《应急可研报告》进行了进一步修改和完善,落实了全部审查意见,并于 2000 年 10 月 25 日将修改后的《山东省胶东地区应急调水工程可行性研究报告》上报国家计委和水利部。

受国家发展计划委员会的委托,中国国际工程咨询公司组织专家组,于 2000 年 11 月 18 日至 27 日在济南对《应急可研报告》进行了咨询评估,并于 2001 年 3 月 12 日以咨农水〔2001〕172 号文向国家计委上报了《关于山东省胶东地区应急调水工程可行性研究报告的评估报告》。

6.1.1.4 批复情况

2002 年 4 月 3 日,国家发展计划委员会以《关于审批山东省胶东地区引黄调水工程项目建议书的请示的通知》(计投资〔2002〕523 号)对工程项目建议书进行了批复。相关批复情况及主要意见如下:

(1)批复肯定了实施胶东调水工程是必要的。

(2)批准该工程从引黄济青工程宋庄分水闸引水,途经潍坊市、青岛市、烟台市至威海市文登区米山水库,年供水量 1.43×10^8 m³。主要建设内容包括:建设输水线路总长 322 km,其中明渠 160 km,隧洞 8.1 km,输水管道 93.6 km,暗渠 53.3 km,利用现有河道 6.5 km;全线设 7 级提水泵站;扩建引黄济青引水配套设施,新建沉沙池,整治分洪道子堤和小清河子槽,扩建丹河倒虹吸及宋庄泵站;建设输变电及自动化通信等配套工程。

按照南水北调东线工程实施规划,胶东地区已列入南水北调东线工程供水范围。该工程远期将以长江水为水源。

（3）批准该项目估算总投资 27.6 亿元。

（4）批准山东省政府拟组建胶东供水局担任项目法人。待项目建成后，由各出资方组建胶东供水股份公司，负责公司运营和国有资产管理。

（5）批复认同该工程测算的全线平均基本水价 2.23 元/m³，计量水价 1.82 元/m³。

（6）批复提出了可行性研究阶段的工作建议。

6.1.2　可行性研究报告及审批情况

6.1.2.1　编制单位

《山东省胶东地区引黄调水工程可行性研究报告》的编制单位为山东省水利勘测设计院。

6.1.2.2　批复情况

《关于山东省胶东地区应急调水工程可行性研究报告的评估报告》经国家计委批复后，山东省水利勘测设计院按照山东省政府 2002 年 4 月 23 日的会议精神和山东省水利厅的工作安排，针对烟台市供水对象下移和水资源供需情况变化等问题，又对《应急可研报告》进行了重新调整，于 2002 年 6 月 10 日编制完成，并更名为《山东省胶东地区引黄调水工程可行性研究报告》，同时上报了国家计委和水利部。

国家发展和改革委员会于 2003 年 7 月 25 日以发改投资〔2003〕803 号文向国务院上报《国家发展改革委关于审批山东省胶东地区引黄调水工程可行性研究报告的请示》，并于 2003 年 8 月 22 日以发改投资〔2003〕1013 号文下发《印发国家发展改革委关于审批山东省胶东地区引黄调水工程可行性研究报告的请示的通知》，对工程可行性研究报告进行了批复。相关批复情况及意见如下：

（1）批复肯定了实施胶东调水工程是必要的。

（2）批准该工程从引黄济青工程宋庄分水闸引水，途经潍坊市、青岛市、烟台市至威海市文登区米山水库，输水线路总长 322.5 km，工程设计年调水量 1.43×10^8 m³，其中烟台市 $9\ 650 \times 10^4$ m³，威海市 $3\ 650 \times 10^4$ m³，青岛市（平度市）$1\ 000 \times 10^4$ m³。主要建设内容包括：引黄济青宋庄分水闸至烟台市黄水河泵站段修建明渠 161.5 km，自黄水河泵站至烟台市门楼水库段修建压力管道 78.35 km，自门楼水库至威海市米山水库段 82.67 km。全线设 7 级提水泵站，2 座隧道，3 座大型渡槽，水闸、倒虹吸、公路桥等其他渠系建筑物 417 座。扩建引黄济青配套设施，新建沉沙池，整治分洪道子堤和小清河子槽，扩建丹河倒虹吸及宋庄泵站。

该工程已列入南水北调东线工程规划，远期将以长江水为水源。

（3）批准该项目估算总投资 27.9 亿元。

（4）批复同意该工程拟采用市场化运行、企业化管理的模式。山东省政府拟组建胶东供水局担任项目法人。在适当时机，再组建相关企业承担项目的运营和国有资产管理工作。批复认同该工程初步测算全线综合平均供水成本 1.883 元/m³，平均供水价格2.078 元/m³。

6.1.3 初步设计报告及审批情况

6.1.3.1 编制单位

《山东省胶东地区引黄调水工程初步设计报告》（以下简称《初设报告》）的编制单位为山东省水利勘测设计院。

6.1.3.2 审查及意见落实情况

2003 年 10 月 14 日至 16 日，山东省发展计划委员会、山东省水利厅在济南联合召开了山东省胶东地区引黄调水工程初步设计审查会议，基本同意了该《初设报告》，同时对《初设报告》也提出了许多修改意见。据此，山东省水利勘测设计院对《初设报告》进行了进一步修改和完善，落实了全部审查意见。其中对于地震液化问题，在施工期已进一步研究。

6.1.3.3 批复情况

2003 年 10 月 20 日，山东省发展计划委员会以《关于山东省胶东地区引黄调水工程初步设计报告的批复》（鲁计重点〔2003〕1111 号）对工程初步设计报告进行了批复。相关批复情况及意见如下：

（1）同意该工程年总调水量 $1.43×10^8$ m³；同意该工程等别为Ⅰ等，其主要建筑物为1级，次要建筑物为 3 级；同意工程区地震烈度根据《中国地震动参数区划图》（GB 18306—2001）确定。

（2）同意该工程主要内容包括：渠首沉沙工程、引黄济青改建配套工程、宋庄分水闸至黄水河泵站输水明渠工程、压力管道输水工程、暗渠输水工程、泵站工程、隧洞工程、交叉建筑物工程、输变电工程及自动化测控工程、工程迁占及移民安置工程、水土保持工程、环境保护工程、工程管理设施。

（3）同意工程线路布置和主要建筑物设计。

（4）基本同意机电及金属结构、施工组织、环境保护、水土保持、工程管理、工程迁占及移民安置设计方案。

（5）审定工程概算总投资 28.94 亿元。

6.1.4 变更设计、调整概算及审批情况

胶东调水工程建设时间跨度较长，其间由于建设资金到位不及时、土地手续延期、政策调整、物价上涨、完善设计等多方面因素，导致建设期间出现四次重大变更设计，分别为《山东省胶东地区引黄调水工程变更设计报告》《关于胶东调水工程有关问题的请示》《山东省胶东地区引黄调水工程设计变更及投资调整报告》《高疃泵站—米山水库段输水

工程新增调流调压设施变更设计报告》。

6.1.4.1　山东省胶东地区引黄调水工程变更设计

（1）编制单位

《山东省胶东地区引黄调水工程变更设计报告》的编制单位为山东省水利勘测设计院。

（2）变更缘由

①主观原因

a.工程实施周期延长，沿线经济发展迅速，群众维权意识逐步增强。

b.供水区域近年由枯水年进入丰水年，地方政府配合意识减弱，积极性降低。

c.实施期间沿线基本建设项目逐年增多，工程土地手续延期，本工程与其他重点建设项目交叉严重。

②客观原因

a.工程施工过程中，过于迁就地方政府以及群众的意见。

b.工程管理存在一定缺陷。

（3）变更设计内容

①渠首沉沙工程主要设计变更内容

a.工程迁占的变化。

b.新增低输沙渠清淤工程。

c.沉沙条渠附属建筑物工程（建设内容有部分变化）。

d.新增土地置换区填筑工程。

②引黄济青配套与改造工程设计

a.小清河子槽改造工程：子堤加高培厚工程；子堤衬砌工程 13 km；生产桥拆除重建。

b.宋庄泵站工程：水泵改造工程由 7 台改为 4 台；增加了低压开关柜、继电保护及自动监控装置更换与改造；电缆更换及安装；技术供水泵更换为潜水泵；中央控制室土建改造等工程；增加了 2003 年 9 月的概算中没有计算的施工临时工程。

c.王耨泵站改造工程。

③输水明渠工程主要变更内容

a.输水线路变化。

b.纵断面设计变化。

c.堤防工程：根据不同地质条件采用了分区筑堤的设计方案；部分渠段将管理道路设置在地面以下一级戗台上。

d.渠道衬砌工程。

e.新增 5 座输水暗渠。

f.交叉建筑物工程。

④管道及暗渠工程。

（4）审查情况

2009 年 8 月 9 日至 15 日，山东省工程咨询院在济南对山东省水利厅提交的《关于胶东调水工程建设有关情况的汇报》、山东省水利勘测设计院编制的《山东省胶东地区引黄调水工程变更设计报告》及建设单位提供的工程水价、资金来源等相关资料进行了评审。

（5）批复情况

2009 年 12 月 9 日，山东省发展和改革委员会以《山东省发展和改革委员会关于胶东地区引黄调水工程有关问题确认意见的函》（鲁发改农经〔2009〕1564 号）对有关问题进行了确认。

（6）实施情况

渠首沉沙池工程已被调减未实施，其余均按批复的设计变更内容完成。

6.1.4.2　关于胶东地区引黄调水工程有关问题的请示

（1）编制单位

《关于胶东地区引黄调水工程有关问题的请示》的编制单位为山东省水利勘测设计院。

（2）变更缘由

由于工程未能按期竣工，受政策因素、物价因素、设计完善及变更因素等影响，工程投资增加较多，山东省胶东调水工程建管局上报了《关于胶东调水工程有关问题的请示》，要求对投资调增问题予以确认。

（3）变更设计内容

①明渠及交叉建筑物工程

a.平度段、烟台段需新增交通桥、交通涵、过路圆涵、排水沟交叉建筑物等项目。

b.其他：新挖排水沟、倒虹排水沟疏通、生产路恢复、倒虹清淤、倒虹前增设拦沙坎等。

②泵站工程：灰埠泵站、东宋泵站、辛庄泵站、黄水河泵站、温石汤泵站、高疃泵站、星石泊泵站新增机组技术供水及其他项目。

③管道工程

a.黄水河至村里隧洞段：2009 年核定时管道末端 280 m 未计入投资；闸阀井变更；管道试压。

b.高疃泵站至米山水库段：线路调整，扣除变更部分原有投资。

c.管材及设备招标：线路调整，变更部分重新招标。

④移民迁占征地补偿费。

⑤水土保持：增加输水渠道深挖方段水土保持措施，调整部分种植费。

⑥环境影响补偿费：增加部分隧洞、暗渠段环境影响补偿费。

（4）审查情况

2012 年 7 月 31 日至 8 月 5 日，山东省工程咨询院在济南对山东省水利厅转报山东省胶东调水工程建管局的《关于胶东调水工程有关问题的请示》（鲁水发规字〔2012〕77 号）和

《关于申请核定胶东调水工程建设期贷款利息及工程自动化调度系统投资的请示》(鲁水发规字〔2012〕51 号),以及山东省水利勘测设计院编制的《山东省胶东地区引黄调水工程调度运行管理系统方案》进行了评审。

(5)批复情况

2013 年 5 月 27 日,山东省发展和改革委员会以《山东省发展和改革委员会关于胶东地区引黄调水工程有关问题的批复》(鲁发改农经〔2013〕601 号)对胶东调水工程有关事项进行了批复。

(6)实施情况

渠首沉沙池工程已被调减未实施;高疃泵 35 kV 输电线路约 3 km 列入尾工工程,当时正在实施;其余均按批复的设计变更内容完成。

6.1.4.3　山东省胶东地区引黄调水工程设计变更及投资调整报告

(1)编制单位

《山东省胶东地区引黄调水工程设计变更及投资调整报告》的编制单位为山东省水利勘测设计院。

(2)变更缘由

①根据工程管理运行需要,完善提升自动化调度系统。

②受超标准暴雨影响,部分工程损毁,故新增水毁修复工程;结合工程现状,新增部分整改工程。

③2013 年工程批复后,实施过程中又出现了新的问题,需要进行处理,故调整或新增了部分工程内容。

④根据实际情况,暂停渠首沉沙池建设。

⑤由于政策调整,结合实施情况调整征地迁占工程费用。

(3)变更设计内容

①完善提升泵站消防设施:完善提升青岛市段灰埠泵站及烟台段东宋、辛庄、黄水河、温石汤、高疃、星石泊泵站的消防设施。

②调整 35 kV 输电线路:批复时为单杆双回架空线路,在实施时按单杆单回架设。

③调整水质监测设施:监测站点由 7 处调整为 5 处;监测方式变化;取消总磷监测;增加监测指标。

④高疃泵站以下段 10 kV 输电线路:局部设计方案变更。

⑤新增黄水河泵站—村里隧洞进口段输水管道变更及整改工程。

⑥新增门楼水库以上段整改工程。

⑦新增龙口王寿段渗水处理工程。

⑧新增水毁修复工程。

⑨高位水池扩建工程。

⑩新增管护用地及界桩埋设测量工程。

⑪新增宋庄分水闸—米山水库位移观测监测工程。

⑫自动化调度系统

a.视频监视系统调整。

b.光缆租用方案调整。

⑬引黄济青扩建配套工程

a.12B倒虹吸(小河子穿小清河子槽)变更。

b.清干沟涵闸已于2015年由地方建设完成,状态由新建变更为维修。

c.12B中堤涵闸、12B北堤涵闸、屯田涵闸的维修改造不再实施。

d.由新增占地建设12B倒虹吸管理设施变更为利用现有北堤涵闸管理设施拆除重建。

⑭工程管理设施:管理设施建筑面积由32 697 m² 调减为28 094.04 m²。

⑮调减渠首沉沙池工程。

(4)审查情况

2019年7月22至24日,山东省水利厅在济南组织专家对《山东省胶东地区引黄调水工程设计变更及投资调整报告》进行了评审。会后,山东省水利勘测设计院进行修改完善,完成《山东省胶东地区引黄调水工程设计变更及投资调整报告(修订稿)》(以下简称《调整报告》)。2019年8月9日,山东省水利厅在济南组织专家对《调整报告》进行了复审评审。

(5)批复情况

2019年9月9日,山东省水利厅以《山东省水利厅关于山东省胶东地区引黄调水工程初步设计变更准予水行政许可决定书》(鲁水许可字〔2019〕67号)决定准予许可。

(6)实施情况

除高位水池扩建和高疃泵35 kV输电线路(约3 km)列入尾工工程,其余均按批复的设计变更内容完成。目前两个尾工工程正在建设实施中。

6.1.4.4　高疃泵站—米山水库段输水工程新增调流调压设施变更设计

山东省胶东调水工程由原应急调水工程演变而来,工程设计起始于2000年,工程建设周期时间跨度较大。受当时国内设备生产技术条件的限制,黄水河泵站—米山水库段输水工程采用沿线多电动蝶阀的调流调压措施,这是当时长距离输水工程普遍采用的措施。该方案能满足工程设计运行工况要求,并先后通过了水利部水利水电规划设计总院、中国国际工程咨询公司、山东省工程咨询院的审查。

与原设计运行工况相比,工程实际运行工况发生了很大变化,各种非设计运行工况的运行条件给工程安全调度运行工作增加了很大的难度。因管道工程较明渠对输水规模变化的调节能量差,小流量、重力流成为工程运行的最不利工况。长时间的小流量工况运行导致蝶阀汽蚀和振动严重。

为保证工程在多种运行工况下的安全、稳定、灵活运用,便于运行管理,山东省水利勘测设计院引用国内现有先进设备和先进调度运行技术,对黄水河泵站—米山水库段输水工程增设调流调压设施。他们利用新增的调流调压设施进行运行控制,以满足工程在较小流量至设计工况流量范围内简便、安全运行的需求,确保工程在复杂运行工况(特别是非设计运行工况)条件下安全运行,有效提高了工程运行可靠度。

该变更设计核定概算投资 4 263.00 万元。该投资另有专项资金渠道,不包含在胶东调水竣工财务决算中。因此本次评价工程内容也不包括新增调流调压设施。

6.2 建设实施过程总结

6.2.1 施工图

6.2.1.1 施工图设计

施工图设计的主要编制单位为山东省水利勘测设计院,此外,中铁第一勘察设计院完成了与大莱龙铁路交叉的 4 座建筑物的设计,中铁第五勘察设计院集团有限公司郑州分院完成了输水管道穿蓝烟铁路顶进防护涵工程设计。根据施工进度安排,设计单位将分批、分册完成施工图设计,以满足施工进度和指导施工的要求。

施工图设计报告主要包括以下六卷内容:

第一卷:输水明渠工程设计,其中第一册为设计报告,第二册为设计附图,第三册为设计附表,第四册为施工组织设计及预算。

第二卷:泵站工程设计。

第三卷:交叉建筑物工程设计。

第四卷:输水管道与暗渠工程设计。

第五卷:渠首沉沙及引黄济青配套与改造工程设计。

第六卷:其他附属工程设计。

6.2.1.2 施工图审查

山东省水利厅、山东省指挥部办公室前后共组织完成 19 批次施工图设计审查及批复。山东省胶东地区引黄调水工程施工图审查情况见表 6.2.1。

表 6.2.1　山东省胶东地区引黄调水工程施工图审查

序号	工程	时间	审查单位	审查内容
1		2004 年 3 月 1 日	山东省水利厅	山东省胶东地区引黄调水工程与大莱龙铁路交叉建筑物施工图设计
2		2004 年 4 月 9 日	山东省水利厅	山东省胶东地区引黄调水工程与大莱龙铁路 4 座交叉建筑物施工图设计
3		2004 年 6 月 1 日至 6 月 3 日	山东省水利厅	山东省胶东地区引黄调水工程河、沟、渠与输水渠交叉建筑物施工图设计
4		2004 年 9 月 15 日	山东省水利厅	山东省胶东地引黄调水工程输水渠倒虹施工图设计
5		2004 年 10 月 15 日	山东省水利厅	山东省胶东地区引黄调水工程输水渠渡槽施工图设计
6	明渠工程	2004 年 12 月 21 日	山东省水利厅	山东省胶东地区引黄调水工程桥梁工程施工图设计
7		2004 年 12 月 29 日	山东省水利厅	山东省胶东地区引黄调水工程输水明渠衬砌施工图设计
8		2004 年 12 月 30 日	山东省水利厅	山东省胶东地区引黄调水工程水闸工程施工图设计;山东省胶东地区引黄调水工程引黄济青配套与改造工程施工图设计
9		2005 年 3 月 8 日	山东省水利厅	山东省胶东调水工程输水明渠施工图设计
10		2005 年 3 月 9 日	山东省水利厅	山东省胶东地区引黄调水工程输水明渠两岸排水工程施工图设计
11		2008 年	山东省水利厅	山东省胶东地区引黄调水工程输水渠道莱州市开发区段线路调整施工图设计
12		2004 年 9 月 19 日	山东省水利厅	山东省胶东地区引黄调水工程隧洞工程施工图设计
13	管道、暗渠及隧洞工程	2004 年 12 月 6 日	山东省水利厅	山东省胶东地区引黄调水工程输水管道及暗渠施工图设计
14		2006 年 1 月 12 日	山东省水利厅	山东省胶东地区引黄调水工程隧洞施工图设计修改方案

续表

序号	工程	时间	审查单位	审查内容
15	渠首沉沙池和引黄济青工程	2004 年 12 月 28 日	山东省水利厅	山东省胶东地区引黄调水工程水闸、渠首沉沙池及引黄济青配套改造工程施工图设计
16	泵站工程	2004 年 5 月 29 日至 5 月 30 日	山东省水利厅	山东省胶东地区引黄调水工程明渠段灰埠、东宋、辛庄 3 座泵站施工图设计
17		2004 年 9 月 26 日至 9 月 27 日	山东省水利厅	山东省胶东地区引黄调水工程 4 级加压泵站及 2 座改造泵站施工图设计

6.2.1.3　设计服务

山东省水利勘测设计院成立的山东省胶东地区引黄调水工程设计代表处由明渠设代组、泵站设代组等 11 个设代组组成。设代组分别驻在暗渠指挥部、明渠指挥部、莱山指挥部,工程施工期间,负责深入施工现场,研究解决施工中发现的问题,提出设计(修改)通知单,完善施工图,积极与参建各方配合,及时处理施工中出现的技术问题,并参与重要隐蔽工程的验收、分部工程验收和单位工程验收等各类验收工作,确保工程的顺利实施和工程设计质量。

6.2.2　施工准备

6.2.2.1　项目建设管理体制的建立及运行情况

(1)项目建设管理体制

①项目法人

2003 年 12 月,山东省政府以《山东省人民政府关于公布山东省胶东地区引黄调水工程指挥部组成人员的通知》(鲁政发〔2003〕113 号),公布成立山东省胶东地区引黄调水工程指挥部及办公室,明确指挥部办公室在工程建设期间担任工程的项目法人。

2004 年 8 月 8 日,山东省机构编制委员会以《关于胶东地区引黄调水工程法人机构的通知》(鲁编〔2004〕14 号)批复山东省引黄济青工程管理局承担胶东调水工程建设管理职责,并受山东省政府委托,作为胶东调水工程的项目法人;工程指挥部办公室不再担任项目法人,由山东省水行政主管部门对该工程组织协调,领导、监督项目法人组织工程建设实施。根据山东省编委文件精神,2004 年 8 月 16 日,山东省水利厅以《山东省水利厅关于组建山东省胶东地区引黄调水工程项目法人的批复》(鲁水建字〔2004〕94 号)批复了胶东调水工程项目法人组建方案,由山东省引黄济青工程管理局担任胶东调水工程的项目法人,全面履行项目法人的职责。

2004 年 9 月 22 日,山东省水利厅以《山东省水利厅关于山东省胶东地区引黄调水工程项目法人有关问题的批复》(鲁水建字〔2004〕117 号)批复组建山东省胶东地区引黄调水工程建管局。该管理局全面负责工程的建设与管理,承担项目法人职责,并按有关规定成立了综合部、财务部和工程部等相应的管理机构,配备相应的建设管理人员,对项目建设的工程质量、工程进度、资金管理、档案管理和生产安全负总责。

②主要建管单位

主要建管单位有山东省胶东地区引黄调水工程渠首项目建管处、山东省胶东地区引黄调水工程小清河子槽项目建管处、山东省胶东地区引黄调水工程潍坊市项目建管处、青岛市调水管理局(原青岛市胶东调水工程建管局)、山东省胶东调水附属工程青岛市建管处、烟台市南水北调工程建管局(原烟台市胶东地区引黄调水工程建管局)、山东省胶东调水附属工程烟台市建管处、威海市胶东地区引黄调水工程建管局。

③现场指挥部

为加强工程施工现场管理,山东省胶东地区引黄调水工程建设管理局于 2006 年 2 月以《关于公布暗渠段现场指挥部组成人员的通知》(鲁水胶建管字〔2006〕3 号)宣布成立暗渠段现场指挥部,2006 年 12 月又以《关于公布明渠段现场指挥部成员的通知》(鲁水胶建管字〔2006〕36 号)宣布成立了明渠段现场指挥部。现场指挥部根据人事变动和工程建设情况及时作出调整,具体负责组织实施现场建设管理工作。

(2)主要参与单位

①设计、勘察单位:山东省水利勘测设计院、铁道第一勘察设计院、中铁第五勘察设计院集团有限公司郑州分院。

②监理单位:水利部淮委水利水电工程建设监理中心、山东省水利工程建设监理公司、山东省科源工程建设监理中心、江苏河海工程建设监理有限公司、山东龙信达咨询监理有限公司、山东三兴铁路监理咨询责任有限公司、山东省科源工程建设监理中心与安徽博达通信工程监理有限责任公司联合体等。

③主要施工单位:中国水利水电第一工程局有限公司、中国水利水电第四工程局有限公司、中国水利水电第十三工程局有限公司、中铁四局集团有限公司、中铁四局集团第五工程有限公司、中铁十局集团有限公司、中铁十四局集团有限公司、山东水利工程总公司、山东省水利工程局、山东大禹工程建设有限公司、山东省引黄济青建筑安装总公司、黄河建工集团有限公司、湖南省水利水电工程总公司、江苏省水利建设工程有限公司、河北省水利工程局、天津市华水自来水建设有限公司、淮阴水利建设集团有限公司、青岛瑞源工程集团有限公司、青岛市水利工程建设开发总公司、青岛江河水利工程有限公司、山东临沂水利工程总公司、威海水利工程集团有限公司、烟台市水利工程处、平度市济青建筑安装工程公司、招远市水利建设工程有限公司、禹城市水利局安装公司、龙口市宏润城市建设工程有限公司、龙口市水利建筑安装工程有限公司、莱阳市抗旱服务队等。

④主要设备供应商:上海电气集团上海电机厂有限公司、北京前锋科技有限公司、无锡市锡泵制造有限公司、顺特电气有限公司、山东泰开成套电气有限公司、许继电气股份

有限公司、湖北省咸宁三合机电制造有限责任公司、青岛清方华瑞电气自动化有限公司、山东水总机械工程有限公司、河南上蝶阀门股份有限公司、西安济源水用设备技术开发有限责任公司、无锡市金羊管道附件有限公司、江苏玉龙钢管有限公司、山东电力管道工程公司、新疆国统管道股份有限公司等。

⑤自动化调度系统主要承包单位:中国电信集团系统集成有限责任公司、中国通信建设第四工程局有限公司、同方股份有限公司、中水三立数据技术股份有限公司、山东锋士信息技术有限公司、中国水利水电科学研究院、深圳市东深电子股份有限公司、青岛清万水技术有限公司、山东省邮电工程有限公司、山东万博科技股份有限公司、积成电子股份有限公司、上海华讯网络系统有限公司、上海华东电脑股份有限公司等。

⑥质量监督单位:山东省水利工程建设质量与安全监督中心站。

⑦检测单位:山东省水利工程建设质量与安全检测中心站和山东省水利工程试验中心。

⑧征地补偿和移民安置机构:山东省胶东地区引黄调水工程指挥部、山东省胶东地区引黄工程建管局。

6.2.2.2　工程建设征地

(1)批复情况

2003 年,山东省计划委员会批复胶东调水初步设计,其中涉及征地补偿和移民安置的主要内容为:永久征地 21 609.13 亩,临时占地 15 591.56 亩。

(2)实施情况

2000 年 10 月,山东省人民政府成立山东省胶东地区引黄调水工程指挥部,指挥部成员单位由有关省直单位、市(地)人民政府组成。指挥部办公室设在山东省水利厅,负责胶东调水工程移民安置补偿的政策制定、重大问题协调等工作(鲁委〔2000〕284 号)。各市成立相应的指挥部,负责辖区内移民安置补偿的政策和协调工作(鲁政办字〔2001〕56号)。2003 年 12 月,胶东调水工程开工,永久征地上报工作同期开展。

2004 年 10 月,山东省水利厅成立山东省胶东地区引黄工程建管局作为项目法人(鲁水建字〔2004〕94 号)。山东省胶东地区引黄工程建管局负责胶东调水工程移民安置补偿的资金拨付、督导检查等工作。各市建管局负责胶东调水工程移民安置补偿的具体实施和资金兑付等工作。

2005 年 8 月,国土资源部以《关于胶东地区引黄调水工程建设用地的批复》(国土资函〔2005〕710 号)批复胶东调水工程永久征地 1 111.834 8 hm²。2005 年 9 月,山东省胶东地区引黄调水工程指挥部与工程沿线的滨州市、东营市、潍坊市、青岛市、烟台市、威海市人民政府签订了《山东省胶东地区引黄调水工程征地迁占补偿和施工环境保障责任书》,明确胶东调水工程征地补偿及移民安置工作由地方政府负责组织实施。2005 年 10月,山东省胶东地区引黄调水工程建管局作为项目法人与地方建管单位签订征迁补偿委托协议,由地方建管单位代表地方政府负责征迁补偿的具体实施工作。

2010 年 1 月,山东省胶东地区引黄调水工程建管局与地方建管单位签订征迁补偿委托协议,委托地方建管单位实施胶东地区引黄调水村里集以下管道暗渠段临时占地征迁补偿工作。后期由于设计变更、配套设施建设等因素,工程需要增加永久征地面积。2010 年 5 月,国土资源部以《关于胶东地区引黄调水工程设计变更及配套设施建设用地的批复》(国土资函〔2010〕361 号)批复工程设计变更及配套设施建设用地 26.281 6 hm²。

(3)完成情况

胶东调水工程征迁补偿工作于 2003 年 12 月开始。2019 年 6 月底,由工程沿线滨州市、东营市、潍坊市、青岛市、烟台市、威海市人民政府组织完成了胶东调水工程移民征迁专项验收工作。沉沙池工程初设批复永久占地 7 676 亩,因该工程暂停实施,故胶东调水工程实际永久占地面积为 16 923.79 亩,临时占地 10 059 亩。

6.2.2.3　四通一平

(1)施工交通

利用工程范围内现有的公路网,基本可通达或接近施工区段。县乡支线公路四通八达,可直接至施工现场附近。交通能够满足工程施工的需要。

(2)施工供电、供水

工程输水线路较长,具备施工用电条件的利用附近供电线路解决供电问题;小型机械、施工及生活照明用电量较小,可就近利用村镇变电所和沿线已有的输水渠道附近供电设施供电;偏远区段附近既没有供电线路,也没有自有供电线路的,可采用柴油发电机组供电或直接采用柴油机作为动力。

施工期间利用就近河道内的蓄水解决供水问题;利用基坑排水抽排至蓄水池后作施工用水;就近打造集水井,利用水泵将水提至蓄水池后用作施工用水;部分地段通过拖拉机或汽车运水等方式解决供水问题。通过在生活区打生活用水井或利用就近村庄生活用水的方式解决生活用水问题。

供电、供水能够满足工程施工的需要。

(3)对外通信

工程所在地通信系统比较发达,网络设备和移动通信设备已普及,可维持正常的通信。

6.2.2.4　材料及设备设施

胶东调水工程所用砂石骨料、钢筋、水泥、木材及油料均由施工单位自行采购,需严格按规范要求自检和监理抽检后方可使用。所需材料供货及时,未影响工程建设。

工程主要设备通过招标确认供应商,后由供应商统一供货。设备出厂和到货均通过验收环节确保设备质量。设备设施供货及时,未影响工程建设。设备安装应遵守有关规范以及施工技术的要求。

6.2.2.5　开工报告及批复

山东省胶东地区引黄调水工程建管局于 2004 年 11 月 8 日以《关于山东省胶东地区

引黄调水工程主体开工的请示》(鲁水胶建管工字〔2004〕2 号)向山东省水利厅申请工程开工。2004 年 11 月 15 日,山东省水利厅以《山东省水利厅关于胶东地区引黄调水工程主体工程开工报告的批复》(鲁水建字〔2004〕130 号)批复同意工程开工。

6.2.3　建设实施

6.2.3.1　制度执行

项目建设严格落实"项目四制"——项目法人责任制、招标投标制、工程监理制和合同管理制等国家有关规定。

(1)项目法人责任制

项目法人和建管单位对项目建设的工程质量、工程进度、资金管理、档案管理和生产安全负总责,建设期间制定了"胶东调水工程建设管理办法""招标投标管理办法""质量管理办法"等管理文件,编制了《山东省胶东地区引黄调水工程施工技术要求》《渠道衬砌工程施工与安全技术要求》《管道工程安装和安全技术要求》等施工技术要求以及《胶东调水工程加快工程建设进度及创建文明工地奖惩办法》等奖惩办法。目的是规范项目管理行为,保障项目的建设实施,加强质量和安全管理。工程建设完成后应及时组织验收。

(2)招标投标制

胶东调水工程招标工作履行招标投标程序,采取公开招标方式,并接受主管部门的监督、检查。招标工作由山东省建管局委托山东水务招标有限公司等专业招标代理机构组织实施。山东省建管局制定了《山东省胶东地区引黄调水工程招标投标管理办法》,明确了招投标的组织管理和职责,对招标工作程序、招标文件内容、投标人资格要求、开标评标流程等进行了详细规定。工程的全部招投标工作均依据《中华人民共和国招标投标法》、国家七部委出台的《评标委员会和评标办法暂行规定》及《工程建设项目施工招标投标办法》、水利部出台的《水利工程建设项目招标投标管理规定》、山东省建管局出台的《山东省胶东地区引黄调水工程招标投标管理办法》和山东省有关招标投标管理规定等组织实施。

山东省水利厅对所有招标项目进行指导和监督。在每批次工程项目具备招标条件后,山东省建管局书面向山东省水利厅报送招标请示报告,明确该批次的招标内容、招标组织形式、招标计划安排、投标人资格、评标标准及评标办法、评标委员会组建方案等,待山东省水利厅同意后组织实施。评标工作结束后,山东省建管局根据需要组织相关人员对第一中标候选人进行考察,确定其投标文件内容的真实可靠性;在明确中标单位后,以书面形式向山东省水利厅报送招标总结报告,经山东省水利厅同意后在有关网站发布中标通知书。

胶东调水工程共完成 8 个服务标段和 193 个标段的施工、重要材料及设备采购招标以及 14 个自动化调度系统采购招标。

（3）工程监理制

通过公开招标选择具有水利工程施工监理甲级资质和相应水利水电工程、电力系统、信息系统集成建设监理业绩的监理单位对本工程进行全方位监理，并授予监理单位对工程施工的质量、进度、投资进行控制和信息、合同管理以及内部协调的权力。

监理部应严格按照相关法律、法规以及《山东省胶东地区引黄调水工程黄水河泵站监理实施细则》《山东省胶东地区引黄调水工程温石汤泵站监理实施细则》等监理实施细则，对施工程序，质量、投资、进度，施工安全与环境保护，合同管理，信息管理，工程验收与移交等进行有效控制，确保监理工作高效、有序地开展。

（4）合同管理制

根据国家相关法律法规，山东省建管局制定了《山东省胶东地区引黄调水工程合同管理办法》，对合同签订程序、履行、变更和解除、纠纷处理等方面作出了具体规定。工程建设实施过程中，应严格按照国家相关法律法规以及山东省建管局制定的合同管理办法等加强工程合同管理，规范合同订立，促进合同履行，防范合同风险。

山东省建管局共签订主要合同及协议书335个，其中施工合同185个，设备、材料采购合同118个，自动化调度系统合同16个，设计、监理、检测等服务类合同16个。工程建设过程中，合同双方基本能遵守条款约定，履行合同义务，合同执行情况较好。

6.2.3.2　进度控制管理

（1）工程设计批复工期

2009年12月9日，山东省发展和改革委员会以《山东省发展和改革委员会关于胶东地区引黄调水工程有关问题确认意见的函》（鲁发改农经〔2009〕1564号）作出批示。关于建设进度和工期安排："请按照重新确定的工程建设总体安排，抓紧落实各项建设条件，按照'先通后畅'的原则，确保2009年底前具备通水至门楼水库的条件，2010年基本完成主体工程，2011年全面建成。"

（2）工程实际工期

2003年12月19日，举行开工仪式，启动占地普查工作，进一步对全线进行地面附着物清点。

2005年8月，国土资源部作出了建设用地批复，工程全面开工。

2005年9月，山东省政府召开胶东调水工程建设指挥部成员会议，根据会议精神和资金到位情况，先期建设输水明渠和控制性骨干建筑物，分步完成工程建设任务。

2013年6月，主体工程全线完工。2013年年底，对全线进行了试通水。

6.2.3.3　质量控制管理

（1）质量管理体系和质量监督

胶东调水工程建设贯彻执行"百年大计，质量第一"的方针，建立健全"政府监督、项目法人负责、社会监理、企业保证"的质量管理体系，实行工程质量领导责任制。项目法人和建管单位建立了质量检查体系,监理单位建立了质量控制体系,施工单位建立了质量保证体系,设计单位建立了设计服务体系。

工程接受山东省水利水电工程质量与安全监督中心站(简称"质监站")的监督。山东省建管局开工前应及时办理工程质量监督手续。质监站按照《水利工程质量管理规定》和《水利工程质量监督管理规定》的要求,成立了山东省水利水电工程质量监督中心站胶东调水工程项目站。项目站负责该工程的质量监督工作,而建设、设计、监理、施工等参建单位应主动接受项目站的监督。工程验收过程均经质量监督项目站监督。

(2)工程项目划分

每项单位工程开工后,山东省建管局会同监理、施工单位根据《水利水电建设工程验收规程》《水利水电工程施工质量检验与评定规程》和设计图纸进行项目划分,报项目站批复后实施。胶东调水工程共划分为 143 个单位工程、1 116 个分部工程。

(3)质量控制和检测

①质量控制

前期质量控制。项目开工前,山东省建管局组织设计、施工、建管单位进行设计技术交底及图纸答疑。监理单位对施工图纸审查后盖章签发。监理单位负责对承包人的主要管理人员、组织机构、施工总平面布置、施工总进度计划、施工资源配置、施工技术方案、质量保证体系、安全保证体系等施工组织设计内容进行分项审核和批复。

加强现场监督管理。山东省建管局组建现场指挥部,对工程施工质量进行现场监督。施工过程中,项目法人会同监理单位对重要工序和关键部位进行巡视和检查。对于关键工序和重要隐蔽工程,组织各参加单位进行联合检查和验收,对有关施工质量保障措施进行严格审查,并在施工过程中重点予以检查。

加强原材料和中间产品质量控制。工程所用的水泥、钢材、砌块、砂石等材料均有出厂合格证。所有材料均按规定抽样,送至具备相应资质的检测单位进行检验合格,并经监理抽检合格后方可使用。混凝土配合比等也由相应资质单位进行试验,监理单位审核后,按要求制作试块检测。

山东省建管局分别与山东省水利工程建设质量与安全检测中心站和山东省水利工程试验中心签订了施工质量检测合同,确定了第三方检测机构。该检测机构负责对所有工程项目进行巡回检查、质量监督、随机抽样检测,随机抽调各单位的施工资料及记录进行检查;定期向山东省建管局上报《工程质量检测简报》,报告工程施工质量情况;对出现的质量问题下达整改意见通知,加强工程施工现场的质量控制。

②质量检测

施工过程中,施工、监理、第三方检测单位根据有关规范和标准进行原材料、中间产品和工程实体自测及抽检工作。检测的频次和检测结果均符合规范及设计要求。

(4)质量事故处理情况

施工过程中未发生质量事故,施工中发生的质量缺陷已处理完成。

(5)质量等级评定

单位工程验收由项目法人组织,有关单位参加。分部工程验收委托监理单位组织完成。143 个单位工程已全部完成单位工程验收,经质量监督部门核定,工程质量全部达到合格及以上等级,其中优良工程 58 个。

6.2.3.4 投资控制管理

(1)资金管理

①筹措工程建设资金

根据概算总投资的资金构成,在山东省水利厅的领导下,积极筹措各项建设资金,满足工程用款需要。

②建立健全机构和制度

根据《水利基本建设资金管理办法》(财基〔1999〕139 号)、《基本建设财务管理规定》(财建〔2002〕394 号)、《会计基础工作规范》(财会字〔1996〕19 号)、《工程价款支付与结算办法》等规定,成立专门的财务管理部门,负责资金管理工作。先后制定了《山东省胶东地区引黄调水工程建设单位管理费使用管理办法》《山东省胶东地区引黄调水工程财务管理办法》《山东省胶东地区引黄调水工程价款结算支付办法(试行)》等一系列制度和办法。

③规范会计核算和决算编制

严格执行《国有建设单位会计制度》《基本建设财务管理规定》《水利基本建设财务管理规定》等相关规定。规范成本核算,做到科目运用合理、数字计算准确、账目记载清晰、账据相符、账表相符、账账相符。财务管理工作的规定符合会计基础工作要求,凭证装订整齐,制作基本规范,附件资料齐全,投资核算基本准确。按规定及时、准确、全面编制工程竣工财务决算。

④加强资金使用管理

开设工程建设资金专户,实行专户存储、专款专用。把好工程资金支付关,各项工程支出全部按照合同规定执行,由施工单位申报,监理工程师签证,建设单位工程部门审核,财务部门复核后报主管领导审批支付。

⑤加强单位内控管理

开支实行预算管理,先报用款预算,经领导批准后开支。应做到票据合法,手续齐全,开支合理。严格审核每一张原始凭证的真实性和合法性,不合规的拒绝报销。对购买的固定资产、工具用具进行登记,对贵重物品落实到专人。

⑥加强资金监督检查

山东省建管局、各建设单位通过加强财务自查和下级单位检查、指导,规范资金使用和财务行为。通过规范管理、严格控制,胶东调水工程资金管理工作取得了较好的成效,在历次检查、稽查中均得到了充分肯定。

(2)投资调整情况

依据《关于山东省胶东地区引黄调水工程初步设计的批复》(鲁计重点〔2003〕1111 号),

工程概算总投资 28.94 亿元。

依据《山东省水利厅关于山东省胶东地区引黄调水工程初步设计变更准予水行政许可决定书》(鲁水许可字〔2019〕67 号),调整后工程总投资 56.00 亿元。

(3)竣工财务决算编制及审计情况

依据《水利基本建设项目竣工财务决算编制规程》(SL 19—2014)、《国有建设单位会计制度》、财政部《基本建设项目建设成本管理规定》(财建〔2016〕504 号)和工程批复文件以及签订的合同或协议、项目会计核算资料和财务管理资料、年度决算资料、工程价款结算资料、项目有关管理的其他资料,山东省建管局委托山东立通联合会计师事务所、中兴华会计师事务所(威海分所)对所属 29 个建管单位的竣工财务决算进行编制,由山东省建管局组织协调并汇总。竣工财务决算编报基准日为 2019 年 11 月 15 日。2019 年 11 月 30 日,工程竣工财务决算编制完成。

根据《水利基本建设项目竣工决算审计规程》(SL 557—2012),山东省水利厅财务审计处成立审计组,委托安徽国强会计师事务所于 2019 年 8 月 28 日开始采取提前介入的方式,对山东省建管局所属建管单位(共 29 个单位)进行了竣工财务决算审计。审计基准日为 2019 年 11 月 15 日,竣工决算审定值为 51.63 亿元。

6.2.3.5　劳动安全与工业卫生管理

胶东调水工程建立了完整的安全保证体系,采取了一系列的劳动安全障措施,期间未发生安全事故。施工准备期、施工期和完建期均采取相应的卫生防疫措施,确保了卫生安全。运行安全生产管理从宣传上、认识上、制度上、行动上等多方面入手,确保工程安全运行,故本项目的劳动安全与工业卫生满足相关要求。

6.2.3.6　变更设计

胶东调水工程建设时间跨度较长,其间由于建设资金到位不及时、土地手续延期、政策调整、物价上涨、完善设计等多方面因素影响,导致建设期间出现三次重大设计变更。设计变更基本符合工程现场实际情况和国家设计规范要求,变更申请合规,变更方案可行。对工程建设过程中发生的重大设计变更,组织相应层面的专家进行了评审论证,确定了最优方案,并最终得到批复。

三次重大设计变更分别为《山东省胶东地区引黄调水工程变更设计报告》《关于胶东调水工程有关问题的请示》《山东省胶东地区引黄调水工程设计变更及投资调整报告》,具体内容详见 6.1.4 章节。

6.2.3.7　"四新"应用

(1)预应力拉杆渡槽

界河渡槽在设计时采用预应力拉杆渡槽的结构设计方案。与一般拱式渡槽不同,该结构是在拱肋两拱脚之间设置预应力混凝土拉杆来承受水平推力。该结构形式具有以下特点:①拱肋和预应力混凝土拉杆组合形成自身受力平衡体系,槽墩不受水平推力,支墩结构简单,受力明确;②整体结构紧凑,大大降低了槽墩高度,提高了结构的抗震与稳定性能;③不会产生连拱效应,节省加强墩;④结构刚度大,加上预应力反拱作用,渡槽在正常使用期间,整个结构挠度变形极小;⑤在温度变化及砼收缩和徐变情况下,拱肋和拉杆同时变形,且两者变形情况极为接近,其产生的内力较小;⑥槽墩轻巧,施工方便,拉杆不需要日常维护,耐久性好,结构安全可靠,节省工程投资。工程自 2011 年建成以来,经历了多次运行期检验,安全监测示无明显沉降变形,表明工程质量良好。

(2)新型齿条式启闭机

胶东调水工程水闸工程采用新型齿条式启闭机,具有传动效率高、结构紧凑、自动化控制可靠性高等优点。梯级泵站调水系统因事故停电时,闸门可实现自重闭门分段截流水体,避免明渠下游出现漫堤和水淹泵站等情况。启闭机吊杆为齿杆,方便了工程管理,具有高效率(70%以上)、低能耗(电机能耗是常规启闭机的 1/5 以下)的特点。

(3)新增调流调压设施

2013 年年底,山东省建管局对门楼水库以下段管道工程进行了充水试压及调试。调试过程中发现,利用已安装的阀门调流调压,会出现阀门汽蚀和振动严重的问题。通过对国内同类工程的调研,并对不同运行工况进行分析和计算,确定在该段输水工程增设调流调压等设施。新增调流调压设施极大地保证了工程运行的可控性和安全性。

(4)调水工程全系统水力过渡过程仿真计算和水锤分析

长距离输水系统常因供水调节、检修和事故停电等问题而改变工况。工况的改变和事故的发生会引起系统中能量的不平衡,并因水体惯性的存在导致管道中水锤的产生,此时压力会发生激烈的上升或下降,也会因失去控制而使水倒流及机组倒转,致使明渠出现溢流或露底,明流隧洞中还可能出现明满交替流动,这些都会对工程造成隐患。为提高胶东调水工程系统、设备与运行的安全可靠性,全面、正确地分析泵站调水工程过渡过程中的水流特性,按照调水系统的真实结构及组成元件的真实特性,对工程全系统进行了水力过渡过程研究。全系统水力过渡过程仿真计算和水锤分析为输水工程方案设计、管线布置、泵参数选择、安全保障措施及调度运行方案的制定提供了科学依据。

(5)黄水河泵站—米山水库段输水工程调度运行方案编制

2013 年年底,山东省建管局对该段进行了充水试压及调试。调试过程中发现,利用已安装的阀门调流调压会出现阀门汽蚀和振动严重问题。通过对国内同类工程的调研,并结合国内外先进技术,研究了明渠—泵站—管道—隧洞—暗渠输水安全调度系统和调度运行方法,编制了黄水河泵站—米山水库段输水工程调度运行方案。结合动态水力模型计算、分析系统水力工况,确定高位水池、调节水池和调流调压设备各工况条件的调节方案和控制参数,保障输水系统稳态运行水压分布合理、低压安全状况工作。黄水河泵站、高疃泵站和星石泊泵站均经历过突然停电和小流量运行等最不利工况的考验,全系统运行平稳可靠,没有发生水锤破坏现象。

6.2.3.8　项目应急调水

2011 年 6 月,胶东调水工程明渠段组织综合调试。2013 年,主体工程建成并分别组织门楼水库以上段综合调试及高疃至米山水库段综合调试工作。山东省多地市自 2015 年以来连续发生大范围的干旱,地表蓄水严重不足,尤其是烟台市、威海市作为山东省主要经济城市,供水形势十分严峻。为缓解供水紧张的局面,按山东省政府和山东省水利厅安排部署,自 2015 年 4 月 21 日起,胶东调水工程共向烟威青地区应急调水 6 次,具体调水时间、调水量及各市区的供水量详见第 2 章。应急调水期间,工程运行正常,无重大险情出现。此次应急调水工作有效保障了烟威青地区的用水需求和用水安全,为当地经济平稳发展做出了突出性贡献。

6.2.3.9　验收工作

(1)单位工程验收

山东省建管局依据《水利水电建设工程验收规程》(SL 223—2008)、《水利水电工程质量检验与评定规程》(SL 176—2007)、《水利信息化项目验收规范》(SL 588—2013)、设计文件及相关规范等组织工程验收。分部工程验收委托监理机构主持,共组织完成了1 116个分部工程的验收工作,分部工程质量全部合格,其中达到优良的有 778 个。

单位工程验收由建管单位主持,由项目法人、设计、监理、施工、主要设备厂家、质量检测和运行管理等单位代表组成验收工作组。山东省水利工程建设质量与安全监督中心站派员全程列席了验收会议。验收工作组成员通过查看工程现场,听取施工、监理、设计、质量检测、项目法人等单位的汇报,观看有关声像资料,审查各单位工程的分部工程验收资料及有关工程档案资料,形成各工程的单位工程验收鉴定书。共组织完成了 143 个单位工程的验收工作,单位工程质量全部合格,其中达到优良的有 58 个。

(2)工程专项验收

①征地移民安置

2019 年 6 月 14 日,青岛市完成青岛段终验;2019 年 6 月 28 日,潍坊市完成潍坊段终验;2019 年 6 月 29 日,烟台市和滨州市分别完成烟市段、滨州段终验;2019 年 7 月 3 日,东营市和威海市分别完成东营段、威海段终验。工程建设征地移民安置终验均通过。

②工程建设档案

2019 年 10 月 28 日至 29 日,胶东调水工程档案通过山东省水利厅会同山东省档案馆组织的档案专项验收,形成验收意见(鲁水胶建管字〔2019〕8 号)。工程建设档案包括工程档案 16 092 卷,竣工图 19 727 张,照片档案 39 017 张,光盘 8 967 张。工程档案通过山东省水利厅会同山东省档案馆组织的档案专项验收,综合考核评议等级为优良。

③水土保持

山东省胶东地区引黄调水工程建管局于 2019 年 6 月 20 日主持召开了胶东调水工程水土保持设施验收会议,同意该工程水土保持设施通过验收,按程序公示后向山东省水利厅报备。2019 年 7 月 4 日,山东省水利厅下发了《关于山东省胶东地区引黄调水工程水土保持设施自主验收报备证明的函》(鲁水保函〔2019〕17 号),接受该项目水土保持设施验收报备。

④环境保护

根据《中华人民共和国环境保护法》《建设项目竣工环境保护验收管理办法》《关于发布〈建设项目竣工环境保护验收暂行办法〉的公告》等有关规定,2019 年 8 月 28 日,山东省胶东地区引黄调水工程建管局组织召开了胶东调水工程竣工环境保护设施验收会议。

2019 年 9 月 11 日,验收项目在报告编制单位山东环测环境科技有限公司的网站上进行公示;2019 年 10 月 16 日公示期结束后,在环保部网站上进行公示。

(3)通水验收

依据《水利水电建设工程验收规程》(SL 223—2008)、《给水排水管道工程施工及验收规范》(GB 50268—2008)等,2018 年 4 月 21 日至 24 日,山东省水利厅组织成立技术性检查专家组,开展胶东调水工程通水验收技术性检查工作。技术性检查专家组通过查看胶东调水工程现场以及查阅相关验收资料,最终形成了《山东省胶东地区引黄调水工程全线通水验收技术性检查报告》。2018 年 4 月 25 日,山东省水利厅组织成立胶东调水工程通水验收委员会,对胶东调水工程进行通水验收。通水验收委员会同意胶东调水工程通过通水验收。

(4)竣工验收

2019 年 12 月 25 日,山东省水利厅以《山东省水利厅关于印发胶东地区引黄调水工程竣工验收鉴定书的通知》(鲁水建函字〔2019〕82 号)通过了胶东调水工程竣工验收。相关结论如下:

胶东调水工程除高位水池扩建项目、高瞳泵站 35 kV 输电线路(约 3 km)尚未实施外,其余已按批准的设计内容完成;工程质量合格;竣工决算已通过审计;水土保持、环境保护、工程档案、征地补偿及移民安置已通过专项验收;工程初期运行状况良好,效益显著。竣工验收委员会同意胶东调水工程通过竣工验收,并同意其交付使用。

6.2.3.10 尾工工作进展情况

工程尾工工作包括:高位水池扩建工程、高瞳泵站 35 kV 输电线路未完工程。

山东省胶东地区引黄调水工程建管局于 2020 年 6 月 19 日和 2020 年 10 月 29 日分别下发《山东省胶东地区引黄调水工程建管局关于委托实施胶东调水高位水池增容工程的通知》(鲁水胶建管工字〔2020〕3 号)、《山东省胶东地区引黄调水工程建管局关于高瞳泵站 35 kV 电源线路工程 1～9 号塔间线路设计变更的批复》(鲁水胶建管工字〔2020〕5 号),对胶东调水工程尾工工作组织实施进行批复。胶东调水高位水池增容工程和高瞳泵站 1～9 号塔间 35 kV 电源线路工程后已完工并通过验收。

6.2.3.11 工程移交

胶东调水工程投入使用后,由沿线各附属工程建管处代管。工程竣工验收后,项目法人(山东省胶东地区引黄调水工程建管局)将胶东调水工程移交给山东省调水工程运行维护中心。后者负责工程运行期间的运行管护,单位性质为事业单位。

6.3 项目运行管理总结

6.3.1 运行管理机构

6.3.1.1 运行管理机构设置

根据"统一调度,分级负责"的原则,成立山东省胶东地区引黄调水工程调水运行领导小组,设立省级调水中心——山东省调水工程运行维护中心。各分中心参照省级调水中心的职责成立分调度中心,负责辖区内调度运行、应急抢险与运行管护人员的技术安全培训,服从省级调水中心的统一调度指挥。各管理站成调度组,负责辖区内的调度运行、应急抢险工作,服从省级和分调度中心的调度指挥。泵站、闸站、阀门井站点、渠道、管道巡视人员为现地运行单位,负责运行期间的水位、压力、流量观测、接收调度指令具体操作泵站和闸站机电设备、工程安全巡查、参与应急抢险等运行工作,服从上级调度中心(组)的指挥。运行管理机构如图6.3.1所示。

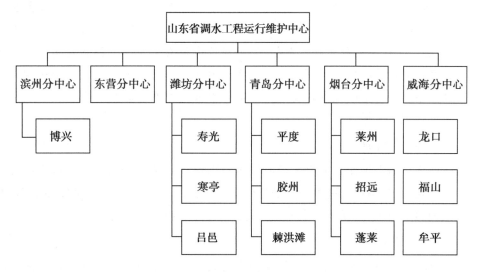

图 6.3.1 运行管理机构

6.3.1.2 人员配置

山东省调水工程运行维护中心为胶东调水工程的省级管理机构,中心内设党群工作部、办公室、人事部、财务部、调度运行部、规划建设部、工程管理部、水土保持部、质量安全监督部,批复人员编制为111人。

潍坊、青岛、烟台、威海分中心为胶东调水工程的市级管理机构,根据各自情况设置办公室、组织人事科、财务科、调度运行科、工程科等科室机构,批复人员编制分别为55

人、53 人、23 人、16 人。

昌邑、平度、莱州、招远、龙口、蓬莱、福山、牟平管理站为胶东调水工程的县级管理机构，根据工程情况设置渠道、泵站、管道、调流站管理所等基层管理机构，批复人员编制分别为 76 人、80 人、19 人、12 人、15 人、11 人、12 人、12 人。

胶东调水工程线路长，运行管理任务重，尤其烟台市、威海市实有编制人员数量少，难以满足工程日常管理需要。自 2020 年起，通过落实"管养分离"体制改革，采取购买社会服务的方式组织工程日常维修养护与巡视巡察工程维护和运行。

6.3.1.3 调度运行制度建设

组织制定了《山东省胶东地区引黄调水工程综合调试及应急调水调度运行管理办法》《山东省胶东地区引黄调水工程调度运行应急预案》《山东省胶东地区引黄调水工程调度运行实施细则》《胶东调水工程调水突发事件应急预案》《胶东调水工程供水管理办法》《山东省调水工程运行维护中心安全生产管理办法》《山东省胶东地区引黄调水工程泵站技术管理办法》《山东省胶东地区引黄调水工程调流调压阀运行规程》等规章制度，细化了泵站技术管理办法、闸门操作规程、工程维修制度、岗位责任制度、轮流值班制度等一系列运行管理制度，全面提升了调度运行管理水平。

按照"党政同责、一岗双责、失职追责、齐抓共管"和"管行业必须管安全、管业务必须管安全、管生产经营必须管安全"的要求，各单位根据管辖工程范围，逐级、逐岗、逐人层层签订《安全生产责任书》，全面落实本部门、本单位全员安全生产责任制度和安全生产管理制度。修订完善了《山东省调水工程运行维护中心安全生产管理办法》《山东省调水工程运行维护中心安全生产规章制度》《安全生产事故隐患网上填报工作制度》等制度，进而完善了管理制度体系。

6.3.1.4 人员培训

积极开展人员培训工作。工程运行前期组织引黄济青工程泵站人员通过代运行的方式搞好岗位培训，到国内先进单位学习运行管理经验，开展专业技术人员岗前培训，并制定了一系列培训要求，为提升调水工程的运行管理水平打下了基础。

6.3.1.5 标准化建设

自 2020 年起，山东省调水工程运行维护中心启动了胶东调水工程标准化管理体系建设，相继编制印发了《山东省调水工程管理办法》《山东省调水工程日常维修养护项目管理办法》等制度、泵站、管道工程管理标准，工程管理制度和标准体系逐步形成。2021年 6 月，山东省调水工程运行维护中心编制印发《山东省调水工程标准化管理工作推进实施方案（2021—2023）》《工程标准化管理评价标准》及《试点工程目录》，自 2021 年 7 月起在全系统推进标准化管理工作试点。截至 2022 年 12 月底，全部工程达到标准化管理要求，工程全面实现标准化管理。灰埠泵站、东宋泵站、招远段渠道及闸站工程、温石汤泵站及蓬莱段管道工程、星石泊泵站及牟平段管道工程作为第一批试点单位，先期推进工程管理标准化工作。

6.3.2　维护运行管理

6.3.2.1　维修养护情况

自 2015 年工程试运行至 2020 年年底,核心业务、影响工程运行安全及维护管理等相关工作由自有人员承担主要工作任务,包括运行调度、泵站及调流阀站运行维护、水质监测、工程巡视、水政执法、工程维护管理;对于现场经常性发生且任务分散、多样、技术含量不高、机动性较强的非核心业务工作,委托社会公司开展,双方签订委托合同,实行合同管理。非核心业务工作主要包括:土建工程维修养护、堤顶道路及绿化工程维修养护、机电设备维修养护。

工程维修养护工作按性质不同和轻重缓急,分为岁修项目、大修项目和应急项目三种。每年年初,山东省调水工程运行维护中心根据各基层管理单位上报情况编制大修、岁修年度工程管理项目经费计划,按照计划所列工程项目组织实施。大修、岁修工程项目由项目所在地的管理机构编制经费计划,内容包括工程项目现状描述、存在问题(附照片)描述、拟实施维修方案及预算(原则上要有资质的设计单位编制设计方案),后逐级上报山东省调水工程运行维护中心,由山东省调水工程运行维护中心对项目进行方案审查、批复,由项目所在分中心、管理站组织实施。应急抢险项目拟定应急处置方案,报上级主管部门、山东省调水工程运行维护中心同意后,可先行组织实施,同时报山东省调水工程运行维护中心批复。

2020 年年底,在引黄济青工程开展"管养分离"试点工作的基础上,启动胶东调水工程"管养分离"推进工作,截至 2021 年上半年,胶东调水工程灰埠等新建 7 级泵站、160 km 明渠、150 km 管道暗渠和沿线闸站、阀井的日常维修养护工作全部通过社会化服务实现。胶东调水工程日常维修养护任务由"管养分离"的维修养护单位负责,工程大修项目由各分中心、管理站组织实施。日常维修养护项目及工程大修项目经审批后,列入年度经费计划。日常维修养护及大修项目实施完成后,由各分中心、管理站组织验收及审计工作,相关资料按山东省中心档案管理相关规定归档备查。

自 2021 年起,工程维修养护纳入省级财政预算管理,日常维修养护项目及工程大修项目经费管理按财政管理要求执行政府采购相关程序。

6.3.2.2　工程观测情况

胶东调水工程监测设施建设范围为宋庄分水闸以东段 7 座泵站、6 座渡槽及 18 座穿河倒虹和渠道(明渠、暗渠)工程、管道工程。主要工作内容包括:建设变形观测基准网和监测网,基准点与工作基点共用,平高基准点每座泵站布设 4 个;渡槽、倒虹、渠道、管道工程仅设高程基准点,每处设 2 个;距离较近建筑物可以共用基准点。监测点的设置原则:每座泵站 20 个点;大刘家河、淘金河、界河渡槽 20 个点,孟格庄、后徐家、八里沙河渡槽 10 个点；5 座长度超过 350 m 的倒虹（胶莱河、泽河、南阳河、王河、诸流河）每座 20 个点，其他 13 座倒虹每座 10 个点。渠道监测位置主要位于排气孔及沉陷区域，每处设 2 个监测点；管道监测位置主要位于阀门井及调流阀处，每处设 2 个监测点。工程共设置基准点 116 个，监测点 465 个。通过测量初始值和分析位移监测结果，表明工程所涉及的建筑物位移量符合规范要求。

6.3.2.3 水质监测情况

胶东调水工程设置了宋庄分水闸、灰埠泵站、东宋泵站、黄水河泵站、高疃泵站 5 处水质在线监测站，可对 16～18 个水质参数进行自动监测，可及时掌握各监测站水质信息，具有监测范围广、检测迅速，具备综合毒性检测，无任何化学试剂费用，可避免二次污染等特点，能为防范输水过程中突发性水污染事件的发生提供前端预警，为山东省胶东地区引黄调水输水干线的水质安全提供保障。

水质监测分为两个阶段：2019 年 11 月水质在线设备投入运行前，水质委托有资质的监测机构定期监测；水质在线监测设备投入运行后，水质实行实时在线监测。水质监测结果表明，工程整体水质符合城市饮用水源地水质要求。

6.3.2.4 工程管理范围和保护范围

(1)《山东省胶东调水条例》第二章第九条规定：

胶东调水工程的管理范围包括：

①调水工程依法征收、征用的土地。

②输水隧洞（含支洞）、地下输水管、暗渠。

③使用现有河道作为输水渠道的，其管理范围为使用河道的管理范围。

前款第③项规定涉及河道与输水渠道管理职权划分的，由山东省水行政主管部门另行规定。

(2)《山东省胶东调水条例》第二章第十二条规定：

胶东调水工程的保护范围，按照下列标准划定：

①沉沙池、渠道、倒虹、渡槽管理范围边缘向外延伸 100 m 的区域。

②隧洞垂直中心线两侧水平方向各 200 m 的区域。

③地下输水管道、暗渠、涵洞垂直中心线两侧水平方向各 50 m 的区域。

④泵站、水闸管理范围边缘向外延伸 50 m 的区域。

⑤调蓄工程管理范围边缘向外延伸 300 m 的区域。

⑥穿越河道的输水工程中心线向河道上游延伸 500 m、下游延伸 1 km 的区域。

2019 年至 2020 年间，为配合胶东调水工程竣工和通水验收，推进实施了工程的确权划界工作。胶东调水工程于 2019 年年底基本完成了新建工程的确权划界，划定了工程的管理范围和保护范围，明确了工程的土地权归属。2020 年，山东省政府以鲁政字〔2020〕215 号文件对《胶东调水工程管理范围和保护范围划定实施方案》进行批复，工程的土地确权划界工作进一步得到了相关支持。

6.3.3 调度运行管理

6.3.3.1 调度运行方案

2011 年 6 月,胶东调水工程明渠段组织综合调试。2013 年,主体工程建成并分别组织门楼水库以上段综合调试及高疃至米山水库段综合调试工作。为缓解烟台市、威海市的供水紧张局面,胶东调水工程自 2015 年 4 月 21 日向胶东地区实施应急抗旱调水。截至 2021 年 6 月 30 日,共完成了七个阶段的调水任务。其中第一阶段为 2015 年 4 月 21 日至 7 月 6 日,向烟台市北部四市应急调水;第二阶段为 2015 年 12 月 14 日至 2016 年 7 月 1 日,向烟台、威海等市应急调水;第三阶段为 2016 年 8 月 15 日至 2017 年 8 月 5 日,向烟台、威海等市应急调水;第四阶段为 2017 年 11 月 7 日至 2018 年 8 月 8 日,向烟台、威海等市应急调水;第五阶段为 2018 年 11 月 11 日至 2019 年 6 月 28 日,向烟台、威海等市应急调水;第六阶段为 2019 年 9 月 1 日至 2020 年 7 月 31 日,向烟台、威海等市调水(2019 年 12 月 25 日竣工验收通过之前为应急调水,之后为正式调水);第七阶段为 2020 年 12 月 7 日至 2021 年 6 月 30 日,向烟台、威海等市调水。各阶段制定的调水方案如下:

(1)山东省胶东地区引黄调水工程试运行及应急调水实施方案。

(2)2011 年综合调试方案。

(3)向烟台市北部四市应急调水运行方案。

(4)2015 年黄水河泵站—米山水库输水工程调度运行方案。

(5)2015 年至 2016 年向烟台市、威海市应急调水运行方案。

(6)胶东调水工程 2016 年至 2017 年度冰期调水工作方案。

(7)胶东调水工程 2017 年上半年调水工作方案。

(8)胶东调水工程 2018 年至 2019 年度调水方案。

(9)胶东调水工程 2019 年至 2020 年度调水方案。

(10)胶东调水工程 2020 年至 2021 年度调水方案。

6.3.3.2 方案实施

(1)工程运行准备

工程运行前,对应急调水涉及的泵站、闸站、阀站、渠道、管道、倒虹、渡槽、隧洞、暗渠、道路、高压线路、防护设施等进行了多次检查,对工程和设备存在的问题进行了认真排查梳理。针对局部渗漏、渠道清淤、设备试验、系统调试、安全缺陷等影响调水运行的问题提出了具体处理措施,并于通水前认真督导整改,逐一落实。

（2）管道充水

胶东调水管道段工程起伏较大,故采用最安全的充水方式充水运行,利用泵站辅助充水泵,输水管道充水利用泵站前池水源、管道沿线河道水源作为补充。

（3）工程运行现场调度

工程运行现场调度包括贯通过程、流量调整及稳定运行过程、停水过程等的运行现场调度。

（4）工程巡视

应急调水期间,各泵站、闸站及明渠、管道段 24 小时安排专人对沿线的渗漏情况、设备运转、管道压力等进行日常巡视。管道段成立调流阀站电工组、机械组、安全领导小组,严格按照《调流阀站操作规程》《调流阀站运行规程》《调流阀站安全规程》等规定的要求对电气、机械设施进行联调,保证设备灵敏可靠、性能良好。

6.3.4 项目运行状况

6.3.4.1 应急抗旱调水及运行期调水情况

通过执行具体的调度方案,各阶段实际供水情况（见表 6.3.1）如下。

（1）第一阶段:自 2015 年 4 月 21 日至 7 月 6 日,向烟台市北部四市应急水。宋庄分水闸累计过水 5 241.10×10^4 m^3;向烟台市累计供水 3 150×10^4 m^3。本阶段工程累计供水 3 150×10^4 m^3。

烟台市各地市分水量:

①莱州市:向王河分水闸供水 500×10^4 m^3。

②招远市:向侯家水库供水 600×10^4 m^3。

③龙口市:龙口段累计供水 1 250×10^4 m^3。

④蓬莱市:向邱山水库供水 800×10^4 m^3。

（2）第二阶段:自 2015 年 12 月 14 日至 2016 年 7 月 1 日,向烟台、威海等市应急调水。宋庄分水闸累计过水 12 214.85×10^4 m^3,其中向烟台市累计供水 4 616.46×10^4 m^3,向威海市累计供水 3 612.73×10^4 m^3,向平度市累计供水 85.48×10^4 m^3。本阶段工程累计供水 8 314.67×10^4 m^3。

烟台市各地市分水量:

①莱州市:向西杨村分水闸供水 443.61×10^4 m^3,向王河分水闸供水 492.28×10^4 m^3,莱州段累计供水 935.89×10^4 m^3。

②招远市:向侯家水库供水 428.47×10^4 m^3。

③龙口市:向南滦河泵站分水 367.24×10^4 m^3,南滦河自流分水 146.39×10^4 m^3,向南山集团供水 173.96×10^4 m^3,向东海集团供水 257.83×10^4 m^3,向王屋水库供水 847.25×10^4 m^3,龙口段累计供水 1 792.67×10^4 m^3。

④蓬莱市:向邱山水库供水 482×10^4 m^3。

⑤福山区:向门楼水库供水 485.46×10⁴ m³。

⑥牟平区:向高陵水库供水 491.98×10⁴ m³。

(3)第三阶段:自 2016 年 8 月 15 日至 2017 年 8 月 5 日,向烟台、威海等市应急调水。宋庄分水闸累计过水 24 802.57×10⁴ m³,其中向烟台市累计供水 10 359.49×10⁴ m³,向威海市累计供水 8 503.20×10⁴ m³,向平度市累计供水 229.88×10⁴ m³。本阶段工程累计供水 19 092.57×10⁴ m³。

烟台市各地市分水量:

①莱州市:向西杨村分水闸供水 496.66×10⁴ m³,向王河分水闸供水 672.49×10⁴ m³,莱州段累计供水 1 169.65×10⁴ m³。

②招远市:向侯家水库供水 1 166.81×10⁴ m³。

③福山区:向门楼水库供水 4 612.71×10⁴ m³。

④牟平区:向高陵水库供水 1 190.45×10⁴ m³。

⑤龙口市:向南滦河泵站分水 15.64×10⁴ m³,向黄水河泵站前池分水闸供水 1 324.25×10⁴ m³,龙口市段累计供水 1 339.89×10⁴ m³。

⑥蓬莱市:向邱山水库供水 879.98×10⁴ m³。

(4)第四阶段:自 2017 年 11 月 7 日至 2018 年 8 月 8 日,向烟台、威海等市应急调水。宋庄分水闸累计过水 12 315.00×10⁴ m³,其中向烟台市累计供水 2 106.54×10⁴ m³,向威海市累计供水 6 373.36×10⁴ m³,向平度市累计供水 844.92×10⁴ m³。本阶段工程累计供水 9 324.82×10⁴ m³。

烟台市各地市分水量:

①莱州市:莱州地区共分水 300.65×10⁴ m³,其中西杨村分水口 103.95×10⁴ m³,王河分水口 196.70×10⁴ m³。

②招远市:向侯家水库分水 200.06×10⁴ m³。

③蓬莱市:向蓬莱市分水 513×10⁴ m³。

④牟平区:向牟平区供水 1 092.83×10⁴ m³。

(5)第五阶段:自 2018 年 11 月 11 日至 2019 年 6 月 28 日,向烟台、威海等市应急调水。宋庄分水闸累计过水 17 229.91×10⁴ m³,其中向烟台市累计供水 7 955.45×10⁴ m³,向威海市累计供水 7 611×10⁴ m³,向平度市累计供水 289.02×10⁴ m³。本阶段工程累计供水 15 855.47×10⁴ m³。

烟台市各地市分水量:

①莱州市:莱州地区共分水 753.53×10⁴ m³,其中西杨村分水口 141×10⁴ m³,王河分水口 612×10⁴ m³。

②招远市:向侯家水库分水 578.7734×10⁴ m³。

③龙口市:龙口市分水 267×10⁴ m³。

④蓬莱市:向蓬莱市分水 877.74×10⁴ m³。

⑤福山区:向市区门楼水库分水 5 297×10⁴ m³。

⑥牟平区:向牟平区供水 181.4098×10⁴ m³。

(6)第六阶段:自 2019 年 9 月 1 日至 2020 年 7 月 6 日,向烟台、威海等市调水。宋庄分水闸累计过水 39 691.84×10⁴ m³,其中向烟台市累计供水 23 448.62×10⁴ m³,向威海市累计供水 9 251.16×10⁴ m³,向平度市累计供水 781.23×10⁴ m³。本阶段工程累计供水 33 481.01×10⁴ m³。

烟台市各地市分水量:

①莱州市:莱州地区共分水 1 913.26×10⁴ m³。

②招远市:向侯家水库分水 1 478.46×10⁴ m³。

③龙口市:龙口市分水 3 464.79×10⁴ m³。

④蓬莱市:向蓬莱市分水 2 592.74×10⁴ m³。

⑤福山区:向市区门楼水库分水 12 724.81×10⁴ m³。

⑥牟平区:向牟平区供水 1 274.56×10⁴ m³。

(7)第七阶段:自 2020 年 12 月 7 日至 2021 年 6 月 30 日,向烟台、威海等市调水。宋庄分水闸累计过水 25 684.83×10⁴ m³,其中向烟台市累计供水 17 253.4×10⁴ m³,向威海市累计供水 3 943.77×10⁴ m³,向平度市累计供水 988.98×10⁴ m³。本阶段工程累计供水 22 186.15×10⁴ m³。

烟台市各地市分水量:

①招远市:向侯家水库分水 111.17×10⁴ m³。

②龙口市:龙口市分水 2 183.75×10⁴ m³。

③蓬莱市:向蓬莱市分水 2 593.01×10⁴ m³。

④福山区:向市区门楼水库分水 10 002.57×10⁴ m³。

⑤牟平区:向牟平区供水 1 362.9×10⁴ m³。

截至 2021 年 6 月 30 日,胶东调水工程共运行 7 个年度,总运行天数为 1 654 天,累计供水 11.14×10⁸ m³。其中向烟台市供水 6.89×10⁸ m³,向威海市供水 3.93×10⁸ m³,向平度市供水 0.32×10⁸ m³。胶东调水工程运行正常,基本达到设计指标;初期运行效果良好,无重大险情出现,有效保障了烟威青地区的用水需求和用水安全。

表 6.3.1　胶东调水工程实际供水情况

年份		起始时间		年运行	末庄分水闸	供水量/(×10⁴ m³)			
		开始时间	终止时间	天数/天	分水量/(×10⁴ m³)	青岛市(平度市)	烟台市	威海市	小计
供水目标设计值	2015 年	2015 年 4 月 21 日	2015 年 7 月 6 日	91	17 300.00	1 000.00	9 650.00	3 650.00	14 300.00
运行期	2015 年至 2016 年	2015 年 12 月 14 日	2016 年 7 月 1 日	77	5 241.10		3 150.00		3 150.00
	2016 年至 2017 年	2016 年 8 月 15 日	2017 年 8 月 5 日	200	12 214.85	85.48	4 616.47	3 612.73	8 314.68
	2017 年至 2018 年	2017 年 11 月 7 日	2018 年 8 月 8 日	356	24 802.57	229.88	10 359.49	8 503.20	19 092.57
	2018 年至 2019 年	2018 年 11 月 11 日	2019 年 6 月 28 日	275	12 315.00	844.92	2 106.54	6 373.36	9 324.82
	2019 年至 2020 年	2019 年 9 月 1 日	2020 年 7 月 6 日	230	17 222.91	289.02	7 955.45	7 611.00	15 855.47
	2020 年至 2021 年	2020 年 12 月 7 日	2021 年 6 月 30 日	310	39 691.84	781.23	23 448.62	9 251.16	33 481.01
				206	25 684.83	988.98	17 253.41	3 943.77	22 186.16
	合计			1 654	137 173.10	3 219.50	68 889.98	39 295.23	111 404.71
	平均			263	21 988.67	536.59	10 956.66	6 549.20	18 042.45

注:因为 2015 年度仅明渠段参与调水,工程没有全部运行,因此平均值不含该年数据。

6.3.4.2　工程运行安全状况

（1）明渠工程

运行期间，明渠工程经受了设计水位考验，工程运行状态良好，总体防渗效果良好，输水渠的防渗能力及过水能力达到设计要求，交叉建筑物实体观测结果正常、闸门启闭正常。冬季运行期间，输水渠没有出现大面积冻胀破坏，汛期或汛后地下水位较高的河段埋设的排水设施性能良好，防冻、排水能力达到了设计标准。

在运行过程中，个别渠段出现衬砌板鼓胀、滑塌、冻融剥蚀，伸缩缝鼓胀，渗漏水等问题，但是现场运行单位相继组织了有效的维修和养护，并未影响工程整体的安全运行及调水任务的完成。输水暂停期间，运行管理单位有计划地按期开展河道清淤工作，未明显造成输水水质影响、降低渠道的输水能力。

（2）管道、隧洞、暗渠工程

运行期间，管道、隧洞、暗渠工程总体运行正常，建筑物实体观测结果正常，排气阀等各类控制设施总体运行正常，调流阀调流控制能力和精度达到设计要求，流量满足各工况要求，符合设计标准。运行过程中，管理单位定期巡视，加强维修养护，发现问题及时整改、及时修复，因此工程运行以来并未发生安全事故。

运行过程中发现了以下影响工程运行安全的问题或隐患：

①高位水池调蓄能力不足，增加了调度难度，后续高位水池扩建工程正在实施当中。

②部分管道段穿越河流处，因河床下切、管顶覆土流失等影响管道安全。个别排气阀位于河道内，汛期工程车辆、人员较难进入，检修困难，冬季低温运行容易发生冻损而失效。

（3）泵站工程

各级泵站运行观测结果正常，运行参数均达到设计及规范要求，机组效率符合规范标准；运行平稳，安全可靠，能够满足各种工况下的运行要求。工程运行过程中，运行管理单位严格执行泵站技术管理办法和相关操作规程，加强对水泵、机电设备的巡视，发现问题和隐患及时处理；停水期间加强设备维修养护，定期组织设备大修、换件；严格执行人员培训办法和制度，搞好岗前培训，定期组织集中培训，保证了工程的运行安全。工程运行过程中未发生安全事故。

运行过程中发现了以下影响工程运行安全的问题或隐患：

①泵站 35 kV 单回供电线路可靠性不够高，一旦发生意外断电等供电事故将中断供水，并造成机组及机电设备骤然断电停机，损坏设备、拉空管道，降低工程供水的可靠性。

②泵站缺少维修车间或仓库，机组及电气设备布置局促，检修空间狭窄，维修养护不便。

③在冬季运行期间易发生拦污栅前结冰造成冰塞，严重影响调水运行安全。

④个别泵站流量调节能力差，导致频繁开/停机，运行压力大，降低机组的使用寿命。

（4）渡槽工程

渡槽工程总体运行状态良好，建筑物实体观测结果正常，安全可靠，能够满足各种工况下的输水要求。

运行过程中发现存在渡槽段槽身保温能力差，易结冰，个别伸缩缝渗漏，局部混凝土碳化等现象。

（5）倒虹工程

倒虹工程总体运行状态良好，建筑物实体观测结果正常，安全可靠，能够满足各种工况下的输水要求。

冬季通水运行时，闸门易冻结，没有有效的除冰措施，导致闸门不能正常升降，影响通水运行及设备设施安全。

（6）桥梁工程

桥梁工程符合设计标准，总体安全可靠，方便了当地的交通运输及出行。目前仍存在以下问题：原交通桥柱式栏杆、大理石栏杆存在安全隐患；部分桥面漏筋、混凝土破损；个别桥墩存在冻融剥蚀及漏筋现象。

（7）自动化调度系统

自动化调度系统的工程建设内容与批复内容相同，运行过程中大大提高了运行管理人员的工作效率，减轻了工作人员的劳动负担，保障了工程运行的安全可靠。自动化调度系统的加入使得胶东调水工程的管理日臻完善，同时也提升了工程在运行调度方面的能力。

第7章 项目效果评价

7.1 技术水平评价

7.1.1 评价依据

7.1.1.1 依据的规范、规程

(1)《水利工程建设程序管理规定》(水利部令第 49 号)。

(2)《中央政府投资项目后评价管理办法》和《中央政府投资项目后评价报告编制大纲(试行)》(发改投资〔2014〕2129 号)。

(3)《水利建设项目后评价管理办法(试行)》(水规计〔2010〕51 号)。

(4)《水利建设项目后评价报告编制规程》(SL 489—2010)。

(5)其他国家相关规范规程。

7.1.1.2 依据的文件

(1)前期各阶段的设计、审批文件。

(2)设计变更及审批情况。

(3)建设期相关建设管理资料。

(4)开工报告,各阶段验收报告和鉴定书,竣工决算等。

(5)与项目运行管理(维护运行管理、调度运行管理)相关的资料。

(6)与建设实施、运行管理相关的制度、办法、规定等。

7.1.2 勘测设计水平评价

7.1.2.1 勘测工作评价

工程地质勘查工作基本查清了工程场区的工程地质与水文地质条件。针对设计变更,勘测单位进行了补充勘测并提供了地质报告。施工期间,地质人员进行了施工地质工作,参与了开挖建基面等验收工作。工程开挖揭示的工程地质条件与资料基本吻合,

施工时未发现新的工程地质问题。工程地质勘查结论论述全面、评价准确,基本满足工程设计要求。施工期间,经施工复勘及取样试验,发现料场储量及质量与前期勘查资料基本吻合。

工程运行的实践表明,主要建筑物工作运行状态良好,设计阶段工程地质勘查研究所得出的主要成果与结论较好地经受住了工程实践的检验。

7.1.2.2　设计工作评价

山东省水利勘测设计院对胶东地区调水工程进行了大量的前期工作,并于1995 年 9 月编制完成了《山东省引黄济烟(一期)工程初步设计》;2000 年至 2003年完成了《南水北调东线向胶东地区应急供水一期工程可行性研究报告》《山东省胶东地区引黄调水工程可行性研究报告》《山东省胶东地区引黄调水工程初步设计报告》以及随后的施工图设计。与大莱龙铁路交叉 4 座建筑物设计、输水管道穿蓝烟铁路顶进防护涵工程施工图设计分别由具有相应设计资质的中铁第一勘察设计院集团有限公司、中铁第五勘察设计院集团有限公司郑州分院完成。

设计单位对胶东地区调水工程进行了深入、细致的分析和研究,取得了大量基础资料,对工程方案进行了比较全面的技术经济比较。历次设计审查会议意见、工程实施过程及工程运行情况表明,设计单位提出的设计成果基础资料翔实,工程方案基本合理可行,设计服务到位,满足国家有关规程、规范的要求。

此外,设计单位根据工程实际情况提出的设计变更合理。设计变更均履行了相关审批手续,符合国家建设管理程序和有关规定。针对工程设计、运行、管理中出现的重大技术问题,采取的设计方案和工程措施基本合理可靠。

(1)水源

规划设计阶段提出,水源近期为黄河水,远期为长江水。工程运行初期,江水未到达前,水源为黄河水;南水北调东线一期工程运行以后,胶东调水工程作为南水北调东线胶东干线的一部分,实现了向青岛市(平度市)、烟台市、威海市输送江水的建设目标。工程完成了近期输送黄河水、远期输送长江水的设计任务,设计确定的水源是科学合理的。

目前,胶东调水工程的水源为长江水和黄河水,还可相继调引南四湖(南阳湖、独山湖、昭阳湖、微山湖)、东平湖的雨洪水以及峡山水库战略水源地的雨洪资源,较原设计的单一水源更加充足可靠,并且多水源的输送任务有利于优化资源调度,从而节约运行成本。以宋庄分水闸为基准点,统计历年胶东调水工程的水源情况,如表 7.1.1 所示。

表 7.1.1　胶东调水工程水源统计表　　　　　　　　单位:$\times 10^4$ m³

调水年度	胶东调水工程		引江	引峡山	合计
	打渔张	黄水东调			
2015—2016	15 433	0	2 023	0	17 456
2016—2017	5 976	0	18 827	0	24 803
2017—2018	5 838	0	6 477	0	12 315
2018—2019	7 179	0	10 051	0	17 230
2019—2020	15 384	15 179	9 128	1 300	40 992
2020—2021	13 801	4 036	7 848	0	25 685
合计	63 611	19 215	54 355	1 300	13 8481

(2)工程输水能力

①调查资料和数据的代表性分析

收集胶东调水工程历年统计资料,调查工程运行实际情况得知,2019—2020 年度工程输水量最大、运行时间最长,也是竣工验收后的第一个调水年度,因此选取该年度为典型年进行输水能力分析。

分析 2019—2020 年度各月运行监测数据的合理性和可靠性,可见 2019 年 12 月至 2020 年 5 月工程运行工况持续比较稳定,流量波动较小。考虑不同季节蒸发量和渗漏量的差别,分别选取 2020 年 1 月和 4 月作为典型月份,统计分析这两个月份的实测数据,进行输水能力复核,并计算水量损失率。2020 年 1 月和 4 月胶东调水控制断面和各分水闸运行数据统计情况分别见表 7.1.2 和表 7.1.3。

②工程输水水量损失复核

胶东调水工程从宋庄分水闸开始分水,至末端米山水库全程超过 300 km。为了保持数据的一致性,宋庄分水闸过水历程采用 2020 年 1 月 1 日至 1 月 27 日和 2020 年 4 月 1 日至 4 月 26 日的运行实测数据,米山水库入口闸过水采用 2020 年 1 月 5 日至 1 月 31 日、2020 年 4 月 5 日至 4 月 30 日的运行实测数据,中间各控制断面采用相应调整历程的运行实测数据,统计结果见表 7.1.4 和表 7.1.5。宋庄分水闸设计分水量为 1.73×10^8 m³,各分水口设计调水量合计为 1.43×10^8 m³,设计工况和实际运行工况的输水水量损失对比见表 7.1.6。

表 7.1.2　胶东调水工程 2020 年 1 月控制断面运行数据统计表

日过水量/(×10⁴ m³)

设计桩号	位置名称	1	2	3	4	5	6	7	8	9	10	11	12	13	14	15	16	17	23	24	25	26	27	28	29	30	31
0+014	宋庄分水闸	148.2	147.3	147.5	149.1	149.4	148.1	146.2	143.7	148.9	142.5	150.4	150.2	149.3	149.2	148.0	150.7	149.4	150.0	149.7	149.9	149.5	149.2	148.9	148.7	148.5	148.5
23+910	新河水库分水闸	3.5	3.2	3.3	4.1	4.0	4.4	4.2	0.9	3.2	4.3	4.3	4.2	4.4	4.3	4.2	4.3	4.2	4.0	4.0	4.0	3.9	3.9	3.8	4.6	4.1	3.9
35+845	灰埠泵站	140.0	142.6	132.6	145.8	135.0	140.3	140.1	140.6	142.7	144.7	130.0	144.7	146.9	130.1	142.6	129.6	148.5	129.6	139.9	136.6	143.4	140.0	139.9	134.5	139.2	140.4
57+634	东宋泵站	153.8	143.6	143.1	138.5	141.7	141.7	141.7	141.7	153.0	141.7	138.2	138.2	138.2	138.2	138.2	138.2	138.2	138.2	138.2	138.2	138.2	142.7	137.4	137.4	137.4	137.4
60+119	西杨村分水闸	2.9	3.0	2.9	3.0	3.0	3.0	3.0	3.0	2.9	3.1	3.1	3.1	3.0	3.1	2.9	3.0	2.8	3.1	3.0	3.1	3.1	3.0	3.0	3.1	3.1	3.1
86+669	王河分水闸	5.5	5.3	5.5	5.4	5.5	5.4	5.4	5.3	5.4	5.4	5.4	5.4	5.4	5.3	5.4	5.4	5.5	5.4	5.6	5.5	5.1	5.3	5.3	5.4	5.2	5.3
116+800	辛庄泵站	112.5	124.7	113.4	123.3	111.7	122.6	118.3	115.7	123.0	119.1	117.5	125.1	111.5	126.2	112.0	120.3	115.9	115.0	124.7	110.9	126.5	118.5	120.1	122.4	110.5	121.1
118+686	侯家水库分水闸	5.7	5.8	5.8	5.8	5.7	5.8	5.7	5.8	5.8	5.7	5.8	5.7	5.8	5.7	5.7	5.7	5.7	5.7	5.7	5.8	5.7	5.7	5.4	6.0	5.6	5.7
124+897	新建水库分水闸																										
143+307	南栾水库分水闸																										
159+559	王屋水库分水闸	10.4	9.9	10.1	9.8	11.6	11.6	11.5	11.3	11.0	11.2	11.0	10.7	10.9	10.7	10.9	10.8	10.8	10.4	12.2	12.1	11.4	11.2	11.1	10.9	11.0	10.5
146+760	南山水库分水闸																										
159+817	黄水河泵站	98.5	98.3	99.0	97.6	101.1	98.4	98.4	98.6	99.6	99.5	98.0	99.9	98.8	98.8	99.1	99.4	99.4	99.9	99.0	98.9	97.9	99.1	98.1	99.6	98.9	98.5
	温石汤分水口	8.8	8.9	8.9	8.9	8.9	8.9	8.9	8.9	8.9	8.9	8.9	8.9	9.0	8.9	8.8	8.9	8.9	8.9	8.9	8.9	8.9	8.9	8.9	9.0	8.9	9.0
177+550	温石汤泵站	85.4	86.4	86.3	85.8	86.0	86.4	86.2	86.2	86.1	86.0	86.6	87.6	85.1	86.3	86.3	86.8	86.7	86.2	86.4	85.9	85.9	86.2	86.6	85.8	85.5	86.6
	门楼水库分水闸	42.7	44.6	44.0	43.6	44.0	44.7	43.7	46.3	51.9	44.4	45.0	45.7	43.3	44.3	45.3	45.4	45.1	45.0	45.1	44.4	44.5	44.8	45.2	44.6	44.4	45.2
219+190	高疃泵站	42.7	41.9	42.3	42.1	42.0	41.7	42.5	39.9	34.2	41.7	41.6	41.9	41.8	41.9	41.9	41.4	41.6	41.2	41.2	41.5	41.4	41.4	41.4	41.2	41.1	41.3
261+793	牟平分水闸	6.0	5.9	6.1	5.9	6.0	6.0	6.0	4.8	0.0	6.2	6.6	6.6	6.5	6.6	6.7	6.5	6.5	6.7	6.6	6.6	7.6	8.6	6.7	6.6	6.7	6.6
27+600	星石泊泵站	35.4	35.3	35.5	35.1	35.2	35.3	35.3	33.9	33.2	34.1	34.7	34.3	34.5	34.2	34.5	34.2	33.8	33.8	33.7	33.7	33.8	33.7	33.6	33.6	33.6	33.8
306+586	米山水库入口闸	36.1	35.6	35.9	35.9	35.8	35.9	35.8	34.5	34.0	34.3	35.4	35.0	35.0	35.0	35.0	35.0	34.6	34.4	34.4	34.3	34.4	34.3	34.4	34.3	34.3	34.4

注：表中空白数据未列出，下同。

表 7.1.3　胶东调水工程 2020 年 4 月控制断面运行数据统计表

日过水量/(×10⁴ m³)

设计桩号	位置名称	1	2	3	4	5	6	7	8	9	10	11	12	13	14	15	16	17	18	24	25	26	27	28	29	30
0+014	宋庄分水闸	134.2	133.8	137.1	136.9	136.1	137.4	136.4	137.8	136.4	136.1	138.2	136.0	135.8	134.9	137.7	138.0	136.4	135.4	136.8	137.3	136.7	135.4	136.4	132.9	135.5
23+910	新河水库分水闸	3.3	3.5	3.5	3.4	3.3	3.5	3.3	3.3	3.1	3.3	3.3	3.3	3.1	3.3	3.2	3.1	3.3	3.1	3.3	3.0	3.2	3.4	3.2	3.2	3.2
35+845	灰埠泵站	129.6	129.6	129.6	129.6	129.6	129.6	129.6	129.6	129.6	129.6	129.6	129.6	129.6	129.6	129.6	129.6	136.4	129.6	139.6764	139.86	131.8	139.6	129.6	129.6	129.6
57+634	东宋泵站	130.3	128.6	124.6	120.3	128.4	121.4	131.2	130.9	123.6	130.5	122.7	128.7	130.9	133.5	120.7	135.7	130.5	136.5	118.2	129.6	128.7	135.6	136.5	126.7	129.3
60+119	西杨村分水闸	3.8	3.7	3.7	3.7	3.7	3.7	3.7	3.6	3.7	3.6	3.6	3.7	3.7	3.7	3.7	3.7	3.7	3.7	3.7	3.8	3.7	3.7	3.7	3.7	3.7
86+669	王河分水闸	0.6	0.7	0.6	0.7	0.6	0.8	0.8	0.7	0.6	0.5	0.6	0.6	0.6	0.7	0.7	0.7	0.6	0.6	0.6	0.7	0.7	0.7	0.7	0.8	0.7
116+800	辛庄泵站	110.4	112.6	114.5	116.7	101.4	112.7	102.3	108.9	110.0	109.4	103.9	104.5	108.7	111.4	101.8	105.9	107.7	119.4	112.5	109.7	109.4	104.6	121.2	102.3	112.4
118+686	侯家水库分水闸																									
124+897	新建村分水闸																									
143+307	南滦水库分水闸																									
159+559	王屋水库分水闸	13.4	12.3	12.3	12.3	12.3	11.7	11.9	11.9	11.9	11.7	11.7	11.9	11.9	11.4	11.7	11.5	11.5	11.2	12.7	13.4	12.3	12.3	12.3	12.3	11.7
146+760	南山水库分水闸																									
159+817	黄水河泵站	100.1	99.9	99.3	98.6	98.6	96.9	95.0	89.6	93.3	94.2	94.6	94.3	95.4	94.2	94.3	94.3	94.1	95.3	97.6	100.6	101.6	91.5	97.2	105.2	104.2
177+550	温石汤分水口	9.2	9.2	9.1		9.2	9.1	9.2	9.2	9.1	9.1	9.1	9.2	9.2	9.0	9.2	9.1	9.0	9.1	9.0	9.0	9.0	9.0	9.0	8.9	9.0
	温石汤泵站	87.1	86.8	85.4	85.9	86.7	85.4	81.9	77.1	80.5	82.3	82.3	82.6	82.0	81.2	83.0	82.0	81.7	82.8	84.1	87.5	88.0	81.4	85.7	90.7	91.1
	门楼水库分水闸	43.9	42.0	40.3	43.0	43.2	41.9	38.7	33.1	37.2	39.0	38.7	39.1	38.7	37.5	45.5	47.2	47.2	48.2	43.5	47.0	47.5	41.3	45.1	50.1	50.7
219+190	高疃泵站	43.1	43.4	43.5	43.7	43.5	43.5	43.1	44.0	43.2	43.3	43.6	43.5	43.3	43.7	37.5	34.8	34.4	34.6	40.6	40.6	40.5	40.1	40.5	40.5	40.4
261+793	牟平分水闸	8.2	8.1	8.2	8.2	8.2	8.2	8.1	8.1	8.2	8.1	8.0	8.2	8.1	8.0	8.0	8.1	8.2	3.4	0.0	0.0	0.0	0.0	0.0	0.0	0.0
27+600	星石泊泵站	34.2	34.5	34.6	34.7	34.7	34.7	34.4	34.8	34.4	34.6	34.6	34.7	34.4	34.6	34.0	34.1	33.8	33.7	39.9	39.5	39.8	39.8	39.7	39.5	39.3
306+586	米山水库入口闸	34.8	34.7	34.8	35.4	35.2	35.2	35.2	35.2	35.2	35.2	35.2	35.1	35.2	35.2	34.0	34.5	34.5	34.3	40.3	40.3	40.3	40.3	40.2	40.2	39.9

表 7.1.4　2020 年 1 月控制断面合计水量统计表

设计桩号	位置名称	统计时间	合计水量/(×10⁴ m³)		
			干流	各分水口	分水口合计
0+014	宋庄分水闸	2020 年 1 月 1 日至 1 月 27 日	4 012.4		
23+910	新河水库分水闸	2020 年 1 月 1 日至 1 月 27 日		105.2	781.4
60+119	西杨村分水闸	2020 年 1 月 1 日至 1 月 27 日		81.4	
86+669	王河分水闸	2020 年 1 月 2 日至 1 月 28 日		145.7	
118+686	侯家水库分水闸	2020 年 1 月 2 日至 1 月 28 日		155.0	
124+897	新建水库分水闸	2020 年 1 月 2 日至 1 月 28 日		0.0	
143+307	南滦水库分水闸	2020 年 1 月 2 日至 1 月 28 日		0.0	
159+559	王屋水库分水闸	2020 年 1 月 2 日至 1 月 28 日		294.1	
146+760	南山水库分水闸	2020 年 1 月 2 日至 1 月 28 日		0.0	
159+817	黄水河泵站	2020 年 1 月 2 日至 1 月 28 日	2 671.1		
	温石汤分水口	2020 年 1 月 3 日至 1 月 29 日		240.6	2 562.3
	门楼水库分水闸	2020 年 1 月 3 日至 1 月 29 日		1 214.8	
261+793	牟平分水闸	2020 年 1 月 5 日至 1 月 31 日		170.2	
306+586	米山水库入口闸	2020 年 1 月 5 日至 1 月 31 日		936.7	

表 7.1.5　2020 年 4 月控制断面合计水量统计表

设计桩号	位置名称	统计时间	合计水量/(×10⁴ m³)		
			干流	各分水口	分水口合计
0+014	宋庄分水闸	2020 年 4 月 1 日至 4 月 26 日	3 544.6		
23+910	新河水库分水闸	2020 年 4 月 1 日至 4 月 26 日		84.5	504.7
60+119	西杨村分水闸	2020 年 4 月 1 日至 4 月 26 日		95.8	
86+669	王河分水闸	2020 年 4 月 2 日至 4 月 27 日		17.0	
118+686	侯家水库分水闸	2020 年 4 月 2 日至 4 月 27 日		0.0	
124+897	新建水库分水闸	2020 年 4 月 2 日至 4 月 27 日		0.0	
143+307	南滦水库分水闸	2020 年 4 月 2 日至 4 月 27 日		0.0	
159+559	王屋水库分水闸	2020 年 4 月 2 日至 4 月 27 日		307.5	
146+760	南山水库分水闸	2020 年 4 月 2 日至 4 月 27 日		0.0	
159+817	黄水河泵站	2020 年 4 月 2 日至 4 月 27 日	2 514.9		

续表

设计桩号	位置名称	统计时间	合计水量/(×10⁴ m³)		
			干流	各分水口	分水口合计
	温石汤分水口	2020 年 4 月 3 日至 4 月 28 日		236.5	
	门楼水库分水闸	2020 年 1 月 3 日至 1 月 29 日		1 214.8	2 434.4
261+793	牟平分水闸	2020 年 1 月 5 日至 1 月 31 日		170.2	
306+586	米山水库入口闸	2020 年 1 月 5 日至 1 月 31 日		936.7	

表 7.1.6　输水水量损失对比表

输水水量损失	设计工况	运行工况	
		2020 年 1 月	2020 年 4 月
黄水河泵站前损失水量/(×10⁴ m³)		559.9	525.0
黄水河泵站后损失水量/(×10⁴ m³)		108.1	80.5
总损失水量/(×10⁴ m³)	3 000	668.0	605.5
黄水河泵站前损失水量占比		13.95%	14.81%
黄水河泵站后损失水量占比		4.05%	3.20%
总损失水量占比	17.34%	16.65%	17.08%

通过对比可以看出,实际水量损失小于设计水量损失,工程输水能力满足设计要求,渠道防渗措施可靠。黄水河泵站后管道的流量损失尚需进一步校正。

③建筑物过流能力复核

选取 2020 年 1 月 15 日和 4 月 10 日各类型建筑物实测断面运行数据进行分析计算,结果分别见表 7.1.7 和表 7.1.8。

表 7.1.7　2020 年 1 月 15 日典型建筑物过流能力复核计算表

设计桩号	位置	实测水位/m		实测流量 /(m³/s)	计算流量 /(m³/s)	实测流量与 计算流量比
		上游	下游			
0+014	宋庄分水闸后		8.45	17.30	13.53	1.28
6+251	胶莱河倒虹	8.40	8.25	17.20	12.70	1.35
36+066	灰埠泵站后		12.19	15.00	15.26	0.98
41+488	代古庄倒虹	11.94	11.92	15.12	6.90	2.19
57+705	东宋泵站后		22.02	16.05	16.29	0.99
118+782	淘金河渡槽		43.55	14.70	15.61	0.94
123+844	界河渡槽		42.75	14.70	15.92	0.92

表 7.1.8　2020 年 4 月 10 日典型建筑物过流能力复核计算表

设计桩号	位置	实测水位/m		实测流量 /(m³/s)	计算流量 /(m³/s)	实测流量与 计算流量比
		上游	下游			
0+014	宋庄分水闸后		8.35	15.74	12.20	1.29
6+251	胶莱河倒虹	8.40	8.25	15.72	12.70	1.24
36+066	灰埠泵站后		11.89	15.00	14.36	1.04
41+488	代古庄倒虹	11.51	11.49	14.34	6.90	2.08
57+705	东宋泵站后		21.96	15.83	15.43	1.03
118+782	淘金河渡槽		43.32	11.80	12.47	0.95
123+844	界河渡槽		42.39	11.80	12.64	0.93

通过分析统计数据可知:从整体来看,各建筑物 2020 年 4 月 10 日过流能力略大于 2020 年 1 月 15 日过流能力,分析原因为受冬季输水水面结冰的影响,建筑物过流能力略有降低;在各典型时间点,明渠的过流能力大于设计过流能力,泵站后渠道过流能力略低于设计过流能力,倒虹的过流能力远大于设计过流能力,渡槽的过流能力略低于设计过流能力。

由此分析,明渠糙率等计算系数的选取基本和实际相符。2020 年 1 月 15 日泵站后渠道受冬季输水下游闸门控制冰盖、壅高水位影响,改变了明渠均匀流的流态,过流能力略有降低;倒虹水头损失等计算系数的选取过于保守;渡槽糙率等计算系数的选取基本和实际相符,但是受冻融循环破坏和混凝土碳化脱落影响,渡槽输水断面表层混凝土糙率增大。

(3)输水规模和输水时间

胶东调水工程的工程规模按输水量 1.43×10^8 m³、输水时间 91 天确定。

胶东调水工程自 2015 年按山东省政府和山东省水利厅的安排部署实施应急抗旱调水,运行至 2020—2021 调水年度结束,累计运行 1 654 天,平均年运行 263 天,为设计值的 2.88 倍;累计供水 11.14×10^8 m³(其中向烟台市供水 6.89×10^8 m³,向威海市供水 3.93×10^8 m³,向平度市供水 0.32×10^8 m³),平均年供水 1.80×10^8 m³,为设计值的 1.26 倍。工程输水规模和输水时间均达到设计目标,且处于超设计运行状态。历年实际供水情况见表 7.1.9。

表 7.1.9　胶东调水工程历年实际供水情况　　　　　　　　单位：×10⁴ m³

年份	年运行天数/天	青岛市	烟台市	威海市	小计
2015 年	77		3 150.00		3 150.00
2015 年至 2016 年	200	85.48	4 616.47	3 612.73	8 314.68
2016 年至 2017 年	356	229.88	10 359.49	8 503.20	19 092.57
2017 年至 2018 年	275	844.92	2 106.54	6 373.36	9 324.82
2018 年至 2019 年	230	289.02	7 955.45	7 611.00	15 855.47
2019 年至 2020 年	304	781.23	23 448.62	9 251.16	33 481.01
2020 年至 2021 年	206	988.98	17 253.41	3 943.77	22 186.16
合计	1 654	3 219.50	68 889.98	39 295.23	111 404.71
年平均	263				18 042.45

注：因为 2015 年度仅明渠段参与调水，工程没有全部运行，因此平均值不含该年数据。

胶东调水工程历年平均供水量略大于设计输水规模，但实际平均输水时间远超设计输水时间，这是由于宋庄分水闸以上借用原引黄济青工程段渠道，同时承担着胶东调水和引黄济青两个供水方向、黄河水和长江水两个水源的输水任务，工程规模无法满足同时输送达量指标的黄河水和长江水的能力。渠道大部分输水时间被南水北调占用，从而导致输送黄河水的时间和空间被挤占；并且实际供水季胶东地区的四市均处于枯水年份，四市同时缺水，水量均衡分配，致使处于引黄济青工程下游的胶东调水工程经常处于小流量运行工况，从而使调水时间延长。

（4）明渠工程

明渠工程运行状态良好，总体防渗效果良好，河道堤防及衬砌工程无大面积坍塌，输水河的防渗能力及过水能力均超过设计要求，交叉建筑物实体观测结果正常，闸门启闭正常。冬季运行期间，输水河没有出现大面积冻胀破坏现象；汛期或汛后，地下水位较高的河段埋设的排水设施性能良好，防冻、排水能力达到了设计标准。工程设计采用的计算方法、计算参数是科学合理的。

（5）管道、隧洞、暗渠工程

运行期间，管道、隧洞、暗渠工程总体运行正常，建筑物实体观测结果正常，排气阀等各类控制设施总体运行正常。调流阀调流控制能力和精度达到设计要求，流量满足各工况要求，符合设计标准。工程设计采用的计算方法、计算参数是科学合理的。

（6）泵站工程

各级泵站观测结果正常，运行参数均达到设计及规范要求，机组效率符合规范标准；运行平稳，安全可靠，能够满足各种工况下的运行要求。以 2020 年 1 月和 2020 年 4 月为典型月份，统计 7 级泵站耗能量和调水量。其中温石汤、高瞳、星石泊 3 级泵站水泵后接压力管道，由于缺少相关管道压力值的实测数据，无法计算泵站扬程，因此根据所能收集到的运行数据,本次只复核其余 4 级泵站(灰埠泵站、东宋泵站、辛庄泵站、黄水河泵站)的耗能指标,结果见表 7.1.10。泵站运行参数对比见表 7.1.11。

表 7.1.10　泵站耗能指标计算表

名称	时间段	净扬程/m	耗电/($\times 10^4$ kW·h)	加压水量/$\times 10^4$ m³	耗能指数/[(kW·h)/(kt·m)]
灰埠泵站	2020 年 1 月	7.22	136.84	4 247	4.46
	2020 年 4 月	7.06	126.42	3 938	4.55
东宋泵站	2020 年 1 月	12.34	154.14	4 162	3.00
	2020 年 4 月	12.49	149.98	3 860	3.11
辛庄泵站	2020 年 1 月	30.79	430.75	3 679	3.80
	2020 年 4 月	30.86	383.40	3 280	3.79
黄水河泵站	2020 年 1 月	70.12	873.26	3 067	4.06
	2020 年 4 月	69.43	874.19	2 922	4.31

通过计算对比可知,胶东调水泵站运行千吨·米耗电量低于常规泵站耗电量,指数较好,优于行业常规水平。东宋泵站耗能指数远低于行业平均水平,建议根据具体运行数据和能耗进一步复核。

(7)渡槽工程

渡槽工程总体运行状态良好,建筑物实体观测结果正常,安全可靠,能够满足各种工况下的输水要求。工程设计采用的计算方法、计算参数是科学合理的。

(8)倒虹工程

倒虹工程总体运行状态良好,建筑物实体观测结果正常,安全可靠,能够满足各种工况下的输水要求。工程设计采用的计算方法、计算参数是科学合理的。

(9)桥梁工程

桥梁工程符合设计标准,总体安全可靠,方便了当地的交通运输及出行。工程设计采用的计算方法、计算参数是科学合理的。

(10)其他交叉建筑物工程(水闸、涵闸、穿渠倒虹等)

其他交叉建筑物工程符合设计标准,总体运行安全可靠。工程设计采用的计算方法、计算参数是科学合理的。

(11)自动化调度系统

自动化调度系统工程符合设计标准,运行过程中大大提高了运行管理人员的工作效率,减轻工作人员的劳动负担,保障了工程运行的安全可靠,提高了工程现代化管理水平。

表 7.1.11　泵站实际运行参数对比表

序号	名称	流量/(m³/s)	1#机组	2#机组	3#机组	4#机组	5#机组	6#机组	7#机组	8#机组	9#机组	10#机组	合计
1	灰埠泵站	设计工况	3.10	6.40	6.40	6.40	6.40	3.10	—	—	—	—	20.70
		运行工况	3.00	6.50	6.40	6.20	6.20	3.00	—	—	—	—	20.64
2	东宋泵站	设计工况	2.75	5.85	5.85	5.85	5.85	2.75	—	—	—	—	19.7
		运行工况	2.80	5.90	5.90	5.90	5.90	2.80	—	—	—	—	19.99
3	辛庄泵站	设计工况	2.83	2.83	2.83	2.83	2.83	2.83	2.8	2.83	—	—	17.00
		运行工况	3.10	3.10	3.10	3.10	3.10	3.10	3.10	3.10	—	—	17.20
4	黄水河泵站	设计工况	1.65	1.65	1.65	1.65	1.65	1.65	1.65	1.65	1.65	1.65	12.60
		运行工况	1.85	1.85	1.85	1.85	1.85	1.85	1.85	1.85	1.85	1.85	13.08
5	温石汤泵站	设计工况	1.87	1.87	1.87	1.87	1.87	1.87	1.87	1.87	1.87	1.87	12.60
		运行工况	2.20	2.20	2.20	2.20	2.20	2.20	2.20	2.20	2.20	2.20	12.25
6	高疃泵站	设计工况	1.90	1.90	1.90	1.90	—	—	—	—	—	—	5.50
		运行工况	2.19	2.10	2.10	2.19	—	—	—	—	—	—	5.70
7	星石泊泵站	设计工况	1.65	1.65	1.65	1.65	—	—	—	—	—	—	4.80
		运行工况	2.00	2.00	2.00	2.11	—	—	—	—	—	—	4.80

（12）不足与问题

对比现行规范和实际运行安全状况,工程设计也暴露出了一些不足。

①主要建筑物厂房及设备布置狭促,检修空间和设施条件欠佳

受投资和建设理念的限制,泵站厂房布置虽然满足设计规范的要求,但是实际运行发现布局过于紧凑,水泵机组和机电设备间距较小,检修空间狭窄,部分检修设施建设不到位,造成日常维修养护(尤其是机组大修)操作困难,维修成本增加。

②对冬季极端严寒天气下输水工况考虑不足

对冬季极端严寒天气下输水工况考虑不足,造成该工况下工程运行出现险情,增加了运行压力和现场管理难度。

③地下输水工程清淤条件匮乏

长距离输水导致倒虹和暗涵等地下输水工程淤积严重,且不具备清淤条件,甚至相关建筑物运行至今未进行过清淤工作。原设计对于工程运行后的淤积和清淤问题考虑不周,缺乏相关建筑物清淤功能设计。

④渡槽缺乏检修通道

胶东调水工程输水干渠共有 6 座大型输水渡槽,分别是大刘家河渡槽、淘金河渡槽、孟格庄渡槽、界河渡槽、后徐家渡槽及八里沙河渡槽。其中淘金河渡槽长 1 373 m,界河渡槽长 2 021 m,最短的八里沙河渡槽长 165 m。现有渡槽工程没有设置检修通道,工程运行期间,尤其是冬季严寒天气输水期间,无法进行安全巡视和冰期险情处理,不利于工程的安全运行。

⑤缺少调蓄工程

胶东调水工程沿线无调蓄工程。

⑥泵站机组缺少调流设施

明渠段泵站的前池尺寸虽然符合规范要求,但是通过运行检验发现,前池调蓄能力较小,需要频繁地启动机组调节流量,导致机组磨损严重、寿命降低。

⑦缺少泵站、管道在线监测内容

受工程建设年代技术条件限制,泵站没有配备运行状态监测诊断系统,管道工程也缺乏运行管理和安全监测设施设计,无法及时发现异常和诊断故障原因。

7.1.3 建设实施水平评价

7.1.3.1 施工准备评价

胶东调水工程项目法人组建后,不断完善内设机构,积极开展建章立制工作,严格执行国家有关规定,严格组织,认真管理,使所有工程建设单位形成一个有机整体,团结协作,奋发向上,为建设优质工程目标而努力。同时,妥善处理好与地方政府的关系,主动协调、加强沟通,充分调动地方有关部门的积极性,为工程建设营造了良好的外部环境。

根据施工总进度安排和施工总体规划,从前期工程项目对主体工程施工的必要性、

项目的规模、施工周期、与永久工程结合的可能性、项目的共用程度、不同项目施工干扰以及项目在承包商进场前能否基本完成等方面进行综合比较,项目法人组织开展了前期准备工程项目的建设。前期准备工程以优质的内外交通公路和施工道路、供水、供电条件和便捷的通信设施以及平整的场地,顺利通过了验收,实现了高质量的建设目标,为主体工程承包商提供了良好的进场条件。

7.1.3.2 采购招标评价和合同管理评价

(1)采购招标评价

胶东调水工程实行项目法人责任制、招标投标制、建设监理制和合同管理制,通过招标投标引进竞争机制,控制投资,选择承包商严格依据《中华人民共和国招标投标法》《评标委员会和评标办法暂行规定》《工程建设项目施工招标投标办法》《水利工程建设项目招标投标管理规定》(水利部令第 14 号)和山东省有关招标投标管理规定等法规等组织实施。为进一步加强对招投标的管理,山东省建管局制定了《山东省胶东地区引黄调水工程招标投标管理办法》,用于规范工程建设的招投标工作。

胶东调水工程建设全面推行招标投标制,充分运用和发挥了市场竞争机制的作用,坚持公开、公平、公正、诚实守信、科学择优的原则,严格控制招标投标工作的各个环节。通过招标选择较好的设计、施工、监理企业,获得优质合格的材料和设备,有力地推动了工程项目建设的顺利进行,为实现"质量、进度、投资"控制的目标奠定了基础。

(2)合同管理评价

合同管理是项目建设管理的核心。为加强合同管理及结算,规范合同订立,促进合同履行,防范合同风险,山东省建管局制定了《山东省胶东地区引黄调水工程合同管理办法》《山东省胶东地区引黄调水工程完工结算管理办法》,明确了合同管理机构、招标投标及合同会签制度,规定了合同管理的职责、合同签约程序等,并且就支付审核控制、合同价格调整、变更和索赔处理、争议调解和解决、技术问题处理、进度计划审批和质量监督、合同结算等内容制定了一系列工作程序和制度,使合同管理工作走向规范化和程序化。通过严密、科学的合同管理,胶东调水工程各个合同得以顺利实施,各项合同目标圆满实现。

7.1.3.3 进度控制管理水平评价

2009 年 12 月 9 日,山东省发展和改革委员会以《山东省发展和改革委员会关于胶东地区引黄调水工程有关问题确认意见的函》(鲁发改农经〔2009〕1564 号)作出批示,确保工程于 2011 年全面建成。

2003 年 12 月 19 日,胶东调水工程在辛庄泵站先期开工建设。2013 年 6 月,主体工程全线完工;2013 年年底,对全线进行了试通水。实际工期超设计批复工期。

胶东调水工程沿途建筑物繁多,沿途穿越的村庄集镇较多,施工条件复杂,施工难度大。对项目工期延长,分析归纳其原因如下。

（1）原设计工期偏短

基于应急工程的建设需求，为了尽快实现供水目标，原设计工期偏短，但实际按照正常供水项目建设实施，改变了工程应急建设的特性。因此胶东调水工程设计工期和批复工期存在不足，后期延长成为必然。

（2）供水区域由枯水年进入丰水年，当地对水资源需求降低

工程开工后，整个建设实施期间，胶东地区由枯水年进入丰水年。当地对水资源的需求大大降低，因而工程建设对地方政府的吸引力也大大降低，地方政府配合意识减弱，积极性降低，工作协调不力，致使工期拖延。

（3）工程土地手续延期

胶东调水工程自 2003 年宣布开工后，直到 2005 年 8 月建设用地才获得国土资源部的批复。工程实施时，沿线铁路、高速、工业园区等项目已相继获得土地批复并进入实施阶段，与本工程用地发生严重冲突，部分线路不得不调整或增加交叉建筑物，致使工期延误。

（4）政策调整，补偿费用到位不及时

由于政策性因素调整，征地补偿、专项设施补偿、水土保持及环境保护等费用增加，地方政府财政压力大、配合意识减弱，相关配套资金到位不及时，致使征地补偿、移民迁占等工程进展缓慢，延误了工期。

（5）建设资金到位不及时

根据胶东调水工程投资及资金到位实际情况，截至 2008 年年底，实际到位资金 17.06 亿元，占工程总投资的 30.46%；截至 2011 年年底，实际到位资金 36.58 亿元，占工程总投资的 65.32%。工程建设资金到位不及时，致使无法大面积展开施工，建设单位工作开展困难，施工单位缺少建设资金，从而造成工程建设实施进展减缓，拖延工期。

（6）工程设计变更多

为完善工程先天不足以及解决实施过程中出现的新问题，胶东调水工程建设实施期间共发生了三次重大设计变更，需要调整或新增的工程内容较多，致使工期延误。

（7）群众维权意识逐步增强，提出一些不合理的工程变更或赔偿要求

工程所经地区群众文化水平和法律意识较高，维护自身权益意识较强。部分群众提出了一些不合理的工程变更或赔偿要求，难以协调解决，致使工期拖延。

7.1.3.4　质量控制管理水平评价

胶东调水工程建设实行项目法人负责、监理单位控制、施工单位保证与政府监督相结合的质量管理体制。各责任主体和有关机构建立了比较完善的质量管理体系，严格履行各自的质量职责，执行国家和行业规范、技术标准以及国家、山东省政府关于胶东调水工程建设管理的有关政策，使施工质量得到有效控制。通过聘请技术专家及前往技术咨询部门进行咨询，为一些重大技术问题决策提供依据，使工程质量得到了进一步保证。按照国家、行业有关质量验收规定，工程没有出现任何质量事故。

施工过程中,施工、监理、第三方检测单位根据有关规范和标准对原材料、中间产品和工程实体进行自测和抽检,检测频次和检测结果均符合规范和设计要求。胶东调水工程的143个单位工程已全部完成单位工程验收,经质量监督部门核定,单位工程质量全部达到合格以上等级,其中优良工程为58个。

胶东调水工程对于在施工中和投入运行后发现的质量问题都进行了有效处理,符合设计意图,达到了合同约定的质量目标并通过了验收。历次验收、鉴定遗留问题已经处理完成,目前工程运行正常。

7.1.3.5　投资控制管理水平评价

胶东调水工程项目初步设计、调整概算、竣工决算投资对比情况见表7.1.12。

表 7.1.12　胶东调水工程各阶段投资对比表　　　　　单位:万元

序号	工程费用名称	初步设计	2019 年调整投资	投资增(减)
1	工程部分投资	238 674	361 874	123 200
2	移民和环境部分投资	35 609	97 933	62 324
3	自动化调度系统	0	31 835	31 835
4	引黄济青扩建及渠首工程	13 080	5 079	−8 001
5	建设期贷款利息	2 072	63 292	61 220
6	工程总投资	289 434	560 013	270 579

竣工决算(不含尾工)总投资为52.36亿元,较工程最终批复的投资56.00亿元略有结余,但工程2019年调整投资较初步设计批复概算投资大幅上涨,增加幅度达94%,分析归纳其原因如下:

(1)胶东调水工程按照应急供水工程立项、审批、设计

胶东调水工程立项、审批时,作为应急调水工程处理,重建设、轻管理,这导致对工程尤其是后来转变为正式向胶东地区供水的永久工程的运行管理基础设施和自动化调度系统考虑不周;审批压缩投资,设计内容缺项。为了解决工程试通水和应急调水期间暴露出来的缺陷和问题,增加工程调度运行灵活性和可靠性,需建设相应的自动化调度系统(增加投资3.18亿元)及与工程配套的管理设施(增加投资0.78亿元)。

(2)政策调整因素

因政策因素调整,新增耕地占用税,增加补充征地费,增加征地补偿费、专项设施补偿费、水土保持及环境保护费等,导致移民迁占、水土保持及环境保护等专项投资增加6.23亿元。

(3)物价上涨因素

胶东调水工程于2003年年底开工建设,启动占地普查工作;2005年8月国土资源部作出了建设用地批复;2006年泵站、隧洞等控制性工程开始兴建;2009年年底明渠工程

建设完成;2010 年暗渠及门楼水库以下段管道工程开始实施,2013 年年底主体工程全线贯通。整个建设期间也是我国经济高速发展的时期,物价上涨,设备、原材料价格大幅上涨,建设成本上升等因素导致工程投资大幅增加。

(4)完善设计及设计变更因素

为满足工程运行管理的需要,补充完善设施设备及其他管护内容,使得工程投资增加。以外,工程开工以来胶东地区社会经济高速发展,特别是烟台至威海段输水线路(途经烟台市的福山区、莱山区、高新区、牟平区等),由于城市化进程加快,当地区划调整和城区总体规划变更,致使调水线路多次变更调整,导致工程投资增加。

(5)建设期利息增加

胶东调水工程调整概算投资增加后,中央预算资金没有相应调增,投资压力很大一部分通过银行贷款解决,再加上建设期拖延,仅建设期利息一项就增加 6.12 亿元。

(6)其他项目费用增加

由于工期延长,增加了工程建设管理费、联合试运行费、待运行期工程管护费、核定投资中漏列项目费,导致工程投资增加。

7.1.3.6 "四新"应用评价

工程建设过程中,充分利用科技创新解决难点问题,带动提升工程建设管理水平。针对胶东调水工程输水线路长、跨越区域广、地质条件复杂、工程类别多、施工难度大、质量要求高的特点,项目建设者立足工程建设实际,在建设实践中不断创新思路、丰富手段、完善措施,大力推进新工艺、新材料、新技术、新设备的应用,有力地保障了工程建设的优质与高效,同时为其他同类工程建设提供了借鉴与支持。其中,"大型预应力拉杆拱式渡槽设计研究与应用""调水工程关键技术研究及应用"荣获山东省科技进步二等奖,"环境保护与生态修复研究""信息化及泵站联合调度系统的开发研究""调度决策关键技术研究与应用""跨流域调水工程水资源优化配置及供水决策支持系统研究""大型调水项目生产调度系统研究与应用"等多项课题荣获山东省水利科技进步一等奖,"水价及供水风险研究"等项目荣获山东省水利科技进步二等奖,《胶东地区重点城市引黄调水工程规划调查研究报告》荣获山东水利系统优秀调研成果二等奖,《胶东地区引黄调水工程专题档案开发》荣获山东省档案局开发利用档案信息资源成果二等奖。勘察设计成果获山东省技术进步奖 1 项,山东省软科学奖 8 项,山东省优秀论文奖 3 项,山东省优秀工程勘察设计成果奖 4 项,山东省优秀水利水电工程勘测设计奖 3 项,新型实用专利 3 项。

7.1.3.7 施工监理水平评价

胶东调水工程实行建设监理制,通过公开招标选择具有水利工程施工监理甲级资质和相应水利水电工程、电力系统、信息系统集成建设监理业绩的监理单位对本工程进行全方位监理,并授予监理单位对工程施工的质量、进度、投资进行控制和信息、合同管理以及内部协调的权力。

监理单位根据合同和施工规范的要求,组建项目现场监理机构;严格按照招投标文件、设计要求、有关规程规范和技术质量要求,认真履行监理职责;依据监理实施细则和工作方案开展工作,及时提交监理规划,编制监理实施细则,制定监理工作流程、技术文件审核及审批、监理例会等主要监理工作制度,并将开展监理工作的基本工作程序、工作制度和工作方法向承包人进行交底。

监理单位督促施工单位建立健全质量保证体系,审核施工单位提交的施工组织设计和施工技术方案,对开工条件进行控制,并适时发布开工令;对原材料进行检查和平行检测,杜绝不合格材料进场和使用;通过现场记录、旁站监督、检查、测量、平行检验、巡视检验、质量管理制度、指示、签认等对工程质量、进度、投资、安全等方面进行控制,对混凝土浇筑等工程的关键工序、关键部位坚持跟班旁站;编制工程进度计划,对进度计划中的关键工序进行重点监控,并根据工程的进度偏差进行必要的调整;通过召开监理例会对工程施工进行部署、总结和分析,解决工程施工中存在的问题;按时组织分部工程和单元工程的验收工作;对施工单位的计量测量数据进行复核,对提报的工程量按照合同规定的计量方法进行审核,按合同规定的条款控制工程款的支付,对监理日记、大事记、抽检、旁站等监理资料进行整理归档。

上述措施的实现,保证了工程的顺利进行,达到了施工合同中对于监理要求的各项目标。

7.1.4 运行管理水平评价

7.1.4.1 运行管理机构水平评价

山东省调水工程运行维护中心及其所属分中心、管理站为胶东调水工程的运行管理单位。根据《关于调整省水利厅所属部分事业单位机构编制事项的批复》(鲁编〔2019〕12号),山东省调水工程运行维护中心为副厅级公益二类事业单位,共分省、市、县三级管理机构,经费来源为财政补贴,日常管理运行费用由水费解决。运行管理主体职责明确,机构设置合理,制度建设基本完善,人员配置能够满足工程实际运行的需要。

7.1.4.2 维护运行管理水平评价

自工程投入运行至今,根据日常巡视检查及安全监测资料成果分析,水工建筑物、机电设备及金属结构总体运行状态良好,各项指标均满足设计标准。根据《山东省调水工程管理和保护范围内穿(跨)越工程监督管理办法》《山东省调水工程维修项目管理办法》《山东省调水工程日常维修养护项目管理办法》《山东省调水工程日常维修养护项目验收管理办法》等制度办法的要求,开展工程维护运行管理工作,保证了工程运行安全。

自 2020 年起,胶东调水工程全面实施"管养分离",选择专业养护单位负责工程日常维修养护管理。截至 2021 年上半年,"管养分离"制度有序实施,各项工作顺利交接,保证了工程运行管理的正常秩序,实现了日常维修养护工作的社会化服务。

工程确权划界工作已经完成,管理范围和保护范围参照《山东省胶东调水条例》《山东省河湖管理范围和水利工程管理与保护范围划界确权工作技术指南(试行)》划定,能够满足工程安全运行和管理的需要。

7.1.4.3　调度运行管理水平评价

胶东调水工程由山东省调水工程运行维护中心管理,在日常管理运行中执行《山东省胶东地区引黄调水工程调度运行管理办法》《胶东调水工程冰期调水工作方案》《胶东调水工程供水管理办法》《胶东调水工程水量计量确认管理办法》等调度运行机制及管理办法。调水运行前,有关方面积极组织做好资金筹措、工程检查、设备调试、方案制定、调度及工程管理体系的构建、人员培训等各项前期工作。调水运行期间,有关方面积极做好各级运管单位及地方有关单位的协调工作,定期召开管理与调度联席会议。制定的工程调度运行方案符合工程实际情况,可操作性较强,调度运行方案基本合理。自开展应急调水工程至今,工程运行情况良好,实现了长江水、黄河水、当地水的联合调度、优化配置,为胶东地区城市生活及工业用水提供了有效保障。

7.1.4.4　工程运行安全水平评价

(1)明渠工程

总体来看,明渠工程运行状态良好,建筑物实体安全可靠。

针对运行过程中发现的问题提出以下建议:加强渠道的维修养护工作,及时清淤保证供水。

(2)管道、隧洞、暗渠工程

总体来看,管道、隧洞、暗渠工程运行状态良好,建筑物实体及闸阀等安全可靠。

针对运行过程中发现的问题提出以下改进措施和建议:

①落实管道阀井进场道路征地和建设,为工程维护提供必要的便利条件。

②对穿河段管道进行有效防护,排除被河水冲毁及管道上浮隐患,确保调水工程安全。

③加强管道、隧洞、暗渠的维修养护工作,及时更换老化的设施、设备等,做好冬季运行期间的防寒、防冻保障措施。

(3)泵站工程

总体来看,泵站工程运行状态良好,建筑物实体安全可靠,水泵运行平稳,机电设备指标正常。

针对运行过程中发现的问题提出以下改进措施和建议:

①条件允许时,补充泵站 35 kV 双回供电线路建设,提高供电保障率。

②加强泵站工程的日常维修养护及机组大修工作,及时更换老化的设备、系统,做好冬季运行期间的防寒、防冻保障措施。

（4）渡槽工程

总体来看,渡槽工程运行状态良好,建筑物实体安全可靠。

针对运行过程中发现的问题提出以下建议:加强渡槽工程的维修养护工作。

（5）倒虹工程

总体来看,倒虹工程运行状态良好,建筑物实体安全可靠。

针对运行过程中发现的问题提出以下建议:加强倒虹工程的维修养护工作。

（6）桥梁工程

总体来看,桥梁工程运行状态良好,建筑物实体安全可靠。

针对运行过程中发现的问题提出以下建议:加强桥梁工程的维修养护工作,尽快完成桥梁工程产权移交。

（7）其他交叉建筑物工程(水闸、涵闸、穿渠倒虹等)

总体来看,其他交叉建筑物工程运行状态良好,建筑物实体安全可靠。

针对运行过程中发现的问题提出以下建议:加强交叉建筑物工程的维修养护工作。

（8）其他

山东省调水工程运行维护中心委托山东新汇建设集团有限公司编制了《山东省胶东地区引黄调水工程泵站运行评估报告》,评价了各工况实际运行中关键控制点的流量、水位、水泵的运行效率、噪声、气蚀等,检验了由泵站、明渠、暗渠、隧洞、管道、调压井等组成的调水系统之间的匹配情况,报告主要结论如下:

运行期间,7级泵站水机设备运行状态良好,运行流量均达到设计流量,运行满足设计和相关规范的要求;水机和电气设备总体布置基本合理,设备选型合适,符合设计技术规程规范和有关的规定;泵站运行管理人员齐全,制度完备,严格按照规范规程检修维护;站现场管理养护人员基本满足工程运行要求;初运行管理状态良好。

7.2 财务及经济效益评价

7.2.1 评价依据、原则和参数选取

7.2.1.1 评价依据

本次经济评价依据相关规程、规范,并结合胶东调水工程运行 6 年来的具体情况,遵循"项目经济评价应遵循效益与费用口径对应一致"的原则,分析工程的效益与费用,对该项目的财务及国民经济效益进行评价。本次评价依据主要包括:

（1）《建设项目经济评价方法与参数》(第三版)。

（2）《水利建设项目经济评价规范》(SL 72—2013)。

（3）国务院、水利部及各级政府其他相关法规政策。

（4）工程初步设计报告、各阶段验收报告、竣工决算报告、年度财务报表等基础资料

及有关调查资料。

7.2.1.2 评价原则

(1)评价和计算准则以国家颁布的准则为依据。

(2)以建设起始年至评价年为基础,计算整个运行期的经济指标。

(3)计算期的选取必须完整,包括建设期和整个运行期。

7.2.1.3 参数选取

(1)计算期

工程于 2003 年开工建设,2019 年竣工。其中 2015 年主体工程基本完工开始应急调水,至 2020 年全面正式运行。工程原设计正常运行期为 40 年,本次计算仍采用 40 年作为工程正常使用年限,具体如下:

工程建设期 17 年(2003 年至 2019 年),运行期 40 年(2016 年至 2055 年),经济计算期共 53 年,其中 2016 年至 2019 年为建设与运行重叠年份。

(2)基准年

以工程建设第一年(2003 年)作为折算基准年,并以该年年初作为折算基准点。

(3)社会折现率

社会折现率取 8%。

(4)财务基准收益率

由于该项目具有明显的公益性,本着"保本微利"的原则,财务基准收益率取 1%,同初步设计取值。

7.2.2 项目财务评价

7.2.2.1 财务支出

胶东调水工程建设项目的财务支出包括建设投资、年运行费、更新改造投资、流动资金和税金等。

(1)建设投资

根据竣工财务决算审计结论,胶东调水工程审定完成总投资 516 337.98 万元。本次财务评价以山东省胶东调水建管局每年年度资金平衡表中的基本建设支出数据作为工程实际发生的建设投资,用于财务指标的计算。其中具体各年度建设投资及资金来源见表 7.2.1。

表 7.2.1 年度建设投资及资金筹措表　　　　　　　　　　　　单位:万元

年份	2003	2004	2005	2006	2007	2008	2009	2010	2011
建设投资	2 000	24 000	24 000	15 000	42 000	42 000	42 000	42 000	42 000
资本金	2 000	24 000	24 000	15 000	42 000	32 000	0	0	0

续表

年份	2003	2004	2005	2006	2007	2008	2009	2010	2011
借款	0	0	0	0	0	10 000	42 000	42 000	42 000

年份	2012	2013	2014	2015	2016	2017	2018	2019	合计
建设投资	42 000	42 000	20 000	20 000	1 000	38 780	38 780	38 778	516 338
资本金	0	20 000	20 000	20 000	1 000	38 780	38 780	38 778	316 338
借款	42 000	22 000	0	0	0	0	0	0	200 000

(2)年运行费

工程年运行费主要包括水源费、人员及办公经费、动力费、运行管理费、修理费等。

①水源费

胶东调水工程的水源包括长江水、自打渔张泵站提引的黄河水、自黄水东调工程输送的黄河水。水源费的计算原则如下：

长江水、打渔张泵站提引的黄河水，经引黄济青干渠输水至宋庄分水闸，再经胶东调水工程输送至胶东地区，水源费以宋庄分水闸处单方水成本计算。该成本包含了源头水资源费以及借用引黄济青段产生的分摊成本。由于该水源费计算原则中已考虑了宋庄分水闸上游输水工程的成本分摊，其余运行成本只需考虑宋庄分水闸下游胶东输水线路上的成本即可。

自黄水东调工程输送的黄河水，水源费按照黄水东调工程与胶东调水工程签订的协议水价作为水源费支出计算。

a.2015年至2019年调水期

胶东调水工程自2015年开始应急调水，根据历年来实际调水量数据和《山东省物价局关于引黄济青工程和胶东调水工程调引黄河水长江水价格的通知》(鲁价格一发〔2016〕94号)，核算2015年至2019年胶东调水工程各调水年度水源费，并将各调水年度的水源费计入调水年度末(见表7.2.2)。

表7.2.2　2015—2019年水源费核算表

调水年度	计入财务年度	黄河水（胶东调水工程）			长江水（胶东调水工程）			水源费合计/万元
		调水量/(×10⁴ m³)	计量水价/万元	水源费/万元	调水量/(×10⁴ m³)	计量水价/万元	水源费/万元	
2015—2016	2016	8 417	0.437	3 678	1 329	1.358	1 804	5 482
2016—2017	2017	5 542	0.437	2 422	14 492	1.358	19 681	22 103
2017—2018	2018	5 325	0.437	2 327	4 904	1.358	6 660	8 987
2018—2019	2019	7 940	0.437	3 470	9 266	1.358	12 583	16 053

如表 7.2.2 所示,黄河水、长江水调水量数据来自胶东调水工程历年水量统计表,其中,由于南水北调收取长江水费为口门计量,计算水源费时取口门水量;黄河河务部门收取黄河水费为渠首计量,计算水源费时取口门水量加胶东调水全线损失量(根据表 3.1.2 的分析结论,损失率按 17% 考虑)。宋庄分水闸处计量水价参考价格通知中的峡山水库计量水价与平度市计量水价,按照以下公式计算:

$$宋庄分水闸庄分水闸处 = 峡山水库计量水价 + \frac{平度计量水价 - 峡山水库计量水价}{峡山分水口至平度分水口长度}$$
$$\times 峡山分水口至宋庄分水闸长度$$

b.2019 年至 2020 年调水期

2019 年,黄水东调工程建成通水。根据 2019—2020 年度实际调水量数据和《山东省物价局关于引黄济青工程和胶东调水工程调引黄河水长江水价格的通知》(鲁价格一发〔2016〕94 号),核算 2019 年至 2020 年胶东调水工程各调水年度水源费,并将调水年度的水源费计入调水年度末(见表 7.2.3)。

表 7.2.3　2019 年至 2020 年水源费核算表

| 调水年度 | 计入财务年度 | 黄河水(胶东调水工程) | | | 长江水(胶东调水工程) | | | 黄河水(黄水东调工程) | | | 水源费 |
		调水量 /(×10⁴ m³)	计量水价 /万元	水源费 /万元	调水量 /(×10⁴ m³)	计量水价 /万元	水源费 /万元	调水量 /(×10⁴ m³)	协议水价 /万元	水源费 /万元	合计/万元
2019—2020	2020	15 635	0.437	6 832	7 700	1.358	10 457	12 804	1.657	21 216	38 505

如表 7.2.3 所示,三处水源调水量数据来自胶东调水工程历年水量表,其中长江水、黄水东调工程黄河水计算水源费时取口门水量,胶东调水工程黄河水计算水源费时取口门水量加胶东调水全线损失量;胶东调水工程黄河水和长江水计量水价同上,黄水东调的计量水价采用山东省调水工程运行维护中心与山东水发黄水东调工程有限公司的 2019 年至 2020 年供水协议(协议中约定所有口门的黄河水水费按照 1.657 元/m³ 的水价分配给黄水东调工程有限公司,剩余水费分配给调水工程运行维护中心)。

c.2020 年至 2021 年调水期

2020 年 12 月,山东省发展和改革委员会发布了《关于明确胶东调水和黄水东调工程调引黄河水长江水价格的通知》(鲁发改价格〔2020〕1426 号),重新确定了各市县分水口门水费价格水平。根据实际收费情况,2020 年下半年的水费按照鲁价格一发〔2016〕94 号文执行,2021 年上半年的水费按照鲁发改价格〔2020〕1426 号文执行。以此核算 2020—2021 调水年度胶东调水工程水源费,并将各调水年度的水源费计入调水年度末(见表7.2.4)。

表 7.2.4   2020 年至 2021 年水源费核算表

调水年度	计入财务年度	黄河水（胶东调水工程）			长江水（胶东调水工程）			黄河水（黄水东调工程）			水源费合计/万元
		调水量/(×10⁴ m³)	计量水价/万元	水源费/万元	调水量/(×10⁴ m³)	计量水价/万元	水源费/万元	调水量/(×10⁴ m³)	协议水价/万元	水源费/万元	
2020 年下半年	2021	871	0.437	381	411	1.358	558	215	1.657	356	21 776
2021 年上半年		13 492	0.343	4 628	6 368	1.245	7 928	3 727	各口门黄水东调水价－0.1645	7 925	

如表 7.2.4 所示，三处水源调水量数据来自胶东调水工程历年水费计算表，其中长江水、黄水东调工程黄河水计算水源费时取口门水量，胶东调水工程黄河水计算水源费时取口门水量加胶东调水全线损失量；2020 年下半年各水源计量水价同 2019—2020 年度调水期；2021 年上半年黄河水（胶东调水工程）和长江水（胶东调水工程）计量水价按照新的价格文件规定的宋庄计量水价，另外根据山东省调水工程运行维护中心与山东水发黄水东调工程有限公司的 2021 年协议约定所有分水口门的黄河水（黄水东调部分）水费按照"（各分水口门黄水东调计量水价－0.1645）×各分水口门黄水东调供水量"的计算结果支付给山东水发黄水东调工程有限公司。

d.2021 年至 2055 年调水期

依据工程建设规模，以平度市、烟台市、威海市三地的设计供水量 $1.43×10^8$ m³（水源全部为南水北调长江水）作为工程正常运行工况，核算 2021 年至 2055 年正常调水期水源费。据此，结合《山东省发展和改革委员会关于明确胶东调水和黄水东调工程调引黄河水长江水价格的通知》（鲁发改价格〔2020〕1426 号），拟定水源费涨幅规律按照每隔 5 年上涨 20%，对 2021 年至 2055 年胶东调水工程水源费进行核算，并将各调水年度的水源费计入调水年度末（见表 7.2.5）。

表 7.2.5   2021 年至 2055 年水源费核算表

调水年度	计入财务年度	长江水		水源费/万元
		调水量/(×10⁴ m³)	计量水价/万元	
2021—2025	2022—2025	14 300	1.245	17 804
2025—2030	2026—2030	14 300	1.494	21 364
2030—2035	2031—2035	14 300	1.793	25 637
2035—2040	2036—2040	14 300	2.151	30 764
2040—2045	2041—2045	14 300	2.582	36 917
2045—2050	2046—2050	14 300	3.098	44 301
2050—2055	2051—2055	14 300	3.718	53 161

②人员及办公经费

根据山东省调水中心系统 2022 年预算,省中心机关人员及办公经费 5 327 万元,烟台市人员及办公经费 2 418 万元,威海市人员及办公经费 294 万元,平度市人员及办公经费 1 697 万元。根据胶东调水工程人员编制和总编制人数的情况,将省中心机关人员及办公经费按 27%、平度市人员及办公经费按 40% 的比例计入胶东调水工程运行成本,则合计人员及办公经费为 4 829 万元。未来运行期内的人员及办公经费按照每隔 5 年上涨15%计算。

③动力费

动力费主要指工程运行电费。根据胶东调水工程建管局 2019 年度工程运行维护经费,2019 年运行电费约 9 900 万元,据此估算 2015 年至 2021 年的动力费。

根据山东省调水中心系统 2022 年预算,2022 年运行电费为 6 350 万元,该预算编制时参照上一年度实际运行数据,即 2020 年至 2021 调水年度的调水量。2020 年至 2021 年实际调水量 2.22×10^8 m³,动力费 6 560 万元,与 2022 年预算基本相当。因此,按照 1.43×10^8 m³ 调水量核算动力费,约为 4 090 万元。

未来运行期内的动力费按照每隔 5 年上涨 15% 计算(见表 7.2.6)。

表 7.2.6　动力费计算表

调水年度	计入财务年度	调水量/($\times 10^4$ m³)	动力费/万元
2015—2016	2016	8 314.68	2 459
2016—2017	2017	19 092.57	5 645
2017—2018	2018	9 324.82	2 757
2018—2019	2019	15 856.02	4 688
2019—2020	2020	33 481.01	9 900
2020—2021	2021	22 186.15	6 560
2021—2025	2022—2025	14 300.00	4 090
2025—2030	2026—2030	14 300.00	4 704
2030—2035	2031—2035	14 300.00	5 409
2035—2040	2036—2040	14 300.00	6 220
2040—2045	2041—2045	14 300.00	7 153
2045—2050	2046—2050	14 300.00	8 226
2050—2055	2051—2055	14 300.00	9 460

④运行管理费

运行管理费主要包含调度运行费、工程管护费、后勤保障费、水土保持与水质检测项目费用、安全生产与质量监督项目费用等。

2015年至2021年，未实行管养分离制度。根据2018年、2019年下达的胶东调水工程运行维护计划，估算2015年至2021年运行管理费为年均2 900万元。

2022年至2055年，实行管养分离之后的运行维护费按照山东省调水中心2022年预算进行估算。根据预算，年运行管理费约8 770万元，未来运行期内按照每隔5年上涨15%计算。

⑤修理费

工程修理费主要包括工程日常维修保养和大修费等。

2015年至2021年，根据2018年、2019年下达的胶东调水工程运行维护计划，估算2015年至2021年修理费为年均3 100万元。

2022年至2055年，修理费按照山东省调水中心2022年预算进行估算。根据预算，年修理费约6 000万元，未来运行期内按照每隔5年上涨15%计算。

综上，根据近年来工程实际运行情况，并假设未来按指标工况运行，将胶东调水工程年运行费统计如表7.2.7所示。

表7.2.7　年运行费计算表　　　　　　　　　　单位：万元

调水年度	计入财务年度	水源费	人员费	动力费	运行管理费	修理费	年运行费
2015—2016	2016	5 482	4 829	2 459	2 900	3 100	18 770
2016—2017	2017	22 103	4 829	5 645	2 900	3 100	38 577
2017—2018	2018	8 987	4 829	2 757	2 900	3 100	22 573
2018—2019	2019	16 053	4 829	4 688	2 900	3 100	31 570
2019—2020	2020	38 505	4 829	9 900	2 900	3 100	59 234
2020—2021	2021	21 776	4 829	6 560	2 900	3 100	39 165
2021—2025	2022—2025	17 804	4 829	4 090	8 770	6 000	41 493
2025—2030	2026—2030	21 364	5 553	4 704	10 086	6 900	48 607
2030—2035	2031—2035	25 637	6 386	5 409	11 598	7 935	56 965
2035—2040	2036—2040	30 764	7 344	6 220	13 338	9 125	66 791
2040—2045	2041—2045	36 917	8 446	7 153	15 339	10 494	78 349
2045—2050	2046—2050	44 301	9 713	8 226	17 640	12 068	91 948
2050—2055	2051—2055	53 161	11 170	9 460	20 286	13 878	107 955

（3）更新改造投资

根据《水利工程建设项目经济评价规范》，更新改造投资包括维持项目正常运行所需的金属结构及机电设备等一次性更新改造费用，可根据项目金属结构及机电设备等的固定资产投资分析确定。

根据竣工决算,胶东调水工程机电设备固定资产投资为 129 192 万元。因此,更新改造投资拟定为 129 192 万元,投入年份为 2039 年。

（4）流动资金

流动资金指维持项目正常运行所需的全部周转资金。本次核算仍按除水源费外的年运行费的 10% 计,约 2 000 万元。该流动资金于正常运行期第一年年初（即 2020 年年初）投入。

（5）税费

胶东调水工程收取水费缴纳增值税、税金及附加税。增值税按 6%（水费收入价内税）计算,附加税按增值税的 12% 计算。

7.2.2.2　总成本费用

水利建设项目总成本费用包括年运行费、折旧费、利息支出。

（1）年运行费

年运行费同上（财务支出部分）。

（2）折旧费

根据竣工决算报告,胶东地区引黄调水工程共形成固定资产 500 568 万元,其中房屋及建筑物工程 368 925 万元,机器设备 131 643 万元。

依据《水利建设项目经济评价规范》（SL 72—2013）附录 C 水利工程固定资产分类折旧年限的规定,大型土堤、混凝土结构的折旧年限取 50 年。本次评价中混凝土结构建筑物、引水渠道、渡槽、倒虹等建筑物折旧年限取 50 年,中型机电设备折旧年限取 20 年;折旧费采用年限平均法计算。

根据以上参数,计算运行期 2020 年至 2039 年折旧费为 13 961 万元（其中房屋及建筑物折旧费 7 379 万元,机器设备折旧费 6 582 万元）,2040 年至 2055 年折旧费为 13 838 万元（其中房屋及建筑物折旧费 7 379 万元,更新改造设备投资折旧费 6 459 万元）。

（3）利息支出

根据山东省调水工程运行维护中心提供的资料,胶东调水工程运行期还本付息计划如表 7.2.8 所示。

表 7.2.8　工程还本付息计划表　　　　　　　　　　　　　　　单位:万元

年份	2016	2017	2018	2019	2020	2021	2022
偿还本金				3 800.00	0.00	46 900.00	45 000.00
偿还利息	273.35	5 396.90	7 219.40	8 894.13	8 894.13	8 843.02	7 087.88
合计	273.35	5 396.90	7 219.40	12 694.13	8 894.13	55 743.02	52 087.88

年份	2023	2024	2025	2026
偿还本金	156 700.00	0.00	7 100.00	700.00

续表

年份	2023	2024	2025	2026			
偿还利息	5 265.38	296.10	296.10	22.75			
合计	161 965.38	296.10	7 396.10	722.75			

7.2.2.3 财务收入

胶东调水工程的财务收入主要包括营业收入和补贴收入。

（1）营业收入

胶东调水工程营业收入主要为水费收入。根据对财务支出中水源费的分析,将南水北调工程成本水费和黄水东调工程成本水费作为水源费成本费用,因此水费收入应按照包含代收南水北调计量水费和黄水东调计量水费的总收入计算。

2015—2019 调水年度水费收入包括胶东调水水费和代南水北调收取的计量水费。胶东调水的水费收入数据来自山东省调水工程运行维护中心的实际收入数据,代南水北调收取的计量水费按照每年的长江水调水量乘以南水北调计量水价获得,价格水平为 2016 年水费收缴价格文件。

2019—2020 调水年度水费收入包括胶东调水水费、代南水北调收取的计量水费和代黄水东调收取的计量水费。胶东调水的水费收入数据来自山东省调水工程运行维护中心的实际收入数据,代南水北调收取的计量水费按照每年的长江水调水量乘以南水北调计量水价获得,代黄水东调收取的计量水费按照每年的黄水东调调水量乘以黄水东调协议水价得到,价格水平为 2016 年水费收缴价格文件。

2020 年下半年水费收入包括胶东调水水费、代南水北调收取的计量水费和代黄水东调收取的计量水费。收入通过基本水费加黄河水计量水费（采用黄河水计量水价计算）和长江水计量水费（采用长江水计量水价计算）得到,价格水平为 2016 年水费收缴价格文件。

2021 年上半年水费收入包括胶东调水水费、代南水北调收取的计量水费和代黄水东调收取的计量水费。收入通过基本水费加计量水费得到,价格水平为 2020 年水费收缴价格文件。

2015 年至 2021 年水费收入核算结果如表 7.2.9 所示。

表 7.2.9　2015 年至 2021 年水费收入核算

调水年度	计入财务年度	胶东调水水费/万元			南水北调计量水费			黄水东调计量水费			收入总计/万元
		基本水费	计量水费	合计	调水量/(×10⁴ m³)	计量水价/万元	水费收入/万元	调水量/(×10⁴ m³)	协议水价/万元	水费收入/万元	
2015—2016	2016	16 483	21 353	37 836	1 534	0.83	1 273				39 110
2016—2017	2017	16 483	41 126	57 609	13 803	0.83	11 456				69 066
2017—2018	2018	16 483	25 614	42 097	4 288	0.83	3 559				45 656

调水年度	计入财务年度	胶东调水水费/万元			南水北调计量水费			黄水东调计量水费			收入总计/万元
		基本水费	计量水费	合计	调水量/(×10⁴ m³)	计量水价/万元	水费收入/万元	调水量/(×10⁴ m³)	协议水价/万元	水费收入/万元	
2018—2019	2019	16 483	42 048	58 531	9 071	0.83	7 529				66 060
2019—2020	2020	16 483	42 646	59 129	12 879	0.83	10 690	12 739	1.657	21 109	90 928
2020 下半年	2021	8 242	2 146	10 388	401	0.83	333	202	1.657	335	69 373
2021 上半年		6 800	38 305	45 105	6 369	0.83	5 286	3 272	各口门黄水东调水价—0.1645	7 926	

2021 年至 2055 年按照设计规模 $1.43×10^8$ m³ 调引长江水,根据《关于明确胶东调水和黄水东调工程调引黄河水长江水价格的通知》(鲁发改价格〔2020〕1426 号)中明确的胶东调水工程基本水费和长江水计量水价来核算 2021 年至 2055 年水费收入,未来运行期内按照每隔 5 年上涨 20%计算,如表 7.2.10 所示。

表 7.2.10　2021 年至 2055 年水费收入核算　　　　单位:万元

调水年度	计入财务年度	基本水费	计量水费	收入合计
2021—2025	2022—2025	13 600	40 940	54 540
2025—2030	2026—2030		65 448	
2030—2035	2031—2035		78 538	
2035—2040	2036—2040		94 245	
2040—2045	2041—2045		113 094	
2045—2050	2046—2050		135 713	
2050—2055	2051—2055		162 856	

(2)补贴收入

根据财务报表,2016 年至 2020 年山东省调水工程运行维护中心年均补贴收入为 142 万元。按照用水比例分摊原则,胶东调水工程分摊的年均补贴收入为 35 万元,可忽略不计。

7.2.2.4　财务能力分析

对财务收入和支出进行综合分析后,编制财务报表,主要包括:项目现金流量表、资本金流量表、损益表、财务计划现金流量表、财务评价指标表,考察项目的财务生存能力、偿债能力和盈利能力。

(1)财务生存能力

根据该方案的项目财务计划现金流量表可知,受 2026 年以前偿还债券本金和利息的影响,2023 年至 2031 年累计盈余资金小于零,财务生存能力较差;2032 年以后累计盈余资金大于零并逐渐增加,具备财务生存能力。2023—2031 年胶东调水项目需依靠系统内其他项目的盈余资金或其他资金筹措方式缓解胶东调水项目的临时资金缺口。

（2）偿债能力分析

本项目还贷资金主要来自项目未分配利润和工程计提的折旧费。

经计算,偿还期 2016 年至 2026 年偿债能力如表 7.2.11 所示。

表 7.2.11　2016 年至 2026 年偿债能力分析表

项目	偿还期											合计
	2016 年	2017 年	2018 年	2019 年	2020 年	2021 年	2022 年	2023 年	2024 年	2025 年	2026 年	
当期还本付息/万元	273	5 397	7 219	12 694	8 894	55 743	52 088	161 965	296	7 396	723	312 689
偿债资金/万元	13 897	22 465	17 570	26 083	27 923	26 674	11 174	11 174	11 174	11 174	14 418	163 726
偿债备付率	50.8	4.2	2.4	2.1	3.1	0.5	0.2	0.1	37.7	1.5	19.9	0.6

由表 7.2.11 可知,在偿还期 2016 年至 2026 年,工程综合偿债备付率为 0.6,小于 1;特别是 2021 年至 2023 年,受集中偿还大量本金的压力影响,偿债备付率低,偿债能力明显不足,需依靠系统内其他项目的盈余资金或其他资金筹措方式解决偿债问题。

（3）盈利能力

根据表 7.2.12 计算财务效益指标,项目的财务内部收益率为 2.13%,高于设定的行业基准收益率(i_c)1%;相应的财务净现值为 167 631 万元,大于零;投资回收期为 45 年。由计算的各项指标值可以看出,按照设计规模供水方案,项目满足设定的保本微利的财务评价基准。

表 7.2.12　财务评价指标汇总表

序号	指标名称	指标值	备注
1	建设投资	516 338 万元	
2	流动资金	2 000 万元	
3	正常年份营业收入	54 540 万元	
4	正常年份年运行费	41 493 万元	
5	正常年份利润总额	603 万元	
6	总投资财务内部收益率	2.13%	
7	财务净现值	167 631 万元	$i_c=1\%$
8	静态投资回收期	45 年	含建设期
9	资本金财务内部收益率	1.78%	
10	总投资收益率	2.80%	
11	项目资本金利润率	3.06%	

7.2.2.5　敏感性分析

敏感性分析是指对项目的主要不确定因素的变化引起财务指标的变化进行计算分析,并与基准指标进行比较。

按设计供水规模 1.43×10^8 m³ 进行敏感性分析如下:

本项目选择对成本和收益影响较大的建设投资、电费成本和水费收入三个因素,研究它们独立变化($\pm 10\%$)时,对财务内部收益率及投资回收周期的影响。敏感性计算结果详见表 7.2.13。

表 7.2.13　敏感性分析

变化因素	变化幅度/%	项目投资内部收益率/%	内部收益率变化幅度/%	敏感系数
	−10	2.53	+0.40	−0.04
建设投资	0	2.13		
	+10	1.76	−0.37	−0.04
	−10	2.19	+0.06	−0.01
电费成本	0	2.13		
	+10	2.05	−0.08	−0.01
	−10	0.85	−1.28	+0.13
水费收入	0	2.13		
	+10	3.16	+1.03	+0.10

从表 7.2.13 中可以看出,各因素的变化不同程度地影响着财务内部收益率,其中水费收入的变化影响最大,电费成本影响不大。由表 7.2.13 可知,对于胶东调水工程,提高供水量和建立有利的水价机制是提高财务能力的主要手段。

7.2.2.6　多方案对比分析

(1)方案一:按胶东调水工程批复规模 1.43×10^8 m³ 进行财务分析。

分析成果如上文(7.2.2.1~7.2.2.4 章节)。

(2)方案二:按引黄济青改扩建后胶东调水批复规模 1.505×10^8 m³ 进行财务分析。

①根据《关于明确胶东调水和黄水东调工程调引黄河水长江水价格的通知》(鲁发改价格〔2020〕1426 号)中明确的胶东调水工程基本水费和长江水计量水价,核算 2021 年至 2055 年水费收入(未来运行期内按照每隔 5 年上涨 20% 计算),如表 7.2.14 所示。

表 7.2.14　2021 年至 2055 年水费收入核算　　　　　单位:万元

调水年度	计入财务年度	基本水费	计量水费	收入合计
2021—2025	2022—2025	13 600	44 977	58 577
2025—2030	2026—2030		70 292	
2030—2035	2031—2035		84 351	
2035—2040	2036—2040		101 221	
2040—2045	2041—2045		121 465	
2045—2050	2046—2050		145 758	
2050—2055	2051—2055		174 910	

②按照方案一的计算方法核算 2021 年至 2055 年各项年运行成本费用如表 7.2.15 所示。

表 7.2.15　2021 年至 2055 年年运行费核算　　　　　单位:万元

调水年度	计入财务年度	水源费	人员费	动力费	运行管理费	修理费	年运行费
2021—2025	2022—2025	18 737	4 829	4 305	8 770	6 000	42 641
2025—2030	2026—2030	22 484	5 553	4 951	10 086	6 900	49 974
2030—2035	2031—2035	26 981	6 386	5 693	11 598	7 935	58 594
2035—2040	2036—2040	32 378	7 344	6 547	13 338	9 125	68 733
2040—2045	2041—2045	38 853	8 446	7 529	15 339	10 494	80 661
2045—2050	2046—2050	46 624	9 713	8 659	17 640	12 068	94 703
2050—2055	2051—2055	55 948	11 170	9 958	20 286	13 878	111 240

按照该营业收入水平和上述财务成本计算项目财务指标如表 7.2.16 所示。

表 7.2.16　财务评价指标汇总

序号	指标名称	指标值	备注
1	建设投资	516 338 万元	
2	流动资金	2 000 万元	
3	正常年份营业收入	58 577 万元	
4	正常年份年运行费	42 641 万元	
5	正常年份利润总额	3 866 万元	
6	总投资财务内部收益率	2.61%	

续表

序号	指标名称	指标值	备注
7	财务净现值	254 907 万元	$i_c=1\%$
8	静态投资回收期	43 年	含建设期
9	资本金财务内部收益率	2.38%	
10	总投资收益率	3.64%	
11	项目资本金利润率	4.11%	

根据计算结果可知,该方案财务内部收益率、财务净现值、投资回收期指标优于设计供水规模 1.43×10^8 m³ 方案的财务指标。

(3)方案三:按照长江水指标总量 1.665×10^8 m³ 进行财务分析。

①根据《关于明确胶东调水和黄水东调工程调引黄河水长江水价格的通知》(鲁发改价格〔2020〕1426 号)中明确的胶东调水工程基本水费和长江水计量水价,核算 2021 年至 2055 年水费收入(未来运行期内按照每隔 5 年上涨 20% 计算),如表 7.2.17 所示。

表 7.2.17　2021 年至 2055 年水费收入核算　　　　　　单位:万元

调水年度	计入财务年度	基本水费	计量水费	收入合计
2021—2025	2022—2025	13 600	47 318	60 918
2025—2030	2026—2030		73 102	
2030—2035	2031—2035		87 722	
2035—2040	2036—2040		105 266	
2040—2045	2041—2045		126 320	
2045—2050	2046—2050		151 583	
2050—2055	2051—2055		181 900	

②按照方案一的计算方法核算 2021 年至 2055 年各项年运行成本费用如表 7.2.18 所示。

表 7.2.18　2021 年至 2055 年年运行费核算　　　　　　单位:万元

调水年度	计入财务年度	水源费	人员费	动力费	运行管理费	修理费	年运行费
2021—2025	2022—2025	20 729	4 829	4 762	8 770	6 000	45 090
2025—2030	2026—2030	24 875	5 553	5 476	10 086	6 900	52 890
2030—2035	2031—2035	29 850	6 386	6 298	11 598	7 935	62 067
2035—2040	2036—2040	35 820	7 344	7 242	13 338	9 125	72 870

续表

调水年度	计入财务年度	水源费	人员费	动力费	运行管理费	修理费	年运行费
2040—2045	2041—2045	42 984	8 446	8 329	15 339	10 494	85 591
2045—2050	2046—2050	51 580	9 713	9 578	17 640	12 068	100 579
2050—2055	2051—2055	61 896	11 170	11 015	20 286	13 878	118 245

按照该营业收入水平和上述财务成本计算项目财务指标如表 7.2.19 所示。

表 7.2.19　财务评价指标汇总

序号	指标名称	指标值	备注
1	建设投资	516 338 万元	
2	流动资金	2 000 万元	
3	正常年份营业收入	60 918 万元	
4	正常年份年运行费	45 090 万元	
5	正常年份利润总额	3 808 万元	
6	总投资财务内部收益率	2.61%	
7	财务净现值	254 562 万元	$i_c = 1\%$
8	静态投资回收期	43 年	含建设期
9	资本金财务内部收益率	2.37%	
10	总投资收益率	3.64%	
11	项目资本金利润率	4.10%	

根据计算结果可知,该方案财务内部收益率、财务净现值、投资回收期指标与供水规模 1.505×10^8 m^3 方案的财务指标基本一致。这主要是由于多供的 $1\,600 \times 10^4$ m^3 水均由平度市承担,平度市的水费收入与宋庄分水闸的水源费支出相加使得动力费支出基本平衡。

(4)方案四:按照近三年平均供水量 2.38×10^8 m^3 作为未来供水量,黄水东调水源费按宋庄分水闸处计量水价计算。

近三年平均净供水总量 2.38×10^8 m^3,其中胶东调水工程黄河水、长江水、黄水东调工程黄河水分别为 1.05×10^8 m^3、0.79×10^8 m^3、0.54×10^8 m^3。

①根据《关于明确胶东调水和黄水东调工程调引黄河水长江水价格的通知》(鲁发改价格〔2020〕1426 号)中明确的胶东调水工程基本水费和综合计量水价,核算 2021 年至 2055 年水费收入(未来运行期内按照每隔 5 年上涨 20% 计算),如表 7.2.20 所示。

表 7.2.20　2021—2055 年水费收入核算　　　　　　　　　单位:万元

调水年度	计入财务年度	基本水费	计量水费	收入合计
2021—2025	2022—2025	13 600	59 280	72 880
2025—2030	2026—2030			87 456
2030—2035	2031—2035			104 947
2035—2040	2036—2040			125 937
2040—2045	2041—2045			151 124
2045—2050	2046—2050			181 349
2050—2055	2051—2055			217 619

②核算 2021 年至 2025 年水源费支出如表 7.2.21 所示。

表 7.2.21　2021 年至 2025 年水源费核算表

调水年度	黄河水(胶东调水工程)			长江水(胶东调水工程)			黄河水(黄水东调工程)			水源费 合计 /万元
	调水量 /(×10⁴ m³)	计量水价 /万元	水源费 /万元	调水量 /(×10⁴ m³)	计量水价 /万元	水源费 /万元	调水量 /(×10⁴ m³)	计量水价 /万元	水源费 /万元	
2021—2025	12 650	0.343	4 339	7 900	1.245	9 836	6 506	1.82	11 841	26 016

其中,胶东调水工程黄河水、黄水东调工程黄河水调水量为折算到宋庄分水闸处的过水量,计量水价为 2020 年价格文件中宋庄分水闸处计量水价;长江水调水量为口门净供水量,计量水价为 2020 年价格文件中宋庄分水闸处计量水价。

③按照方案一的计算方法核算 2021 年至 2055 年各项年运行成本费用,如表 7.2.22 所示。

表 7.2.22　2021 年至 2055 年年运行费核算表　　　　　　　单位:万元

调水年度	计入财务年度	水源费	人员费	动力费	运行管理费	修理费	年运行费
2021—2025	2022—2025	26 016	4 829	6 800	8 770	6 000	52 415
2025—2030	2026—2030	31 219	5 553	7 820	10 086	6 900	61 578
2030—2035	2031—2035	37 463	6 386	8 993	11 598	7 935	72 376
2035—2040	2036—2040	44 956	7 344	10 342	13 338	9 125	85 105
2040—2045	2041—2045	53 947	8 446	11 893	15 339	10 494	100 119
2045—2050	2046—2050	64 736	9 713	13 677	17 640	12 068	117 834
2050—2055	2051—2055	77 683	11 170	15 729	20 286	13 878	138 746

按照该营业收入水平和上述财务成本计算项目财务指标,如表 7.2.23 所示。

表 7.2.23　财务评价指标汇总

序号	指标名称	指标	备注
1	建设投资	516 338 万元	
2	流动资金	2 000 万元	
3	正常年份营业收入	72 880 万元	
4	正常年份年运行费	52 415 万元	
5	正常年份利润总额	9 277 万元	
6	总投资财务内部收益率	3.34%	
7	财务净现值	40 6824 万元	$i_c = 1\%$
8	静态投资回收期	40 年	含建设期
9	资本金财务内部收益率	3.28%	
10	总投资收益率	5.09%	
11	项目资本金利润率	5.90%	

根据计算结果可知,该方案财务内部收益率、财务净现值、投资回收期指标明显优于 1.43×10^8 m³、1.505×10^8 m³、1.665×10^8 m³ 供水量方案的财务指标。这主要是由于在有黄河水水源条件下,收费收入带来的效益增长值大于水源费成本增长值,使利润明显增长。

(5)方案五:按照近三年平均供水量 2.38×10^8 m³ 作为未来供水量,黄水东调水源费按协议水价计算。

近三年平均净供水总量 2.38×10^8 m³,其中胶东调水黄河水、长江水、黄水东调黄河水分别为 1.05×10^8 m³、0.79×10^8 m³、0.54 亿 m³。

①2021 年至 2055 年水费收入同方案四。

②核算 2021 年至 2025 年水源费支出如表 7.2.24 所示。

表 7.2.24　2021 年至 2025 年水源费核算

调水年度	黄河水(胶东调水工程)			长江水(胶东调水工程)			黄河水(黄水东调工程)			水源费合计 /万元
	调水量 /(×10⁴ m³)	计量水价 /万元	水源费 /万元	调水量 /(×10⁴ m³)	计量水价 /万元	水源费 /万元	调水量 /(×10⁴ m³)	计量水价 /万元	水源费 /万元	
2021—2025	12 650	0.343	4 339	7 900	1.245	9 836	5 400	各口门黄水东调水价—0.1645	13 162	27 337

其中,胶东调水黄河水调水量为折算到宋庄分水闸处的过水量,计量水价为 2020 年价格文件中宋庄分水闸处计量水价;长江水调水量为口门净供水量,计量水价为 2020 年价格文件中宋庄分水闸处计量水价;黄水东调黄河水水源费作为转移支付部分不再计入支出和收入项。

③按照方案一的计算方法核算 2021 年至 2055 年各项年运行成本费用,如表 7.2.25 所示。

表 7.2.25 2021 年至 2055 年年运行费核算

调水年度	计入财务年度	水源费	人员费	动力费	运行管理费	修理费	年运行费
2021—2025	2022—2025	27 337	4 829	6 800	8 770	6 000	53 736
2025—2030	2026—2030	32 804	5 553	7 820	10 086	6 900	63 163
2030—2035	2031—2035	39 365	6 386	8 993	11 598	7 935	74 278
2035—2040	2036—2040	47 238	7 344	10 342	13 338	9 125	87 388
2040—2045	2041—2045	56 686	8 446	11 893	15 339	10 494	102 858
2045—2050	2046—2050	68 023	9 713	13 677	17 640	12 068	121 121
2050—2055	2051—2055	81 628	11 170	15 729	20 286	13 878	142 690

按照该营业收入水平和上述财务成本计算项目财务指标,如表 7.2.26 所示。

表 7.2.26 财务评价指标汇总

序号	指标名称	指标值	备注
1	建设投资	516 338 万元	
2	流动资金	2 000 万元	
3	正常年份营业收入	87 456 万元	
4	正常年份年运行费	63 163 万元	
5	正常年份利润总额	7 798 万元	
6	总投资财务内部收益率	3.16%	
7	财务净现值	367 132 万元	$i_c=1\%$
8	静态投资回收期	40 年	含建设期
9	资本金财务内部收益率	3.06%	
10	总投资收益率	4.71%	
11	项目资本金利润率	5.43%	

根据计算结果可知,该方案财务内部收益率、财务净现值、投资回收期指标比方案四

的财务指标略差。这主要是由于按照协议分配给黄水东调工程有限公司的水源费较多，单方水利润明显较低。

7.2.3 国民经济评价

7.2.3.1 项目费用

胶东调水工程的项目费用主要包括项目的建设投资、流动资金、年运行费和更新改造费用。

（1）建设投资

胶东调水工程已竣工，因此国民经济评价可以工程实际发生的建设投资计算，不再进行调整。具体各年度建设投资见表7.2.27。

表7.2.27　年度建设投资及资金筹措表　　　　　单位：万元

年度	2003	2004	2005	2006	2007	2008	2009	2010	2011
建设投资	2 000	24 000	24 000	15 000	42 000	42 000	42 000	42 000	42 000
年度	2012	2013	2014	2015	2016	2017	2018	2019	合计
建设投资	42 000	42 000	20 000	20 000	1 000	38 780	38 780	38 780	516 340

（2）流动资金

根据7.2.2章节的计算，项目流动资金为2 000万元，于正常运行期第一年年初（即2020年年初）投入。

（3）年运行费

工程年运行费见财务分析章节，核算标准为不含税价格，可以作为项目费用计算。

7.2.3.2 项目效益

胶东地区引黄调水工程的实施产生了显著的社会、经济和环境效益，特别是为烟台、威海两市提供了可靠的工业及生活用水，缓解了当前城市供水紧缺状况，保证了重点工矿企业用水，促进了供水区国民经济及社会各项事业的可持续发展。

考虑城镇供水的效益体现的不仅是经济效益，更重要的是难以估算的社会效益。由于生活供水的经济效益难以具体计算，而当生活供水与工业供水发生矛盾时，应优先考虑生活供水，工业因为缺水会造成生产损失，因此城镇供水效益均按工业供水效益替代估算。

工业供水效益计算采用"分摊系数法"，即根据水在工业生产中的地位，以工业净产值乘以分摊系数计算供水效益，计算公式为：

$$B = \frac{W}{W_0} \cdot \gamma \qquad (7.2.1)$$

式中：B——年均供水效益（万元）；

　　　W——多年平均供水量；

W_0——工业综合万元增加值取水量(m^3/万元);

γ——供水效益分摊系数。

根据调水运行数据,结合经济发展趋势,胶东调水工程按指标水量计算国民经济效益,即 $14\,300 \times 10^4\ m^3$;根据烟台市、威海市水资源公报情况,受水区工业万元增加值需水量为 $4.2\ m^3$/万元左右;根据供水区的缺水形势,并考虑水在区域工业生产中的地位和作用,参照区域社会经济统计情况及其他类似工程情况,工业供水效益分摊系数取 6%。

经计算,年均供水效益为 2 042 857 万元。考虑与其他配套工程以及水厂、区域供水管网等供水设施分摊,本工程正常年份年均供水效益为 612 857 万元,其他年份按照供水量比例计算。

7.2.3.3　费用效益分析

根据工程效益和费用,从国民经济的角度分析工程的盈利能力,编制国民经济效益费用流量表,按社会折现率(i)8%计算各评价指标。经计算,本项目经济内部收益率为 28.8%,经济净现值为 2 424 893 万元,经济效益费用比为 6.5。由计算的各项指标值可以看出,经济内部收益率大于社会折现率 8%,经济净现值大于零,经济效益费用比大于 1.0。

7.2.3.4　敏感性分析

考虑到计算期内各种投入物、产出物预测值与实际值可能出现偏差,对评价结果产生一定影响。为评价项目承担风险的能力,分别设定费用增加 10% 和效益减少 10% 两种情况进行敏感性分析,计算成果见表 7.2.28。

表 7.2.28　经济敏感性分析成果

方案	浮动指标		效益费用比	内部收益率/%	经济净现值/万元
	费用	效益			
基本方案($i=8\%$)	0	0	6.52	28.81	2 424 893
敏感性分析 I($i=8\%$)	$+10\%$	0	5.49	27.74	2 376 720
敏感性分析 II($i=8\%$)	0	-10%	5.43	27.63	2 134 231

7.2.3.5　国民经济评价结论

根据国民经济盈利能力分析和敏感性分析结果可以看出,该工程在经济上是合理可行的。在设定的浮动范围内,各项经济指标仍能满足要求,这表明工程具有较好的抗风险能力。

7.2.4　综合经济评价

7.2.4.1　与建设前期的对比分析

将本次核算的主要财务评价指标和国民经济评价指标与项目前期设计评价指标对

比,结果如表 7.2.29 所示。

表 7.2.29　评价指标对比表

项目		指标名称	本次评价	前期评价
财务评价	1	建设投资	516 340 万元	287 679 万元
	2	建设期	13 年	3 年
	3	运行期	40 年	40 年
	4	流动资金	2 000 万元	1 966 万元
	5	正常年份营业收入	54 540 万元	30 502 万元
	6	正常年份年运行费	41 493 万元	19 663 万元
	7	总投资财务内部收益率	2.13%	1.50%
	8	财务净现值	167 631 万元	26 593 万元
	9	投资回收期	45 年	36 年
	10	资本金财务内部收益率	1.78%	1.12%
国民经济评价	1	经济内部收益率	28.8%	19.2%
	2	经济净现值	2 424 893 万元	157 638 万元
	3	经济效益费用比	6.5	1.52

根据对比分析可以看出,建设投资增加了近 1 倍,建设期延长了 10 年(其中有 4 年建设期与运行期重叠),总运行期不变,正常年份年均营业收入比原设计增长了约 79%,年运行成本增加了约 110%,总投资财务内部收益率、财务净现值、资本金财务内部收益率基本与原设计值相当,满足设定的财务评价基准值。

国民经济评价指标比原设计水平高。

7.2.4.2　结论与建议

根据本次财务评价和经济评价的结论,结合与前期的对比分析,对胶东调水工程财务与经济效益评价结论如下:

(1)以工程建成后的实际建设支出和运行支出以及实际供水收益数据为基础,结合工程原设计规模和供水能力,以及现行的水费价格管理文件,核算的工程财务评价指标满足评价基准要求。

(2)与前期对比分析,对财务和经济评价指标不利的方面主要为:建设投资增加了近 1 倍,建设期延长了 10 年,且工程实际年运行费比原设计高。

(3)与前期对比分析,对财务和经济评价指标有利的方面主要为:在保持原供水规模的基础上,按照新的长江水计量水价收取标准,年均营业收入比原设计有所增加。

(4)运行期 40 年不变的情况下,由上述不利因素和有利因素叠加计算的效果为:财务指标基本与原设计值相当,满足设定的财务评价基准值;国民经济评价优于原设计水平,满足国民经济评价基准。

(5)本次评价分别按照批复规模 1.505×10^8 m³、指标水量 1.665×10^8 m³ 方案和按照近三年平均供水量 2.38×10^8 m³ 方案计算各项指标,结果表明供水量越大,财务指标越好。结合敏感性分析的结论,评价认为适当提高供水规模有利于提高水费收入,有效提高财务指标。

根据该项目情况,对类似建设项目的后续建设提出如下建议:

(1)严格控制建设工期和建设投资,建设工期的延长和建设投资的增加会对财务效益和经济效益产生较大的影响。

(2)通过提高运行期供水收益和控制运行成本,可以有效弥补前期建设过程中的不利影响,从而保证工程财务效益和经济效益。

(3)在银行贷款和政府债券占投资比例较大的工程中,后期还本付息压力较大,靠前期水费收入很难偿还较重的债务,需要在制定水费政策时予以适当考虑和政策倾斜。

7.3　移民安置评价

7.3.1　移民安置评价依据

7.3.1.1　法律法规与政策文件

(1)《中华人民共和国水法》(2016 年 7 月 2 日修订)。

(2)《中华人民共和国土地管理法》(2019 年 8 月 26 日修订)。

(3)《中华人民共和国农村土地承包法》(2018 年 12 月 29 日修订)。

(4)《中华人民共和国城乡规划法》(2019 年 4 月 23 日修正)。

(5)《中华人民共和国水土保持法》(2011 年 3 月 1 日施行)。

(6)《中华人民共和国环境保护法》(2015 年 1 月 1 日施行)。

(7)《中华人民共和国矿产资源法》(2009 年 8 月 27 日修订)。

(8)《中华人民共和国文物保护法》(2017 年 11 月 4 日修订)。

(9)《基本农田保护条例》(国务院令第 257 号)。

(10)《土地复垦条例》(国务院令第 592 号)。

(11)《中华人民共和国森林法实施条例》(国务院令第 278 号)。

(12)《大中型水利水电工程建设征地补偿和移民安置条例》(国务院令第 471 号)。

(13)《关于加大用地政策支持力度促进大中型水利水电工程建设的意见》(国土资规〔2016〕1 号)。

(14)《山东省实施〈中华人民共和国土地管理法〉办法》(2004 年 11 月 25 日修正)。

(15)《山东省土地征收管理办法》(山东省人民政府令第 226 号)。

（16）《山东省基本农田保护条例》。

（17）《山东省水利厅关于进一步加强大中型水利水电工程移民安置管理工作的通知》（鲁水移民字〔2018〕3 号）。

（18）其他相关法律法规。

7.3.1.2　规程规范和标准

（1）《水利水电工程建设征地移民安置规划设计规范》（SL 290—2009）。

（2）《水利水电工程建设农村移民安置规划设计规范》（SL 440—2009）。

（3）《水利水电工程建设征地移民实物调查规范》（SL 442—2009）。

（4）《房产测量规范》（GB/T 17986.1—2000）。

（5）《土地利用现状分类》（GB/T 21010—2017）。

（6）《防洪标准》（GB 50201—2014）。

（7）其他相关的规程、规范。

7.3.1.3　工程建设期相关政策文件

（1）《中华人民共和国土地管理法》（1998 年 8 月）。

（2）《大中型水利水电工程建设征地补偿和移民安置条例》（国务院令第 471 号）。

（3）《中华人民共和国环境保护法》（1989 年 12 月）。

（4）《山东省实施〈中华人民共和国土地管理法〉办法》（1999 年 8 月）。

（5）《水电工程水库淹没处理规划设计规范》（DT/L 5064—1996）。

（6）《村镇规划标准》（GB 50188—93）。

（7）胶东调水工程沿线地方政府制订的社会、经济发展规划。

（8）胶东调水工程沿线各县（市、区）社会经济统计资料，有关主管部门提供的规划、统计资料。

（9）山东省物价局、山东省财政厅《关于调整征用土地年产值和地面附着物补偿标准的批复》（鲁价费发〔1999〕314 号）。

7.3.2　移民安置规划评价

7.3.2.1　移民安置目标分析

山东胶东调水工程移民总体规划的指导思想有以下几点：

（1）统一领导，统筹安排，全面规划。在服从国家整体利益的前提下，正确处理好国家、集体、个人三者之间的利益关系，以不降低移民原有生产、生活水平和居住环境质量为目标，并为今后发展创造条件。

（2）坚持实事求是的原则，深入细致地进行调查及容量分析。在不改变移民原生产条件和不降低移民原有生活水平的前提下，遵守原规模、原等级、原功能"三原"标准，确定移民安置方式。

（3）坚持开发性移民方针,坚持国家扶持和自力更生的原则。移民安置规划的核心是生产措施规划。根据滨州市、潍坊市、青岛市、烟台市、威海市的 13 个县（市、区）的实际情况,以原有大农业安置为基础,坚持移民从业方式基本不变的原则。

（4）坚持当前利益和长远建设相结合,移民安置与农业综合开发相结合。合理利用国家补偿费,积极开发多种经营,搞好农业综合开发,扶持移民发展生产。

（5）坚持政策优惠与政策倾斜。安置移民的各级政府及有关部门可根据本地实际情况,对移民实行一系列的优惠政策。采取切实可行的措施,保障并推动当地经济迅速发展,以保证移民生活水平短期内得到恢复和发展。

（6）正确处理农村移民安置与生态环境的关系,合理开发安置区的土地资源,防止水土流失和环境污染,促进生态环境向良性方向发展。

胶东调水工程使沿线农民失去了部分赖以生存的耕地资源,所以本工程移民安置的目标是确保移民有一份基本土地。工程规划采取调整土地的方式安置移民,保证移民搬迁后人均有 0.5 亩以上的耕地,从而保证移民有基本的收入。移民因土地减少造成的损失可以通过利用调地后节余的土地补偿费和劳动力安置补助费来开发林果业种植产业,或通过其他种植业和其他养殖业生产开发项目的收入来弥补。

移民安置规划的目标是科学、合理的,符合相应规程规范和法律法规的要求。

7.3.2.2　征地移民实物指标

实物指标按涉及的行政区域,分县（市、区）、乡（镇、办事处）、村三级统计,各项指标如下。

（1）沉沙条渠工程

沉沙条渠工程需搬迁三个村庄,510 户,1 428 人。该工程占地 7 676 亩,其中耕地 5 834 亩,非耕地 1 842 亩。

涉及房屋 50 000 m²,树木 68 038 株,乡村柏油路 24 km,大桥 5 座,中桥 60 座,小桥 53 座,低压线 4.36 km,高压线 3.3 km,电话线 8.8 km,深水井 3 眼。

（2）输水明渠、输水管道及交叉建筑物工程

输水明渠、管道及交叉建筑物工程共占地 13 846.63 亩,其中粮食作物田 10 022 亩,菜地 118.62 亩,园地 2 624.22 亩,林地 1 026.15 亩,未利用土地 55.64 亩。

工程需搬迁 104 户,384 人。拆迁房屋 24 808 m²,其中砖混结构 7 571 m²,砖石结构 6 789 m²,住宅楼 1 489 m²,厂房 3 880 m²,简易房 5 088 m²。

需采伐树木 23 796 株,果树 787 929 株;影响架空电力通信线路 2 028 杆,地下光缆线缆 1 850 m;影响供/排水管道 58.513 km,水井 537 眼。

（3）临时占地

临时占地主要包括施工组织临时占地、取弃土临时占地、暗渠临时占地等,共计 15 591.56 亩。

7.3.2.3 农村移民安置规划

(1)移民生产安置情况

由于渠首沉沙条渠工程并未如期建设,所以胶东调水工程农村移民安置主要发生在输水渠道、输水管道及建筑物工程区。胶东调水工程移民安置规划对象可分为两种:一种是生产安置人口,另一种是搬迁安置人口。

生产安置人口数严格按照移民安置规范中的方法计算,公式如下:

$$生产安置人口 = \frac{被征用耕地总征用面积}{征地前被征用单地前被每人占有耕地面积}$$

移民安置基准年为 2003 年。本工程设计 2003 年年底施工,工期为 2.5 年,移民工作先期实施,移民安置规划水平年取为 2005 年。根据当地资料,人口自然增长率为 5‰。基准年生产安置人口为 8 074 人,水平年生产安置人口为 8 154 人,工程征地区生产安置人口统计见表 7.3.1。搬迁安置人口为 39 户,136 人。

工程沿线各乡镇在稳定农业耕作面积的基础上,积极开垦宜农荒地,加快农田整理步伐,提高复种指数,强化科技兴农,推广优良品种,确保农业生产稳步提高,提高经济效益;利用农产品自然资源,实行产、供、销一条龙经营模式,提高集约化经营水平,消化剩余劳动力,加速发展第三产业。这些都为移民恢复生产、增加收入创造了条件。

表 7.3.1 工程征地区生产安置人口统计表

县(市、区)	乡(镇)	总人口/人	现有耕地/亩	人均耕地/亩	征用耕地/亩	征地后人均耕地/亩	生产安置人口/人 设计基准年	生产安置人口/人 设计水平年
昌邑市	宋庄镇	7 685	14 678	1.91	418	1.86	219	221
	合计						219	221
平度市	马戈庄镇	11 317	22 634	2.00	1 448	1.87	209	211
	张舍镇	5 482	15 185	2.77	362	2.70	151	152
	灰埠镇	12 566	21 362	1.70	579	1.65	246	248
	新河镇	1 815	4 901	2.70	145	2.62	155	156
	合计						761	768

续表

县(市、区)	乡(镇)	总人口/人	现有耕地/亩	人均耕地/亩	征用耕地/亩	征地后人均耕地/亩	生产安置人口/人	
							设计基准年	设计水平年
莱州市	沙河镇	11 945	15 648	1.31	612	1.26	319	322
	土山镇	4 253	6 380	1.50	225	1.45	279	281
	虎头崖镇	10 145	17 247	1.70	922	1.61	246	248
	永安镇	1 211	1 477	1.22	113	1.13	343	346
	城港路镇	11 911	16 675	1.40	967	1.32	299	302
	平里店镇	2 058	3 396	1.65	55	1.62	253	256
	三山岛镇	4 180	5 643	1.35	328	1.27	310	313
	朱桥镇	4 863	6 225	1.28	475	1.18	327	330
	金城镇	5 191	5 866	1.13	691	1.00	370	374
	合计						2 744	2 772
招远市	辛庄镇	13 236	20 383	1.54	464	1.50	271	274
	张星镇	1 764	1 129	0.64	78	0.60	653	660
	合计						925	934
龙口市	黄山馆镇	3 901	6 242	1.60	223	1.54	261	264
	芦头镇	9 451	8 506	0.90	388	0.86	464	469
	东江镇	6 230	3 551	0.57	199	0.54	733	741
	东莱镇	1 555	746	0.48	136	0.39	871	880
	兰高镇	5 499	7 699	1.40	101	1.38	299	302
	石良镇	12 150	10 206	0.84	223	0.82	498	503
	北马镇	7 053	9 874	1.40	275	1.36	299	302
	合计						3 425	3 459
总计							8 074	8 154

(2)农村移民环境容量

移民环境容量是指在一定区域内,在保持自然生态环境向良性循环演变,并保持一定环境质量的条件下,该区域能够容纳的移民人数。

移民环境容量分析是确定安置区及衡量移民安置方案是否可行的重要依据。影响移民容量的因素很多,如土地、水源、气候、生活习惯等。对农村移民来说,耕地是其赖以生存的重要物质基础,也是决定移民安置容量大小和影响移民长治久安的重要因素。如果确定的标准过高,从土地权属单元外调整的土地数量就会多一些,调地工作的难度及工程概算都会相应增加;如果确定的标准过低,移民得到的土地就会少一些,对移民的生产、生活产生负面的影响较大。

在实际操作中,需要根据移民的实际情况(如所在村的经济发展水平、对土地的依赖程度、移民意愿等)逐村确定生产生活用地标准。

根据胶东调水工程实施情况,除莱州市东莱镇外,其他乡镇工程影响区征地前后人均耕地均大于 0.5 亩,土地资源较丰富,能满足人均 0.5 亩口粮田,所以工程影响区内这些村占用土地可在本村内调剂解决。东莱镇工程影响区的情况是人均耕地为 0.48 亩,征地后人均耕地为 0.39 亩,耕地资源较少,在本村内解决占用土地问题十分困难,经与地方协商,确定从工程影响区邻村调剂解决,使其达到征地前人均耕地水平。根据土地资源调查结果及耕地安置标准,计算移民安置区的环境容量,结果见表 7.3.2。

表 7.3.2　工程征地区土地容量分析表

县(市、区)	乡(镇)	人均耕地/亩	征用耕地/亩	征地后人均耕地/亩	调剂土地方案
昌邑市	宋庄镇	1.91	418	1.86	本乡镇调整
	合计		418		
平度市	马戈庄镇	2.00	1 448	1.87	本乡镇调整
	张舍镇	2.77	362	2.70	本乡镇调整
	灰埠镇	1.70	579	1.65	本乡镇调整
	新河镇	2.70	145	2.62	本乡镇调整
	合计		2 534		
莱州市	沙河镇	1.31	612	1.26	本乡镇调整
	土山镇	1.50	225	1.45	本乡镇调整
	虎头崖镇	1.70	922	1.61	本乡镇调整
	永安镇	1.22	113	1.13	本乡镇调整
	城港路镇	1.40	967	1.32	本乡镇调整
	平里店镇	1.65	55	1.62	本乡镇调整
	三山岛镇	1.35	328	1.27	本乡镇调整
	朱桥镇	1.28	475	1.18	本乡镇调整
	金城镇	1.13	691	1.00	本乡镇调整
	合计		4 388		

续表

县（市、区）	乡（镇）	人均耕地/亩	征用耕地/亩	征地后人均耕地/亩	调剂土地方案
招远市	辛庄镇	1.54	464	1.50	本乡镇调整
	张星镇	0.64	78	0.60	本乡镇调整
	合计		542		
龙口市	黄山馆镇	1.60	223	1.54	本乡镇调整
	芦头镇	0.90	388	0.86	本乡镇调整
	东江镇	0.57	199	0.54	本乡镇调整
	东莱镇	0.48	136	0.39	本乡镇调整
	兰高镇	1.40	101	1.38	本乡镇调整
	石良镇	0.84	223	0.82	本乡镇调整
	北马镇	1.40	275	1.36	本乡镇调整
	合计		1 545		

（3）农村移民搬迁安置

胶东调水工程搬迁安置人口 39 户,136 人(其中烟台莱州市 9 户,31 人;烟台市龙口市 30 户,105 人)。拆迁房屋安置的移民在原村庄安置,结合本村村庄街道规划和旧村改造,在村庄合适位置,通过补偿方式修建移民房,分散安置。

经过以上分析可以发现,胶东调水工程农村移民生产安置问题在本乡镇内得到了妥善解决,此安置方式有效地避免了工程建设对移民生产生活方式和风俗习惯造成的影响。农村移民生产规划是在总体规划的指导下进行的。生产安置规划的目的是安排农村移民的生产活动,使移民的生产生活水平在尽可能短的时间内达到或超过原有水平,并能有所改善。生产安置规划与移民系统经济发展规划相结合,使自然资源的开发和社会经济发展相互协调。

7.3.2.4 专业项目恢复改建设计

胶东调水工程初步设计于 2003 年完成,而专项设施调查及处理方案是基于当时的情况所形成的。随着胶东地区经济的快速发展,引黄供水区电力、通信、供水、供气专项设施变化较大。根据南水北调济平干渠的施工经验,按照山东省水利厅领导的指示精神,为实现输水明渠 2009 年年底通水的目标,对输水沿线的专项设施改造处理工程又进行了设计。

2007 年 3 月 12 日至 3 月 21 日,在山东省、市建管局领导的带领下,由山东省水利勘测设计院(13 人)和各市调水局有关人员共同组成的专项设施调查小组对胶东调水工程输水明渠的专项设施进行了实地调查。调查范围包括烟台市的龙口市、招远市、莱州市及青岛市的平度市,线路长度约 155 km。调查的主要内容包括征地范围内的电力、弱电、灌溉渠(管)道、输水(气)管道等。

2007 年 5 月 12 日至 5 月 21 日，在地方调水局领导的陪同下，由山东省水利勘测设计院(11 人)组成的专项设施调查小组对胶东调水工程输水管道与暗渠部分的专项设施进行了实地调查。调查的主要内容包括征地范围内的电力、弱电、灌溉渠(管)道、输水(气)暗渠以及新建的民房和工厂等。

胶东调水工程计列的专项设施主要包括影响架空电力通信线路、地下光缆线缆、供排水管道等设施。

(1)专业项目恢复改建原则

①对受淹没影响的专项设施，需要恢复的，按照原规模、原标准(等级)、恢复原功能的原则恢复；因扩大规模、提高标准需要增加的投资，由有关单位自行解决。

②恢复改建方案的选择要符合经济合理的原则，不需要或难以恢复的，应根据淹没影响的具体情况给予合理补偿。

③交通道路恢复改建方案在遵循原标准、原规模、原功能以及复建方案经济合理的基础上，适当兼顾交通便利条件。

④电力、通信设施复建规划应考虑线路断续受淹的特点，复建时可就地后靠，不能后靠的采取抬高杆(塔)基高程和加大杆(塔)基距离等方式处理，不具备上述条件的采取新建线路。

(2)专业项目恢复改建统计

①平度段

平度段专项设施主要内容包括地下灌溉管道工程恢复设计 57 处，地下供水管道工程恢复设计 15 处，排水工程与灌溉恢复设计 4 处，通信线路改造工程 29 处，电力线路改造工程 80 处(其中地埋电缆 58 处)。另外，还包括鱼塘、池塘等水利工程补偿等。

②莱州段

莱州段专项设施主要内容包括地下灌溉管道工程恢复设计 63 处，地下供水管道工程恢复设计 3 处，其他供水、排污工程恢复设计 6 处，灌溉、排水工程恢复设计 3 处，通信线路改造工程 87 处，电力线路改造工程 198 处。另外，还包括微喷灌工程补偿 3 处等。

③招远段

招远段专项设施主要内容包括地下灌溉管道工程恢复设计 16 处，灌溉、排水工程恢复设计 1 处，通信线路改造工程 14 处，电力线路改造工程 22 处。另外，还包括微喷灌 3 处、坑塘 5 处工程补偿等。

④龙口明渠段

龙口段专项设施主要内容包括地下灌溉管道工程恢复设计 64 处，地下供水管道工程恢复设计 9 处，其他供水、排污工程恢复设计 7 处，灌溉、排水工程恢复设计 1 处，通信线路改造工程 30 处，电力线路改造工程 85 处。另外，还包括微喷灌工程补偿 3 处等。

⑤龙口管道段

龙口段专项设施主要内容包括地下灌溉管道、自来水管、排污管等工程恢复设计 36 处,果园地下打药 PE 管 $\varnothing$40 的 6 000 m、$\varnothing$32 的 9 000 m、$\varnothing$20 的 13 000 m,通信线路改造工程 2 处,电力线路改造工程 4 处。

⑥蓬莱管道、暗渠段

蓬莱段专项设施主要内容包括地下灌溉管道工程恢复设计 28 处,1 500 mm 井径的大口井 4 眼,500 mm 井径的小口井 8 眼,截水槽工程恢复设计 1 处,通信线路改造工程 12 处,电力线路改造工程 19 处。

胶东调水工程影响区涉及的电力、通信、灌溉排水等专项设施复改建设计是在大量实地调查工作的基础上形成的,各专项设施的规模及迁建方案满足"原规模、原标准、恢复原功能"的设计原则。

7.3.2.5　征地移民投资概算

投资预算主要依据《中华人民共和国土地管理法》《大中型水利水电工程建设征地和移民安置条例》,山东省土地管理局转发山东省物价局、山东省财政厅《关于调整征用土地年产值和地面附着物补偿标准的批复》的通知及有关规范规定,根据调查实物量和分析确定的补偿单价,按照规范编制。

根据挖压拆迁实物数量和分析确定的补偿单价标准,编制移民安置补偿投资。胶东地区引黄调水工程明渠、管道及建筑物共计永久占地 13 846.63 亩,渠首沉沙条渠工程永久占地 7 676 亩。工程征用土地及地面附着物补偿费为 45 342.63 万元,其中输水明渠、管道及建筑物工程征用土地、房屋及附属设施、地面附着物和移民安置补偿费 34 398.79 万元,渠首沉沙条渠占地及地面附着物补偿费 10 943.84 万元。

规划阶段移民安置规划投资概算编制主要依据为《中华人民共和国土地管理法》《大中型水利水电工程建设征地补偿与移民安置条例》,山东省实施《中华人民共和国土地管理法》办法,山东省物价局省财政厅《关于调整征用土地年产值和地面附着物补偿标准的批复》,财政部、国家林业局关于印发《森林植被恢复费征收使用管理暂行办法》的通知,国家对胶东地区引黄调水工程可行性研究报告的批复文件,以及地方政府有关行业规定、定额、造价管理资料、有关拆迁移民的法规和政策文件。

投资概算编制主要以调查实物指标和移民安置规划为基础,遵守国家法规,实事求是,既考虑了国家承受能力,又考虑了移民安置难度和需要,以妥善处理国家、地方、集体、个人以及部门之间的关系。

7.3.2.6　移民安置规划评价结论

(1)胶东调水工程的移民安置规划以最新测量成果和现场查勘为基础,依据规程和规范进行了设计,但规划对征收土地和移民安置的社会影响及复杂因素考虑不足,出现安置方案变化较多的现象。

（2）针对建设征地与移民安置实施过程中实际情况的变化，对设计进行了局部调整和优化，提高了设计的完整性、准确性和有效性。

（3）胶东调水工程农村移民在本乡镇内得到了妥善安置，此安置方式有效地避免了工程建设对移民生产、生活方式和风俗习惯造成影响。移民的生产生活水平设计达到或超过了原有水平，并能有所改善。

（4）建设征地与移民安置的规划设计科学、合理，这表明了政府通过多种渠道妥善安排被征地农民的生产生活，确保被征地农民生活水平不降低，长远生计有保障。

7.3.3 移民安置机构设置与管理评价

7.3.3.1 移民管理体制

胶东调水工程参照大型水利工程移民安置工作的实践经验，结合本工程实际情况，其移民安置工作贯彻"统一指挥，统筹规划，分项包干，明确职权"的原则。移民安置工作在山东省委、省政府的统一领导和省指挥部的组织下进行，沿线地方各级政府负责土地征占和移民搬迁的补偿、地面附着物赔偿等协调工作。

在山东省胶东地区引黄调水工程指挥部办公室的领导下，山东省建管局担任胶东调水工程建设的主体，对项目移民安置工作负总责，并对省指挥部办公室和项目主管部门负责。

胶东调水工程沿线各市建管机构负责组织实施除山东省建管局直接组织实施的工程外，所有在本市境内的工程项目建设和省管工程建设环境保障等地方工作，并对所实施项目建设的工程质量、进度、资金管理和安全生产负责。工程项目建设由市建管机构严格按照水利基本建设管理规定和山东省指挥部办公室以及山东省建管局的要求组织实施。

工程沿线各市的建管机构中，滨州市负责沉沙池工程征地迁占及补偿兑付工作、沉沙池建设管理工作，以及提供良好的外部施工环境；东营市负责小清河子槽加高工程及其征地迁占和补偿兑付工作；潍坊市、青岛市、烟台市、威海市分别负责本市境内征地迁占补偿工作，兑付地面附着物补偿，办理永久征地手续、兑付永久征地补偿费，落实兑付专项设施的改建补偿。

7.3.3.2 领导机构管理

2003年，山东省人民政府成立山东省胶东地区引黄调水工程指挥部，明确指挥部办公室在工程建设期间担任工程的项目法人。指挥部成员单位由有关省直单位、市（地）人民政府组成。指挥部办公室设在山东省水利厅，负责胶东调水工程移民安置补偿的政策制定、重大问题协调等工作。

2004年，经山东省水利厅批复，受山东省政府委托，山东省引黄济青工程管理局担任胶东调水工程项目法人。同年，山东省引黄济青工程管理局专门抽调精干人员，组建山东省胶东地区引黄调水工程建管局,并获山东省水利厅批复。该建管局全面负责组织胶东调水工程的建设与管理,全面履行项目法人的职责,并对山东省水利厅负责。

山东省水利厅对工程建设履行水行政主管部门的职能。领导机构的健全为科学、合理地组织实施移民安置工作提供了依据。工程沿线各市相应成立指挥部负责辖区内移民安置补偿的政策和协调工作。

7.3.3.3　业主及地方政府管理

在胶东调水工程建设组织机构设置及管理上,项目机构筹建适时,机构健全,组织领导工作得力,各项工作制度和岗位责任明确、落实,借助于各级管理机构的努力,胶东调水工程移民安置工作得以落实。

(1)监督管理

①政府监督。山东省人民政府对胶东调水工程沿线各市工程建设指挥部的移民安置计划、资金、进度、质量进行检查监督;对各市工程建设指挥部管理、拨付和安排使用移民资金情况进行监督。

②内部监督。山东省胶东地区引黄调水工程建管局加强内部审计和监察,对移民安置计划、资金、进度、质量进行监督,并定期向上级主管部门报告移民计划执行总体情况和移民资金拨付和使用情况。

③群众监督。对征地移民的实物调查、各种补偿、安置方案、兑现以及资金的使用情况以行政村为单位及时向群众张榜公示,接受群众监督。同时,将工程主要技术指标、投资额、设计、施工、建立单位的名称和负责人挂牌出示,接受社会监督。

(2)规划管理

山东省胶东地区引黄工程建管局负责胶东调水工程移民安置补偿的资金拨付、督导检查等工作。各市建管局负责胶东调水工程移民安置补偿的具体实施和资金兑付等工作。

在胶东调水工程初步设计阶段移民安置规划总体方案和投资概算得到国家批复后,按照移民安置规划设计大纲以及移民安置投资总概算把控制指标分解到工程沿线各市(县、区),对初步设计安置方案进行优化设计,编制移民安置实施规划。

山东省水利勘测设计院负责编制移民安置规划,并对移民安置实施规划、技施设计、专业项目设计进行专业指导。

移民安置设计变更,须经移民监理(山东省科源工程建设监理中心、山东省水利工程建设监理公司)同意,新的设计方案须经移民机构审查后上报胶东地区引黄工程建管局审查,重大设计变更应由胶东地区引黄工程建管局报原审批部门审批。

在移民安置期间,由于工程线路调整、政策调整、物价上涨等因素,需对原审定的补偿标准及范围进行适当调整时,由山东省移民机构提出,山东省水利勘测设计研究院编制调整投资概算报告,送胶东地区引黄工程建管局审核并报上级主管部门批准后执行。

（3）实施管理

①计划管理

胶东调水工程征地迁占补偿和施工环境保障，由胶东地区引黄调水工程指挥部与工程沿线各市人民政府签订责任书，按照移民初步设计报告中列入的项目及投资额度实行计划管理。根据项目实施进度需要，由胶东地区引黄调水工程指挥部对所列投资逐级下达分解，达到项目实施有依据、资金同计划协调的要求，既满足了移民工程进度的需要，又确保了阶段资金的安全使用。

根据移民安置工作的实际情况，修订规划概算，认真编制分村、分项目移民投资概算；按照上级下达的移民搬迁安置任务，编制移民投资计划；根据进度及时下达资金计划，并严格执行移民项目投资标准，尽量避免经费超支。

a.对于个人补偿款，严格按安置情况进行拨付。

b.对于集体补偿款，由乡或村写出资金使用项目的申请报告，主管领导审批后拨付。

c.对于工程项目进行规划设计，签订工程合同书，工程开工后按进度支付资金，工程完工验收后，经审计拨付剩余资金。

d.按照移民计划调整意见，对各移民村拨付资金及时进行核销，并调整计划进行资金结算，最终签订资金结算书。

e.加强对计划执行情况的检查。

②项目管理

移民工程实行项目决策咨询评估制度，由胶东地区引黄工程建管局组织成立移民与环境咨询专家组对项目实施情况进行咨询，对重大技术问题提出解决方案。同时，移民实行设计代表制，由设计单位委派设计代表进驻现场，负责技术指导工作。为了加强对移民工程项目的管理，及时掌握移民生产生活安置进展情况，各级移民管理机构建立办公自动化信息系统，按移民安置计划与建设进度定期逐级报送各类统计报表。

胶东调水工程建设征用的土地，由项目业主报国务院统一审批。根据工程建设需要，对协商先用后征的情况，按移民安置进度计划和国家审定的补偿安置标准分期拨款，由县（市、区）人民政府统一安排，用于土地开发和移民的生产生活安置。

③施工管理

根据国务院办公厅的规定，移民工程实行工程质量行政领导人责任制。胶东调水工程实行行业主管部门、主管地区行政领导责任人制度、质量终身负责制度；同时，参建的设计、施工、监理等单位的法定代表人按各自职责对胶东调水工程的质量负领导责任和终身责任。

胶东调水工程实行招标投标制度。招标项目主要包括征地迁占及移民安置、专业项目恢复改建等建设项目。

胶东调水工程移民工程实行移民监理制。移民工程监测评估单位对移民安置效果定期进行监测评估，并负责提交评估报告。

④工程验收管理

胶东调水工程建立验收制度和办法,按地市分期、分批、逐级进行验收,对工程建设质量、概算执行情况、移民生产生活安置情况,以及经济、社会、环境综合效益提出总体评价。

7.3.3.4 综合监理

胶东调水工程征地迁占与移民监理单位为山东省科源工程建设监理中心与山东省水利工程建设监理公司。监理单位按照监理合同、设计文件、勘测定界图纸对土地征用、附着物补偿、专项设施等实施"三控制"(控制进度、控制投资、控制质量)、"两管理"(合同管理、信息管理)、"一协调"(协调业主与实施机构),保证移民安置工作顺利进行,保证移民安置后不低于原有生活水平,不影响安置区社会经济发展,同时使移民工程的实施满足工程建设需要。

2004 年 2 月 22 日,山东省科源工程建设监理中心、山东省水利工程建设监理公司分别与项目业主山东省胶东地区引黄调水工程指挥部签订了胶东调水工程征地迁占及移民监理委托合同,并各自成立了本项目的监理部,编制了胶东调水工程移民监理工作规划。移民监理采取巡视、检查、旁站、平行检验等监理方式,认真开展监理工作。

胶东调水工程合作的监理单位具有健全的移民监理工作制度,主要包括:移民实施规划的交底制度,移民工程进度控制的检验制度,移民资金抽查制度,移民安置质量的检验制度,移民规划设计变更签证制度,联络、协调会制度,移民监理联络员制度,监理工作例会制度,监理单位对外行文的审批制度,监理工作日志制度,监理月报制度,监理资料档案管理制度,监理工作报告编写制度。这些制度的建立和执行对于监理工作的顺利开展和监理效果的发挥具有积极的作用。

监理效果体现在制约功能、参与功能、预防功能和反馈功能上。具体表现为:

(1)完善了胶东调水工程移民管理体系,改进了移民管理手段。

(2)信息收集全面,反映、处理及时,为移民实施中的决策提供了强有力的支持。

(3)对移民进度和质量起到了见证作用,真实反映了移民实施情况。

(4)通过监理、提供信息、关注问题、提出对策,起到了监督、督促作用。

(5)协调了各方的关系,及时沟通信息,使移民相关单位协调一致,减少了矛盾,对移民组织机构的顺利、有效运转起到了保证作用。

7.3.3.5 验收管理

2019 年 6 月至 7 月,工程沿线各地市人民政府按照山东省人民政府《胶东调水和黄水东调工程推进会会议纪要》、山东省水利厅《山东省胶东地区引黄调水工程建设征地移民安置验收工作实施方案》(2018 年 6 月)等文件的要求,进行了移民安置市级验收。

验收结论:胶东调水工程移民迁占工作已完成所有移民征迁项目,财务管理规范,补偿兑付到位,移民档案资料真实完整,验收组织规范有序,符合国家有关规定,同意通过胶东调水工程建设征地移民安置专项验收。

7.3.3.6 移民安置机构设置与管理评价结论

(1)国家有关部门、山东省胶东地区引黄调水工程指挥部,胶东地区引黄工程建管局,设计、监理单位各司其职,处理征地移民安置的实施工作。市、县、乡各级政府高度重视移民安置工作,实行责任制,签订责任书,制定优惠政策,保证胶东调水工程移民安置工作顺利实施。

(2)及时调整划拨移民的生产用地。工程实施后,移民的生产得到安置,移民有房住,有粮食吃,安居乐业。

(3)有一个可操作的移民生产发展方案。方案以农业为主,及时划拨土地;做好农业结构的调整,发展第二和第三产业。

(4)有一套比较成熟的管理办法,主要包括计划管理、项目管理、资金管理、档案管理、后期扶持管理的办法并在实践中不断修正完善。坚持政治动员,调查研究,实事求是,移民参与,科学规划。

(5)有一支稳定的移民干部队伍。

(6)业主支持、地方配合是做好移民监理的前提,建立完善的工作制度是做好移民监督评估的基础,以农村移民安置为重点是做好移民监督评估的核心,保持监督评估的独立性是做好移民监督评估的关键。

7.3.4 移民安置政策评价

7.3.4.1 胶东调水工程执行的政策

根据国家和地方的法律法规,胶东调水工程各相关部门制定了一系列征地拆迁和移民安置政策,这些政策对规范胶东调水工程移民安置的实践起到了重要的作用。胶东调水工程征地和移民安置的主要政策见表7.3.3。

表 7.3.3　胶东调水工程征地和移民安置主要政策

发文单位	文号、日期	文件名称
山东省人民政府办公厅	鲁政办字〔2001〕56 号	关于胶东应急供水工程沿线市县政府成立工程指挥部的通知
山东省人民政府办公厅	鲁政办发明电〔2001〕11 号	关于加强胶东应急调水工程规划用地管理和保护的通知
国家发展计划委员会	计投资〔2002〕523 号	印发国家纪委关于审批山东省胶东地区引黄调水工程项目建议书的请示的通知

续表

发文单位	文号、日期	文件名称
山东省国土资源厅	鲁国土资发 〔2002〕162号	关于胶东地区引黄调水工程用地的报告
国土资源部办公厅	国土资厅函 〔2003〕431号	关于南水北调东线山东省胶东地区引黄调水控制工期的单体工程先行用地的复函
山东省发展计划委员会	鲁计中点 〔2003〕1111号	关于山东省胶东地区引黄调水工程初步设计的批复
山东省胶东地区引黄调水工程指挥部	鲁胶调指明电 〔2004〕1号	关于搞好胶东地区引黄调水工程建设有关问题的通知
山东省胶东地区引黄调水工程指挥部办公室	胶东调水办字 〔2004〕2号	关于进一步加强胶东地区引黄调水工程建设用地管理和保护的通知
山东省人民政府办公厅	鲁政办发明电 〔2001〕11号	关于加强胶东应急调水工程规划用地管理和保护的通知
山东省胶东地区引黄调水工程指挥部办公室	胶东调水办字 〔2004〕6号	关于山东省胶东地区引黄调水工程管理机构用地的通知
山东省人民政府	鲁政发 〔2004〕25号	关于进一步做好征地补偿安置工作切实维护被征地农民合法权益的通知
山东省国土资源厅	2004年4月2日	转发国土资源部《关于尽快开展南水北调工程用地征地补偿标准测算工作的通知》的通知
山东省国土资源厅、山东省胶东地区引黄调水工程指挥部办公室	鲁国土资发 〔2004〕84号	关于抓紧做好胶东地区引黄调水工程征地报批工作的通知
山东省林业局、山东省胶东地区引黄调水工程指挥部办公室	鲁林政发 〔2004〕63号	关于尽快办理胶东地区引黄调水工程占用林地手续的通知
山东省人民政府办公厅	鲁政办发明 〔2004〕51号	关于调整征地年产值和补偿标准的通知
山东省胶东地区引黄调水工程指挥部办公室	胶东调水办字 〔2004〕8号	关于授权委托办理征地报批手续的通知
国土资源部办公厅	国土资厅函 〔2005〕317号	关于提高胶东地区引黄调水工程项目征地补偿标准的函

续表

发文单位	文号、日期	文件名称
国土资源部	国土资厅函〔2005〕710号	关于胶东地区引黄调水工程建设用地的批复
山东省人民政府	鲁政字〔2005〕166号	关于调整胶东地区引黄调水工程征地补偿标准的函
山东省国土资源厅、山东省水利厅	鲁国土资发〔2005〕125号	关于认真做好胶东地区引黄调水工程建设征地拆迁补偿工作的通知
山东省胶东地区引黄调水工程指挥部	2005年9月1日	关于印发《胶东地区引黄调水工程建设征地补偿和迁占安置暂行办法》的通知
山东省胶东地区引黄调水工程指挥部	2005年9月9日	山东省胶东地区引黄调水工程征地迁占补偿和施工环境保障责任书
山东省水利厅	2018年6月	山东省胶东地区引黄调水工程建设征地移民安置验收工作实施方案

7.3.4.2 移民政策实施情况

移民安置政策的政府执行机关共分为以下四级:省政府、市政府、县政府及乡镇政府。其中,省、市政府主要负责政策的政策规划、统筹协调、督促指导以及监督管理,而县政府是搬迁安置政策具体落实的责任主体。各县(市、区)的主要职责包括两个方面:一是制订具体的落实计划或相关实施细则,完成上级下达的各项规划任务,并按时上报政策实施进展;二是在政策实施的过程中及时向上级汇报出现的各种问题,并研究解决对策。乡镇政府的主要职责是配合完成县政府下达的任务指标,具体负责宣传讲解相关移民安置政策,统计上报移民安置户数、人数等工作。

胶东调水工程征用的土地严格按程序办理,采取一次报批,分期征用,按移民安置进度计划和国家审定的补偿标准支付征地费用;实行政府领导、分级负责、乡镇为基础、建管单位与移民监理相结合的管理体制。

移民安置规划贯彻开发性移民的方针。移民安置以土地为依托,以大农业安置为主,贯彻合理开发利用资源的规划原则。因建设胶东调水工程的需要,交通、电力、水利设施、电信线路等专项基础设施复建,按移民投资概算,包干使用。因扩大规模和提高标准而增加的投资分别由地方人民政府和有关单位自行解决。

7.3.4.3 移民安置政策评价结论

(1)胶东调水工程移民安置政策分由省、市、县多个部门共同负责执行,形成了压实责任、层层分解、统筹协调的政策执行机制。根据工程各段的验收成果可以看出,胶东调水工程移民安置政策的执行完成情况较好,有效地维护了社会和谐稳定,促进了胶东地区经济的发展。

（2）胶东调水工程政策的制定与实施是统一领导、统筹安排、全面规划的直观体现。在服从国家整体利益的前提下，正确处理好国家、集体、个人三者之间的利益关系，以不降低移民原有生产、生活水平和居住环境质量为目标，并为今后发展创造条件。

（3）负责移民安置的各级政府及有关部门根据本地实际情况，对移民实行一系列的优惠政策；采取切实可行的措施，保障并推动当地经济迅速发展，以保证移民生活水平短期内得到恢复和发展。

（4）移民安置政策的制定充分考虑了农村移民安置与生态环境的关系，合理开发安置区的土地资源，防止水土流失和环境污染，促进生态环境向良性方向发展。移民安置政策符合国家的有关法律法规，且执行效果较好，对移民安置的顺利执行起到了重要的指导作用。

7.3.5　移民实施评价

7.3.5.1　农村移民安置

（1）移民安置补偿标准

《中华人民共和国土地管理法》第四十七条规定：征用土地的，按照被使用土地的原用途给予补偿。征用耕地的补偿费用包括土地补偿费、安置补助费以及地上附着物和青苗补偿费。征用耕地的土地补偿费为该耕地被征用前三年平均产值的6～10倍。征用耕地的安置补助费：需要安置的农业人口数，按照被征用的耕地数量除以征地前被征用单位平均每人占有耕地的数量计算。每一个需要安置的农业人口的安置补助费标准，为该耕地被征用前三年平均产值的4～6倍，本次合计取16倍。

①耕地平均亩产值为1 000元/亩。

②本工程已经实施各类土地均按16倍补偿，单价为16 000元/亩。管理单位征用土地单价为10万元/亩。

③树木、地面附着物补偿标准按山东省物价局省财政厅《关于调整征用土地年产值和地面附着物补偿标准的批复》有关规定执行。

④工程临时占地综合补偿单价按每亩每年1 000元计算，逐年补偿。

⑤青苗补偿费：对于所征用耕地给予每亩500元的青苗补偿费，菜地每亩1 000元。

⑥物质搬迁运输费。个人物质搬运费按人均200元计，基础设施补偿费按每户3 000元计。

胶东调水工程影响区房屋及附属设施补偿标准见表7.3.4。

表 7.3.4　工程影响区房屋及附属设施补偿标准

名称	单位	单价/万元	名称	单位	单价/万元
1.砖混房	m²	0.0450	31.影壁墙	m²	0.0080
2.砖(石)木房	m²	0.0433	32.水井		
3.土木房	m²	0.0341	(1)砖井直径 2.5～4 m	m	0.0480
4.杂房	m²	0.0189	(2)砖井直径 1～2.5 m	m	0.0480
5.厕所	m²	0.0189	(3)石井直径 15 m	m	0.0480
6.禽舍			(4)石井直径 14 m	m	0.0480
(1)砖混结构	m²	0.0125	(5)石井直径 10 m	m	0.0480
(2)简易结构	m²	0.0075	(6)石井直径 8 m	m	0.0480
7.砖围墙			(7)石井直径 5 m	m	0.0480
(1)2.5 m 以上	m	0.0100	(8)石井直径 2.5 m	m	0.0480
(2)2～2.5 m	m	0.0090	33.手压井	眼	0.0500
(3)1.5～2 m	m	0.0075	34.坟墓	棺	0.0400
8.大棚			35.管道栓	m	0.0150
(1)钢架玻璃顶	m²	0.0080	36.管道 PVC	m	0.0100
(2)钢架(砼)大棚	m²	0.0050	37.管道 PE	m	0.0150
(3)简易大棚	m²	0.0025	38.管道铁	m	0.0150
(4)土棚		0.0006	39.药管	m	0.0150
9.水渠水池			40.零星果树		
(1)土筑水渠	m³	0.0008	(1)衰老期	棵	0.0150
(2)石砌水渠	m³	0.0180	(2)盛果期	棵	0.0400
(3)砖砌水菜	m³	0.0225	(3)初果期	棵	0.0250
10.池塘			(4)幼龄期	棵	0.0040
(1)土筑池塘	亩	0.4200	(5)苗木	棵	0.0003
(2)砖砌池塘	亩	0.9100	41.育苗	棵	0.0006
(3)石砌池塘	亩	1.4000	42.园地果木	棵	0.0060
11.小桥、涵			43.幼苗	棵	0.0003
(1)砼矩形板桥 1～2 m	m²	0.1150	44.葡萄	棵	0.0024
(2)平坦石拱桥	m²	0.1750	45.园地果木	亩	2.0475
(3)石拱桥	m²	0.0600	46.苗圃	亩	0.8000

续表

名称	单位	单价/万元	名称	单位	单价/万元
(4)石盖板涵跨径1～2 m	m	0.1350	47.乔木		
(5)石拱涵跨径1～4 m	m	0.1000	(1)直径小于5 cm	棵	0.0004
(6)砼圆管涵跨径1～2 m	m	0.1350	(2)直径5～10 cm	棵	0.0035
(7)砼盖板涵跨径1.5～4 m	m	0.1350	(3)直径10～20 cm	棵	0.0050
12.机井			(4)直径大于20 cm	棵	0.0060
(1)机井(20～50 m)	m	0.0185	48.花木	棵	0.0035
(2)机井(50～100 m)	m	0.0245	49.灌木	棵	0.0006
(3)机井(100～250 m)	m	0.0320	50.桑树	棵	0.0006
(4)机井(250 m以下)	m	0.0410	51.绿化带	棵	0.0020
13.花椒	棵	0.0010	52.紫花槐	棵	0.0035
14.大棚蔬菜	亩	0.4750	53.水泥台	m³	0.0400
15.水果	亩		54.砌石	m³	0.0400
(1)桃、甜瓜	亩	1.2500	55.台田石堰	m²	0.0070
(2)草莓	亩	1.2500	56.水泥地面	m²	0.0030
16.灌溉设施			57.花砖地面	m²	0.0030
(1)滴灌	亩	0.1000	58.柏油堆面	m²	0.0050
(2)管灌	亩	0.1000	59.砖地面	m²	0.0020
(3)喷灌	亩	0.1000	60.防渗黏土墙	m³	0.0200
17.禽舍	m²	0.0080	61.篱笆墙	m	0.0020
18.厂房	m²	0.0189	62.线杆	杆	0.1500
19.钢栓工棚	m²	0.0030	63.地下电缆	m	0.0050
20.水泥台	m³	0.0030	64.地下光缆	m	0.0050
21.畜栏	个	0.0200	65.电视接收器	台	0.0200
22.宽带	部	0.0300	66.苹果幼龄期	亩	0.2600
23.吊顶	m²	0.0030	67.苹果初果期	亩	1.3975
24.电线杆	根	0.1500	68.苹果盛果期	亩	2.3075
25.花生地	亩	0.3200	69.樱桃初果期	亩	1.6250
26.电视接收器	台	0.0200	70.樱桃盛果期	亩	2.6000
27.铁门	个	0.0010	71.葡萄盛果期	亩	1.3900
28.变压器	个	3.0000	72.其他果树幼龄期	亩	0.2600
29.空调	台	0.0200	73.其他果树初果期	亩	1.2675
30.柜台	个	0.0200	74.其他果树盛果期	亩	2.0475

（2）农村移民生产安置

胶东调水工程占地范围呈线性，涉及乡村较多，但每村征地比例较小，征地后对本村经济影响不大。通过自主调剂土地、自谋职业等多种方式相结合的安置方案进行生产安置，保证农民在工程建设实施后生产有着落、生活有保障。被征地农民因土地减少的损失通过利用调地后节余的土地补偿费和劳动力安置补助费来开发林果业种植栽培技术，或通过其他种植业和其他养殖业生产开发项目的收入来弥补，使农民生活水平得到尽快恢复。

（3）工程沿线各市征地和地面附着物补偿情况

①滨州市

胶东调水工程博兴县境内永久性占地 39.13 亩，均位于博兴县吕艺镇，涉及三个村共5 个地块。山东省胶东地区引黄调水工程建管局在地面附着物清点结果的基础上，按照现行补偿政策核定补偿经费 264.59 万元，其中永久征地补偿费 231.66 万元，青苗及地面附着物补偿费 32.93 万元。

补偿资金计算结果分别经原产权人签字确认并予以公示，公示期间群众无异议。山东省胶东地区引黄调水工程渠首建管处和吕艺镇政府、相关村村委会签订的补偿协议兑付到位，补偿标准和发放流程经审计均符合要求。

②东营市

胶东调水工程（东营段）于 2004 年 3 月开始征地工作，2005 年年底补偿完成。按实际补偿统计，共完成永久征地 288.166 5 亩，其中耕地 275.845 5 亩，其他 12.321 0 亩。征地移民补偿共完成各类地上附着物 4 项，其中房屋及附属建筑物 19.5 m²，小型水利水电设施扬水站 1 座、线杆 44 个，零星果木及林木 20 917 株，坟墓 20 座；共完成青苗补偿306.416 亩，其中麦田 33.16 亩，棉田 96.976 亩，菜田（大蒜）176.28 亩。补偿自 2005 年11 月 16 日山东省胶东地区引黄调水工程小清河子槽项目建设处与广饶县国土资源局签订《山东省胶东地区引黄调水工程征地补偿协议》（东水胶建管合〔2005〕1 号）开始，至2006 年 1 月基本补偿到位。在 2008 年至 2010 年工程建设阶段，又对丁庄镇区段的地面附着物和临时占用场地进行补偿。整个补偿过程共支出征地移民补偿资金 633.4 万元，其中永久征地补偿 461.07 万元，耕地开垦费 82.75 万元，青苗补偿 26.73 万元，地面附着物补偿 27.59 万元，临时占地补偿 0.07 万元，结余 35.19 万元。

在具体实施过程中，山东省胶东地区引黄调水工程广饶指挥部根据山东省、相关各市人民政府及山东省胶东地区引黄调水工程指挥部的统一部署，加强组织领导，层层落实责任。由县国土资源局、迁占监理、建管单位、县水利局、县农业局、各乡镇、村委等相关人员组成清点、普查组，实地丈量，逐棵清点苗木。现场清点完毕后，与相关人员统一签字确认。依据补偿标准，由小清河子槽项目建管处与县国土资源局签订《征地补偿协议》；采用自上到下、层层落实的补偿方式，建管处将补偿资金拨付给国土资源局，国土资源局再拨付给各乡镇、乡镇到村委、村委到农户。

东营市各级政府严格执行国家有关政策，做到了机构健全，合规有序，依法使用补偿资金,资金兑付合理,征迁进度满足工程建设要求。胶东调水工程(东营段)自开工至今,征地迁占补偿无上访案例,工程沿线各村社会稳定。

③昌邑市

胶东调水工程(昌邑段)共征用土地 500.931 亩(其中耕地 364.29 公顷),涉及围子街道办事处(原宋庄镇),9 个自然村。2005 年 11 月 1 日,山东省胶东地区引黄调水工程潍坊市项目建管处与山东省胶东地区引黄调水工程昌邑指挥部签订《山东省胶东地区引黄调水工程征地拆迁补偿协议》。按照协议约定,由昌邑指挥部实施征地、地面附着物补偿等工作。征地补偿费用为 801.49 万元,耕地开垦费 109.29 万元;附着物补偿费为 69.8 万元;青苗补偿费为 18.21 万元。总补偿费 998.79 万元,实行专款专用。山东省胶东地区引黄调水工程潍坊市项目建管处于 2005 年 11 月将总补偿费 998.79 万元足额拨付山东省胶东地区引黄调水工程昌邑指挥部,包干使用,超支不补。昌邑指挥部在征地拆迁补偿工作中,按照国家政策及有关规定落实合同,进行了兑付工作。

昌邑市各级政府严格执行国家有关政策,做到了机构健全,合规有序,依法使用补偿资金,资金兑付合理,征迁进度满足工程建设要求。胶东调水工程昌邑段征地移民安置工作全部完成,补偿资金支付到位。

④烟台市

胶东调水工程(烟台段)共征用土地 22 997.16 亩,其中永久征地 12 977.05 亩,临时征地 10 020.11 亩。省、市、县调水建管机构及镇(街)政府逐级签订迁占补偿协议,明确补偿范围、费用及各方职责等,按协议约定的职责分工,既各负其责又紧密配合,共同开展完成了建设征地及补偿工作。征迁补偿专项资金共计 66 103.67 万元,结余 370.04 万元。

胶东调水工程烟台段征地移民安置工作顺利完成。补偿资金已兑现,资金使用通过了第三方专业机构的审计,符合规定。征地移民安置实施档案资料真实齐全、分类合理,符合档案管理的有关规定;征迁过程中严格执行国家、省、市有关法律法规、政策规章,做到了机构健全,合规有序,计量准确、公开透明、补偿款兑付及时,征迁进度满足工程建设要求。目前,胶东调水工程烟台段沿线社会稳定,工程调水效益正稳定发挥。

⑤青岛市

胶东调水工程(青岛段)永久征地 3 303.44 亩,其中农用地 3 231.48 亩、建设用地 40.94 亩、未利用地 31.02 亩。山东省胶东地区引黄调水工程建管局共拨付 9 项移民迁占和专项设施补偿资金 7 176.19 万元。

青岛市各级政府严格执行国家有关政策,做到了机构健全,合规有序,依法使用补偿资金,资金兑付合理,征迁进度满足工程建设要求。胶东调水工程青岛段自开工至今,征地迁占补偿无一例上访,工程沿线各村社会稳定。

⑥威海市

胶东调水工程(威海段)征用阀井及管理设施永久性占地 44.19 亩,临时性土地 884.06 亩,征迁补偿专项资金共计 812.64 万元。

征地及地面附着物清点工作自 2006 年 6 月开始,2018 年 12 月征地补偿工作已全面结束。威海市胶东地区引黄调水工程建管局根据当地政府的统一部署,按照相关法律法规,依法办理征地补偿工作。在实际操作中,威海市胶东地区引黄调水工程建管局根据调水工程征地范围内土地及各村地亩册,与户主、村委、镇领导、迁占监理现场测量土地、清点苗木,共同在山东省胶东地区引黄调水工程土地及地面附着物清查表上签字确认,加盖村委、镇政府章后进行公示。公示无异议后,由威海市胶东地区引黄调水工程建管局与当地镇政府签订迁占补偿协议。威海市胶东地区引黄调水工程建管局根据补偿协议将补偿款支付镇政府,镇政府财政所将补偿款拨付到镇经管站,镇经管站拨付给各村委。

威海市各级政府严格执行国家有关政策,做到了机构健全,合规有序,依法使用补偿资金,资金兑付合理,征迁进度满足工程建设要求。胶东调水工程威海段自开工至今,征地迁占补偿无一例上访,工程沿线各村社会稳定。

7.3.5.2 农村移民搬迁安置

胶东调水工程建设过程中,搬迁安置人口共 39 户,136 人(其中烟台莱州市 9 户,31 人;烟台龙口市 30 户,105 人)。在搬迁实施过程中,根据环境容量的实际情况和移民群众意愿,全部为后靠安置。移民安置点选择移民本村,建房采取移民自主建造方式。基础设施补偿费 3 000 元/户,搬运费 200 元/人。

搬迁安置后,移民居住环境基础设施配套齐全,公益设施完善,满足了移民生产生活的需要,移民群众对居住条件和生活环境感到满意。

7.3.5.3 专项设施复建

胶东调水工程各市(县、区)征地移民安置工作已全部完成。工程影响范围内电力、通讯、灌排供水、公路等专项设施改造工程设施的迁移补偿共 1 702 处,其中电力 582 处、通信 270 处、灌排供水 582 处、公路 228 处。

(1)平度段

胶东调水平度段建设占地范围内原有电力、通信、有线广播、油气管道、灌溉及供排水设施等专项设施需迁建、补偿。具体实施过程中,根据专项设施类别、性质、用途,由迁占监理、设施所有权人及业主共同确认,签订协议并拨付资金。

(2)莱州段

胶东调水莱州段建设占地范围内原有电力、通信、油气管道、灌溉及供排水设施等专项设施需迁建、补偿。具体实施过程中,根据专项设施类别、性质、用途,由迁占监理、设施所有权人及业主共同确认,签订协议并拨付资金。

(3)招远段

胶东调水招远段建设占地范围内原有电力、通信、灌溉及供排水设施等专项设施需迁建、补偿。具体实施过程中,根据专项设施类别、性质、用途,由迁占监理、设施所有权人及业主共同确认,签订协议并拨付资金。

（4）龙口明渠段

胶东调水龙口明渠段建设占地范围内原有电力、通信、有线广播、灌溉及供排水设施等专项设施需迁建、补偿。具体实施过程中,根据专项设施类别、性质、用途,由迁占监理、设施所有权人及业主共同确认,签订协议并拨付资金。

（5）龙口管道段

胶东调水龙口管道段建设占地范围内原有电力、通信、地下灌溉管道、自来水管、排污管等专项设施需迁建、补偿。具体实施过程中,根据专项设施类别、性质、用途,由迁占监理、设施所有权人及业主共同确认,签订协议并拨付资金。

（6）蓬莱管道、暗渠段

胶东调水蓬莱段建设占地范围内原有电力、通信、地下灌溉管道、截水槽等专项设施需迁建、补偿。具体实施过程中,根据专项设施类别、性质、用途,由迁占监理、设施所有权人及业主共同确认,签订协议,并拨付资金。

胶东调水工程征地影响区涉及的专项设施复改建已全部完成,并通过了各地市移民专项验收,专项设施功能已恢复。

7.3.5.4 工程占地

（1）完成情况

①永久占地

胶东调水工程实际永久占地面积为 16 923.79 亩,其中耕地 10 935.5 亩,园地 3 908.2 亩,林地 2 051.5 亩,其他土地 28.59 亩。

②临时占地

实施过程中临时占地包括工程临时占地和施工临时设施占地,共计 10 059 亩,其中耕地 2 103.46 亩,园地 3 131.1 亩,林地 702.53 亩,其他土地 4 121.91 亩。

（2）差异分析

规划设计阶段与工程实际征占地实物指标及占地面积相差较大,主要有以下原因:

①胶东调水工程为线性工程且实施周期较长。在涉及部分地方规划的开发区等特殊区域,地方政府一般要求调水线路不得穿越,以免影响开发区的整体规划,从而造成多处线路变更。另外在处理施工与地方群众纠纷问题时,地方政府具有明显的倾向性,造成部分不应有的设计变更,从而影响了实物指标的变化。

②渠首沉沙条渠暂停建设。

胶东调水工程初步设计渠首沉沙条渠布置在现有引黄济青工程第二沉沙条渠的东侧,计划利用济青 3+4 号条渠,永久占地面积 5.1 km^2（合 7 676 亩）。

2003 年 10 月,山东省发展计划委员会对《山东省胶东地区引黄调水工程初步设计》进行了批复。批复胶东调水工程新建沉沙条渠,规划占地总面积为 7 676 亩,批复的用地性质为征用。

为尽可能减少沉沙条渠占地数量,减轻农民负担,在满足沉沙池出口含沙量小于 1.50 kg/m^3 的前提下,应尽量减小沉沙条渠宽度及长度。经方案比选,最终确定总占地

159

面积 4 050 亩,比初步设计占地面积减少了 3 626 亩,有效地节省了土地。

2008 年 6 月,山东省发展改革委员会印发了《关于胶东地区引黄调水工程渠首沉沙池工程调整方案的批复》(鲁发改农经〔2008〕502 号)。批复明确采用"土地置换"的用地方式,即新沉沙池占地为引黄济青规划的第 3 号沉沙条渠和第 4 号沉沙条渠的一部分,面积为 4 050 亩;同时在原引黄济青 2 号条渠上造出等量土地归还给被占地群众,并对沉沙池占地区附着物和专项设施给予补偿。批复总投资为 21 685 万元,其中移民迁占费用为 6 770 万元。

2018 年 4 月 4 日,山东省水利厅下发《山东省水利厅关于暂停实施胶东地区引黄调水渠首沉沙池工程的意见》(鲁水发规字〔2018〕15 号文)。综合考虑渠首沉沙池工程占压基本农田、耕地占补平衡指标和土地征用手续近期无法办理,以及工程引水源黄河泥沙含量发生变化等情况,经与山东省发展改革委员会商议,原则上同意暂停实施胶东地区引黄调水渠首沉沙池工程,待各方面条件成熟后,再适时实施胶东调水新建沉沙池工程。

7.3.5.5 征地移民投资

(1)初步设计投资批复

2003 年 10 月,山东省发展计划委员会以鲁计重点〔2003〕1111 号批复了《山东省胶东地区引黄调水工程初步设计》,批复总投资 289 434 万元,其中工程部分投资 240 397 万元,引黄济青扩建及渠首工程投资 13 167 万元,建设征地与移民安置投资 35 870 万元。

(2)2013 年投资批复

2013 年 5 月,山东省发展和改革委员会以《山东省发展和改革委员会关于胶东地区引黄调水工程有关问题的批复》(鲁发改农经〔2013〕601 号),确定总投资 50.69 亿元,其中建设征地与移民安置投资 88 733 万元。根据实际实施情况,本工程建设征地与移民安置总资金 82 755.42 万元,核减建设征地与移民安置结余费用 5 977.58 万元。

此阶段移民征迁投资结余的主要原因是:

①批复概算中村里集隧洞以下管道暗渠段临时占地费用,按照设计所需临时占地7 300 亩计列 2010 年至 2013 年共计 4 年的临时占地补偿。在实际兑付该部分临时占地补偿时,山东省建管局 2010 年签订征迁补偿委托协议后,根据施工进度核定临时占地补偿后逐年拨付,至 2013 年年底管道暗渠段工程基本完成,临时占地费用比概算减少。

②批复概算中村里集隧洞以下管道暗渠段临时占地中果园、林地及弃石占用园地均计列了森林植被恢复费。在实际实施过程中,山东省建管局及地方建管单位通过优化占地、少占果园的方式减少园地占用量,节约了部分森林植被恢复费。

③概算中计列预备费 1 693 万元,实际未使用。本次考虑保留预备费 600 万元。

④概算中计列的确权登记包含了工程测量控制网、航测等项目,与工程所需管理、保护用地测量更为接近。同时,确权登记以县(市、区)为单位进行办理,而工程管理、保护用地测量需全线统一进行。因此在实际确权登记工作中仅将概算所计列的宗地测量、登记费、登记代理费等费用下拨以满足地方建管单位办理确权登记的需要,由山东省建管局统一安排实施管理保护用地测量及界桩埋设。

（3）2019 年投资批复

2019 年 9 月，山东省水利厅以《山东省水利厅关于山东省胶东地区引黄调水工程初步设计变更准予水行政许可决定书》（鲁水许可字〔2019〕67 号）核定胶东调水工程建设征地与移民安置投资概算金额 92 046.22 万元，送审 87 432.77 万元，审定总金额 88 779.21 万元。

此阶段建设征地与移民安置投资较上一阶段变化主要原因是：

①根据山东省人民政府〔2019〕59 号会议纪要，胶东调水工程永久征地按照批复征地时标准缴纳耕地占用税。2005 年批复征地执行《山东省人民政府关于贯彻〈中华人民共和国耕地占用税暂行条例〉的通知》（鲁政发〔1987〕81 号）；2010 年批复征地执行《山东省人民政府关于贯彻执行〈中华人民共和国耕地占用税暂行条例〉有关问题的通知》（鲁政字〔2008〕137 号）；当前补充征地暂按《山东省人民政府关于贯彻执行〈中华人民共和国耕地占用税暂行条例〉有关问题的通知》（鲁政字〔2008〕137 号）。经核算，新增征地占用税 6 972.46 万元。

②增加补充征地费。2017 年胶东调水工程竣工验收启动后，经与自然资源部门对接咨询，已批复永久征地位置变化后需重新上报办理永久征地，因此需办理补充征地。按照当前永久征地补偿标准及报批中所需的其他费用测算，约需增加补充征地费 774.14 万元、实施管理费 11.28 万元、地灾和压矿调查费 60 万元、使用林地科研费 10 万元、森林植被恢复费 6.84 万元，合计增加 862.26 万元。

（4）实施投资

胶东地区引黄调水工程征迁补偿工作于 2003 年 12 月开始。2019 年 6 月底，由工程沿线滨州市、东营市、潍坊市、青岛市、烟台市、威海市人民政府组织完成了胶东地区引黄调水工程移民征迁专项验收工作。沉沙池工程初设批复永久占地 7 676 亩，因工程暂停实施，工程实际征迁补偿投资 87 940.22 万元，实施投资较 2019 年批复投资少 838.99 万元。

（5）建设征地与移民安置投资变更原因分析

胶东调水工程建设过程中，建设征地与移民安置的概算投资较初步设计批复有较大变更的主要原因如下：

①补偿政策变化。2005 年 6 月，山东省人民政府发函（鲁政字〔2005〕166 号）提高胶东调水工程用地的补偿费标准，将征地补偿费标准由初步设计批复耕地年产值的 10 倍提高到 16 倍，即每亩 16 000 元。

②工程实施周期延长，沿线经济发展迅速，群众维权意识逐步增强。一方面，该工程自 2003 年开工至 2022 年期间，沿线地区经济发展迅速，出现了大量的中小企业和各级各类开发区，工程原规划的线路上，地上附着物变化较大。而该工程土地手续办理相对滞后，原设计线路如不变更，其拆迁补偿费用将大幅度增加。另一方面，调水所经地区是山东省经济发展水平较高的胶东地区，群众文化水平和法律意识较高，维护自身权益意识较强。例如，部分群众对于工程造成的影响过于夸大（如工程爆破对家禽的影响、弃渣对村周围环境的影响等），借机生事，提出一些不合理的工程变更或赔偿要求。对于此类事件，地方政府一般是采取保护弱势群体的态度，要求建设和施工单位在线路上或施工时尽量满足对方的要求。

③供水区域近年来由枯水年进入丰水年,地方政府配合意识减弱,积极性降低。2000年前后,在提出胶东调水工程项目时,胶东地区连年大旱,缺水严重,当地政府积极性高。而从2003年开始,整个胶东地区进入丰水年,降雨量丰富,虽未发生洪涝灾害,但当地对水资源的需求已大大降低。此时花大力气进行引黄调水工程建设,对地方政府的吸引力已大大降低,导致工作协调不力。如在涉及部分地方规划的开发区等特殊区域时,地方政府一般要求调水线路不得穿越,以免影响开发区的整体规划,从而造成多处线路变更。另外在处理施工与地方群众纠纷问题时,地方政府具有明显的倾向性,造成部分不应有的设计变更,从而增加了征地补偿与移民安置投资。

④工程实施期间,沿线基本建设项目逐年增多,工程土地手续延期,本工程与其他重点建设项目交叉严重。工程实施区域主要包括潍坊市、烟台市、青岛市、威海市等,均为山东省经济发展较快的地区。近几年,也正是沿线地市高速发展的时期,各项基础设施投入巨大。胶东调水工程自2003年宣布开工后,直到2005年8月,建设用地才获得国土资源部的批复。而土地手续的实际办理时间则更晚,到2022年为止也未办理土地证,造成工程实施时,沿线其他重要基础设施项目,如威乌高速公路、烟台市煤气管道工程、南山集团供水工程、南山大道、龙口市围海造田、206国道及青银高速、烟台市南外环等已相继完工,与本工程用地发生了严重冲突,导致本工程部分线路不得不调整或增加交叉建筑物,从而增加了征地补偿与移民安置投资。

7.3.5.6 移民实施评价结论

胶东调水工程移民安置注重思想动员和引导移民主动参与,维护移民权益;坚持以农为本,落实生产安置方案;建立可行的规章制度,管好用好移民资金;倡导顾全大局、无私奉献的移民工作精神。

胶东调水移民安置区居民相处和谐。由于本工程产生的搬迁移民均选择在本村后靠安置,所以移民安置后社会环境变化不大,移民社会适应性基本实现。推选村民代表是移民公众参与协商的主要途径,是移民表达意愿、了解政策和安置信息的重要措施。移民参与效果较好,移民申诉渠道畅通。胶东调水工程自开工以来,征地迁占补偿无一例上访,群众利益得到了维护,工程沿线各村社会稳定。

7.3.6 移民安置区域经济评价

胶东调水工程在征地补偿安置工作中,对于征地受影响人全部采用货币安置,征地补偿费全部直接兑付给农户。胶东调水工程沿线13个县(市、区)林果业比较发达,其中烟台苹果在国际市场上较受欢迎,胶东地区也是中国享有盛名的"苹果之乡"。利用有限的移民安置资金并根据当地优势,发展林果业,使移民的收入得到了有效保障,为移民增加收入创造了条件。

目前,胶东调水工程中大部分移民的生产生活水平基本恢复,其经济收入、居住条件、社区组织、环境等较搬迁前也有了不同程度的改善。主要体现在以下几个方面:

(1)胶东调水工程为当地民工提供了大量的非技术性就业机会,使其依靠自己的劳动获得收入。

(2)工程沿线基础设施得到改善。工程沿线部分农村道路通行状况不佳,少数村与村之间以及村民小组之间的泥土路,遇雨天车辆无法通行或者通行困难。有一些沿线农村借本次公路建设而形成的施工便道改善了交通条件,此外因施工队伍进驻而带动了沿线各县镇或农村的各种服务店比如餐饮店、各种小商店、小旅馆、农贸市场等的建设,明显改善了当地乡村的服务设施。

(3)项目对脆弱群体的照顾。在移民安置过程中,遇到困难家庭、老人、残疾人、妇女为主的家庭时,当地政府会采取有效措施,如为他们提供就业培训或适当地增加补偿金等,以避免因工程建设而陷入更差的境况。

(4)根据生产安置规划,被征地农民采用以本村内自主安置的生产安置方案,搬迁安置移民也均选择本村后靠安置,自主建房。移民收入来源与现状收入来源基本一致。随着工程的开工,生产安置人口从事第二、第三产业的机会较多,从事第二、第三产业的潜力将优于现状,移民获得第二、第三产业的经济收入还会提高。同时移民可以利用土地补偿资金发展养殖业等增加收入,还可以通过调整种植业结构,加大经济作物的种植比例提高耕地的经济产出,增加其收入。在其他家庭收入不变的情况下,移民的生产生活逐步达到或超过了原有的水平,并能够实现可持续发展。

7.3.7 移民综合评价结论与建议

7.3.7.1 移民综合评价结论及经验

(1)结论

胶东调水工程的实施,对胶东地区来说是一个千载难逢的机遇。山东省人民政府、山东省胶东地区引黄调水工程指挥部办公室、工程沿线各市引黄调水工程指挥部、地方政府对征地及移民安置工作高度重视,实施机构精心组织实施,措施得力,设计和监理单位认真履行职责,推动了胶东调水工程移民各项工作的顺利进行。

在省指挥部的领导下,各市指挥部办公室与镇街、镇街与村庄、村庄与农户层层签订了补偿协议,明确了补偿资金的发放方式、发放时间和附着物清理时间等内容;严格执行省、市制定的补偿标准,严格执行资金拨付程序,对补偿资金的发放予以张榜公布,执行标准、数量、金额"三公开",确保了补偿资金运行的安全。

移民安置实施符合规划要求,基本达到了预期目标。移民的住房、交通和社会环境得到了明显改善,移民就医、子女就学得到了基本保障,生活安置得到大部分移民的认可,移民的生活水平相对提高,生产用地划拨到户,保证了移民及时耕种。

(2)经验

①加强领导。领导重视是完成设计工作的关键,胶东调水工程设计时间紧、任务重,一方面需要院内各专业人员的协调,另一方面还涉及沿线地方政府及相关主管部门。工程设计过程中,始终得到了山东省胶东调水工程建设指挥部、山东省水利厅等领导的关心支持,院领导的亲自组织和协调,从而保证在有限的时间内圆满完成了设计任务。

②严格执行国家法律法规及上级文件。移民安置规划是根据国家在一个时期的法律法规、基本国力和移民方针政策,以使移民生产、生活达到或者超过原有水平为目标,按照工程影响区移民的实际情况,确定移民安置原则、安置范围、安置方式、安置规模,规定移民工程建设规模、补偿补助标准等。期间严格按照上级文件的规定,以照顾群众利益为主,力求方便群众生产生活,认真主动地向群众宣传工程建设的意义。移民安置工作得到了大多数市民的理解及支持。

7.3.7.2 存在的问题与建议

(1)存在的问题

①工程建设征地资金到位不及时,移民安置实施周期较长。

②工程土地手续办理相对滞后,原规划路线地上附着物变化较大,基础建设项目逐年增多,对征地补偿与移民安置工作造成了不便。

(2)建议

①工程项目法人在工程建设过程中应积极落实征地补偿与移民安置费用,保证移民安置工作进度。

②工程项目法人应积极协调各相关部门按时办理永久征地确权登记。

7.4 社会影响评价

7.4.1 社会稳定评价

胶东调水工程立项前,胶东地区遭遇了严重干旱。尤其是威海市,辖区内的大中型水库蓄水严重不足,多座水库蓄水量已降至死库容,各调蓄工程供水能力告急,甚至有些中小型水库干涸,导致居民生活用水严重不足,大量工业企业停产限产。对此,威海市实施阶梯水价控制用水量,对全市城镇居民限时限量供水,每户每人每月的指标水量约为 $2 m^3$,指标水量水价约为 $8 元/m^3$,超额用水水价高达 $44 元/m^3$,这给当地居民带来了极大的生活压力,引起了严重的用水恐慌。许多地区由于争水、抢水而影响了社会稳定。工业用水、农业用水、生态用水更加不能保障,工业企业大量减产停产,农田荒芜,靠天吃饭,严重制约阻碍了当地经济社会的发展。

工程主体工程建成后,为了缓解胶东地区的供水危机,按照山东省人民政府和山东省水利厅的统一部署,自 2015 年 4 月 21 日起向胶东地区实施应急调水。2013 年至 2019 年,胶东地区再次遭遇持续干旱,旱情相较于胶东调水工程立项前有过之而无不及。胶东调水工程建成后实施调水,极大地缓解了当地的供水危机,保障了城镇居民和重点工业用水,避免了城镇居民生活用水无水可供、工业企业减产停产的极端困难局面,退还了当地水资源给农业,补充了地下水,改善了局部生态环境,减缓了海水入侵和地下水漏斗扩大,最大限度地保障了社会稳定,促进了当地经济发展,在上述方面发挥了重大作用。

7.4.2　供水总量占比分析

自 2015 年胶东调水工程实施应急调水以来,外调水源在烟台市和威海市受水区扮演着极为重要的角色,已成为当地的主要水源之一。统计成果见表 7.4.1 和图 7.4.1、图7.4.2。

表 7.4.1　受水区各水源供水量统计　　　　　　　单位:$\times 10^4$ m³

地区	年份	当地地表水	外调水	地下水	其他	合计	外调水占比
烟台市	2015	15 265	3 404	19 301	—	37 970	8.96%
	2016	20 342	6 200	24 145	321	51 008	12.15%
	2017	20 362	8 686	23 461	339	52 848	16.44%
	2018	25 086	2 775	17 548	601	46 010	6.03%
	2019	11 979	16 086	29 573	1 169	58 807	27.35%
	2020	20 658	19 169	22 386	1 416	63 629	30.13%
威海市	2015	22 287	3 613	14 700	—	40 600	8.90%
	2016	18 497	8 503	15 100	60	42 160	20.17%
	2017	21 237	6 373	14 250	—	41 860	15.22%
	2018	13 729	7 611	13 850	639	35 829	21.24%
	2019	18 830	9 210	13 840	375	42 255	21.80%

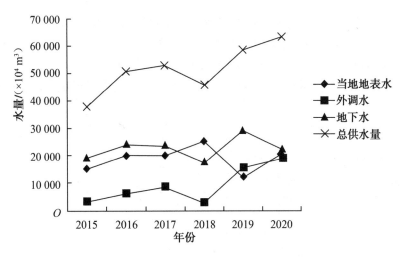

图 7.4.1　2015 年至 2020 年烟台市各水源供水量变化示意图

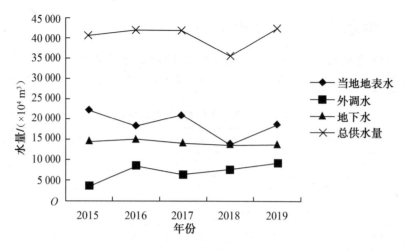

图 7.4.2　2015 年至 2019 年威海市各水源供水量变化示意图

通过烟台和威海两市各水源供水量的分析图表可以看出,外调水占供水总量的比例稳步逐年上升。在烟台市地表水和地下水历年供水总量基本维持一个水平的情况下,历年供水总量与外调水量成同等趋势变化增长,这说明供水总量的增加得益于胶东调水工程外调水的贡献;在威海市历年供水总量相对稳定的情况下,胶东调水外调水量逐年递增,地表水和地下水历年供水量呈下降趋势,这说明胶东调水工程的建设实施缓解了当地水资源的供水压力,减缓了地下水的开采速度。

7.4.3　居民受益分析

胶东调水工程通过各分水口向受水区供水。受水区通过水库调蓄后,经城乡供水系统为当地工业用水、城乡居民生活用水和城镇公共用水三类用水户提供水资源保障。本次评价以受水区城乡居民人口为例,估算居民受益人口数量。

根据青岛市、烟台市、威海市最新统计年鉴,统计设计受水区内城乡居民人口数量如表 7.4.2 所示。

表 7.4.2　受益人口分析　　　　　　　　　　　　　　　单位:万人

地区		居民人口	合计
青岛市	平度市	119.13	119.13
烟台市	莱州市	83.89	468.25
	招远市	56.02	
	龙口市	63.53	
	蓬莱区	40.14	
	栖霞市	58.73	
	福山区	28.01	
	芝罘区	70.77	
	莱山区	23.54	
	牟平区	43.62	

地区		居民人口	合计
威海市	环翠区	79.94	137.19
	文登区	57.25	
受益人口总计		724.57	

通过表 7.4.2 大致可以分析出,胶东调水工程的投入运行,青岛市受益人口数约 119.13 万人,烟台市受益人口数约 468.25 万人,威海市受益人口数约 137.19 万人,总受益人口数约 724.57 万人。

可以看出,胶东调水工程作为烟台市、威海市的外调水源,在当地用水结构中占据一定的比重,已经成为当地居民生活用水的主要来源之一,为当地居民的饮水安全提供了重要保障。

7.4.4　经济社会发展受益分析

胶东调水工程为受水区经济社会发展提供了重要的用水支撑。特别是在干旱年份,在无外调水的情况下,当地水源优先保障居民生活用水,其次是工业用水,这会严重影响当地经济社会的发展。而外调水的调入有效地缓解了烟台市、威海市工业发展受到的水的制约,有力地保障了工业用水需求,为两地经济社会发展做出了重要的贡献。

根据 2015 年至 2019 年山东省水资源公报、烟台市水资源公报、威海市水资源公报的数据,烟台市、威海市历年外调水量、工业用水、城乡居民生活用水、城镇公共用水量统计分析如表 7.4.3 和表 7.4.4 所示。

表 7.4.3　烟台市外调水量与当地用水量分析　　　　　　　单位:$\times 10^8$ m³

年份	当地用水量				外调水量	外调水量占比
	工业用水	城乡居民生活用水	城镇公共用水	用水合计		
2015	1.28	1.37	0.37	3.02	0.34	11.26%
2016	1.31	1.43	0.43	3.17	0.62	19.56%
2017	1.33	1.48	0.49	3.30	0.87	26.36%
2018	1.43	1.74	0.56	3.73	3.89	7.51%
2019	1.47	1.76	0.66	0.28	1.61	41.39%
年均用水量	1.36	1.56	0.50	3.42	0.88	25.73%

表 7.4.4　威海市外调水量与当地用水量分析　　　　单位：$\times 10^8$ m³

年份	当地用水量				外调水量	外调水量占比
	工业用水	城乡居民生活用水	城镇公共用水	用水合计		
2015	0.76	0.60	0.32	1.68	0.00	0.00%
2016	0.79	0.62	0.32	1.73	0.62	35.84%
2017	0.80	0.64	0.39	1.83	0.65	35.52%
2018	0.88	0.69	0.42	1.99	0.59	29.65%
2019	0.86	0.72	0.36	1.94	0.93	47.94%
年均用水量	0.82	0.65	0.36	1.83	0.7	38.25%

经济社会发展受益分析方面，以外调水量占用水户用水总量的比例估算胶东调水工程对当地工业产值的支撑，同时考虑到胶东调水工程在所支撑的工业产值所有生产要素中所占的重要程度（按照国民经济评价理论，工业供水效益分摊系数采用 6%，供水管网分摊系数采用 30%，综合分摊系数为 1.8%），估算该工程对工业产值的净贡献。

根据 2015 年至 2019 年烟台市、威海市统计年鉴，烟台市、威海市历年工业总产值及外调水贡献值分析如表 7.4.5 和 7.4.6 所示。

表 7.4.5　烟台市外调水贡献值分析　　　　单位：亿元

年份	2015	2016	2017	2018	2019	年均
工业总产值	15 297.56	16 434.66	13 965.58	9 614.92	7 375.85	12 537.71
外调水比例	11.26%	19.56%	26.36%	7.51%	41.39%	25.73%
外调水支撑的工业产值	1 722.5	3 214.6	3 681.3	722.1	3 052.9	3 226.0
水资源生产要素重要度	1.8%					
工业净贡献值	31.0	57.9	66.3	13.0	55.0	58.1

表 7.4.6　威海市外调水贡献值分析　　　　单位：亿元

年份	2015	2016	2017	2018	2019	年均
工业总产值	654.57	983.84	1 038.29	1 018.07	1 027.59	944.47
外调水比例	0.00%	35.84%	35.52%	29.65%	47.94%	38.25%
外调水支撑的工业产值	0.0	352.6	368.8	301.9	492.6	361.3
水资源生产要素重要度	1.8%					
工业净贡献值	0.0	6.3	6.6	5.4	8.9	6.5

通过表 7.4.5 和表 7.4.6 大致可以分析出,自胶东调水工程投入运行以来,支撑烟台市年均工业产值 3 226.0 亿元,约占烟台市工业总产值的 25.73%,考虑水资源在各生产要素中的重要度计算的工业净贡献值年均约 58.1 亿元;支撑威海市年均工业产值 361.3 亿元,约占威海市工业总产值的 38.25%,考虑水资源在各生产要素中的重要度计算的工业净贡献值年均约 6.5 亿元。

可以看出,胶东调水工程作为烟台市、威海市工业用水的主要水源之一,为当地工业用水安全提供了重要保障,特别是保障了干旱年份的工业发展用水,有效地支撑着当地经济社会的发展。

7.4.5　城镇化发展水平分析

城镇化建设的推进离不开水资源和供水体系的建设。水作为基础设施领域重要的一部分,往往会制约着某些地区的城镇化进程。胶东调水工程的建设为烟台、威海地区推进城镇化建设提供了一定的用水保障,在一定程度上能够促进当地的城镇化建设。本次评价拟根据城镇化率水平的分析,评价胶东调水工程所带来的影响。

根据烟台市、威海市统计年鉴,两地的城镇化率水平变化趋势分析分别如图 7.4.3 和图 7.4.4 所示。

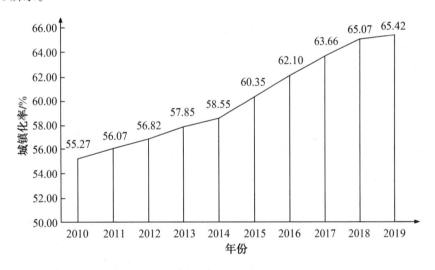

图 7.4.3　烟台市城镇化率变化

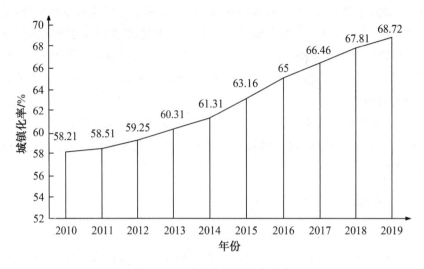

图 7.4.4　威海市城镇化率变化

从以上趋势图中可以看出,烟台市、威海市 2015 年以前城镇化率增长速度较缓,基本维持在 1.0% 以下;2015 年以后城镇化率增长速度明显加快,特别是 2015 年至 2018 年,城镇化率年增长基本在 1.4%～1.8%。

城镇化的建设离不开城镇化用地、住房的建设,更离不开城乡供水一体化等供水管网的建设。而胶东调水工程的投入运行,在该建设历程中或轻或重地发挥了一定的有利影响,对城乡居民生活环境的改善起到了促进作用。

7.4.6　评价结论

胶东调水工程是实现山东省水资源优化配置的重大战略性、基础性、保障性民生工程,是省级骨干水网的重要组成部分。工程运行以来,为胶东地区城市生活及工业用水提供了有效保障,改变了长期形成的与农业争水和超量开采地下水的现状,实现了长江水、黄河水、当地水的联合调度、优化配置。胶东调水工程缓解了山东省水资源紧缺局面,为烟台、威海地区经济平稳发展做出了突出性贡献,为人们的生产生活创造了安全、稳定的环境;保障了该地区经济社会的繁荣稳定,避免了因缺水而造成的社会恐慌;促进了科学技术、文化教育事业发展,促进了经济社会的可持续发展及人与自然的和谐发展。

本次评价主要从社会稳定、供水总量占比、城乡居民受益人口数、工业产值贡献率、促进城镇化率五个方面对胶东调水工程的社会影响进行了分析。从分析结果看,自 2015 年胶东调水工程投入运行并应急调水以来,烟台、威海城乡的居民用水和工业用水得到了充分的保障,促进了当地经济社会的稳定发展,外调水占供水总量的比例稳步逐年上升,受益人口数量约 329.57 万;考虑到供水效益分摊,年均贡献工业产值约 28.7 亿元,工业产值贡献率 0.2%～0.3%;城镇化率增长水平从 1% 以下提高到 1.4%～1.8%。

从以上分析可以看出,胶东调水工程的建设实施,为受水区人民群众和经济社会发展做出了十分重要的贡献。

7.5 环境影响评价

7.5.1 工程影响区概况

7.5.1.1 工程影响区主要环境特征

(1)大气环境:输水线路主要位于农田和农村附近。经现场观测和调查,沿线没有较大的工业污染源,农民生活能源多为液化气和煤炭,排入大气的污染物很少。经分析,工程沿线大气环境质量较好,达到国家大气环境质量标准的二级以上。

(2)地表水环境:胶东调水工程输水线路经过的主要河流有:胶莱河、友谊河、双山河、泽河、沙河、珍珠河、海郑河、南阳河、苏郭河、王河、朱桥河、马塘河、万深河、曲马河、诸流河、淘金河、界河、八里沙河、张家河、马南河、南滦河、泳汶河、绛水河、鸦鹊河、黄水河、清洋河、外夹河、辛安河、沁水河,共 29 条河流。其中,较大河道为胶莱河、泽河、沙河、王河、黄水河。

工程沿线涉及的胶莱地区的较大河道为胶莱河、泽河、沙河、王河、黄水河、外夹河,分布于青岛的平度市和烟台市。根据《平度市环境质量概要(2019 年)》和《烟台市生态环境质量报告书(2016—2020 年)》中的有关资料,沙河、黄水河、外夹河水质稍好,其他河道水质总体较差。根据《烟台市生态环境质量报告书(2016—2020 年)》,门楼水库水质较好,监测指标均达到Ⅱ类水质标准;根据 2021 年威海市集中式生活饮用水水源水质状况报告,米山水库水质达到《地表水环境质量标准》(GB 3838—2002)Ⅲ类标准。

(3)地下水:输水沿线区域地下水环境水质多以Ⅲ、Ⅳ、Ⅴ类为主。超过地下水Ⅲ类标准的项目包括总硬度、硫酸盐、氯化物、铁、锰、硝酸盐、氨氮、溶解性总固体等指标。

(4)土壤特性:工程输水线路跨越潍坊市、青岛市、烟台市、威海市四市 12 县(市、区)。其中宋庄分水闸—黄水河泵站段输水线路地层岩性多为壤土、黏土、亚黏土、中砂、砾质粗砂,局部地段为风化片麻岩、大理岩,地下水埋藏较深;黄水河泵站—村里隧洞段输水线路处在山丘区,地层岩性多为砾质粗砂、砂质壤土、黏土,基岩为斜长片麻岩、斜长角闪岩及粗粒花岗岩;村里隧洞—门楼水库段线路沿程地层岩性为砾质粗砂、风化黏土岩、凝灰质砂砾岩、中厚层灰岩、板岩云母片岩等;门楼水库—米山水库段输水线路地层岩性多为粉细砂、黏土、淤泥质壤土、淤泥质粉细砂,基岩为云母片岩、黑云变粒岩及花岗岩。

(5)生态环境:本工程沿线生态系统主要由农田生态系统、林地生态系统、园地生态系统、水域生态系统、人工生态系统组成。

植被主要有落叶阔叶林、落叶阔叶灌丛、水生植被和人工植被。其中,落叶阔叶林主要为刺槐林、杨林、柳林、榆林、白蜡林、冬枣林和小枣林等,天然阔叶林未得以发育,大多为人工林或萌芽林;落叶阔叶灌丛主要是柽柳,少有紫穗槐、杞柳、酸枣等,以草本植物为主、并有少数灌木构成的灌木林;水生植被主要有沉水植被、浮水植被和挺水植被三个类型,沉水植物以眼子菜为主,浮水植物以浮萍为主,挺水植物以莲、慈姑为主;人工植被包括草本和木本两大类,草本类型中大田作物以旱地作物为主,主要有冬小麦、玉米、大豆、高粱、棉花等,木本类型中果园主要以苹果、梨、冬枣、小枣、桃、梨、葡萄等为主。根据区域古树名木、生态公益林分布和现场调查,本工程沿线不涉及登记在册的古树名木以及生态公益林。

调查区域分布的主要动物物种有:

①兽类野生动物:野兔、刺猬、黄鼠狼等。

②爬行类野生动物:壁虎、蜥蜴、蛇等。

③鸟类野生动物:麻雀、喜鹊、燕子、布谷鸟等。

④昆虫类野生动物:蜂、蝶、蜻蜓、蟋蟀、螳螂、瓢虫、蚱蜢等。

⑤家畜类:牛、羊、猪、兔等。

⑥家禽类:鸡、鸭、鹅、鸽子等。

⑦其他无脊椎动物:蚯蚓、蚂蟥、蜘蛛、蝎子、蜈蚣、蚰蜒等。

受区域自然条件和人为活动的影响,工程沿线范围内未见国家及省级珍稀濒危保护动物物种。

7.5.1.2 工程影响区主要环境问题

(1)区域内多数地表河流水质较差,主要污染因子为 COD_{Mn} 和 $NH_3\text{-}N$。因此,本工程施工和运行期都不允许河道和地表径流进入输水干渠之中。

(2)区域浅层地下水已受到不同程度的污染,注意地下水补入输水渠道,以及是否会影响输送水体的水质。

(3)区域部分河道底泥已经受到不同程度的污染。施工开挖时,对底泥进行合理处置,从而减少了淋滤污染物造成地下水污染。

(4)区域水土流失范围较小,但较为严重。本工程施工和运行期均注重水土保持工作。

(5)区域原降雨排洪系统较为通畅,但工程实施过程中可能会阻断地表自然汇流过程,容易造成排洪受阻。因此,在工程施工过程中采用排洪沟等措施,从而确保排洪通畅。

(6)区域原始植被已被农作物和人工树林代替,生态景观结构单一,抵抗自然灾害的能力较差。

7.5.1.3 环境敏感目标

(1)水环境

本工程的环境敏感目标为输水沿线渠、涵、管、洞等,其均为调水水源保护区,相应的水环境保护目标为《地表水环境质量标准》(GB 3838—2002)的Ⅲ类水质。另外,工程沿线区域的地表水环境亦为环境敏感目标,保护级别参见《山东省水环境功能区划》确定的水质目标。项目沿线主要河流有胶莱河、友谊河、双山河、泽河、沙河、珍珠河、海郑河、南阳河、苏郭河、王河、朱桥河、万深河、曲马河、诸流河、八里沙河、张家河、马南河、南滦河、泳汶河、绛水河、鸦鹊河、界河等。

(2)大气环境

大气环境敏感目标为项目沿线居住区(村庄),其保护级别目标为《环境空气质量标准》(GB 3095—1996)二级标准。

(3)声环境

声环境敏感目标主要为各泵站周围 200 m 范围,保护目标为《声环境质量标准》(GB 3096—2008)中 2 类标准。

(4)生态环境

生态环境敏感目标主要包括输水线路沿线现有的生态环境以及敏感生态保护区,重点在于保护生物的多样性和生态系统的完整性。保护输水线路沿线现有的农田和林地,对因工程建设而被占用或搅动的土地采取切实有效的生态补偿和恢复措施。项目周围主要敏感目标主要为工程沿线的村庄和学校。

7.5.2　环境保护法律法规执行情况评价

7.5.2.1　环境保护法律法规执行情况

(1)项目可行性研究及初设阶段环保工作

2002 年 6 月,山东省水利勘测设计院编制完成了《山东省胶东地区引黄调水工程可行性研究报告》并获批复,报告对可行性研究阶段的区域环境现状、环境问题等进行了调查与评价,对环境影响进行了预测,并提出了环境保护措施和环境监测、管理方案。

2003 年 9 月,山东省水利勘测设计院编制完成了《山东省胶东地区引黄调水工程初步设计》并获批复,从初设深度对区域环境保护措施和监测管理提出了要求。

(2)环境影响报告书编制

2004 年 8 月,根据《中华人民共和国环境保护法》《中华人民共和国水法》《中华人民共和国环境影响评价法》等有关法律法规的要求,建设单位委托河海大学环境水利研究所编制完成《山东省胶东地区引黄调水工程环境影响报告书》。

2004 年 9 月 3 日,山东省生态环境厅(原山东省环境保护局)以鲁环审〔2004〕100 号文进行了批复。在进行环境影响评价过程中并无引起争论的重大环境问题。

(3)环境监测

根据《建设项目环境保护管理条例》(中华人民共和国国务院第 253 号令)、《建设工程施工现场管理规定》(中华人民共和国建设部 15 号令)的相关规定,2008 年至 2013 年,建设单位委托山东水文水环境科技有限公司对本工程施工期环境进行监测并完成《山东省胶东地区引黄调水工程施工期间环境监测报告》;2019年,建设单位委托山东快准环境检测技术有限公司对自动化调度系统工程进行监测,并形成了《山东省胶东调水自动化调度系统工程施工期环境监测项目检测报告》。

2013年年底,胶东调水主体工程全线贯通,并进行了试通水。建设单位对调水水质定期进行监测并形成检测报告,并且根据环评要求,对运行期的输水水质进行定期监测。

2019年8月,山东环测环境科技有限公司对项目进行验收监测,并形成了《山东省胶东地区引黄调水工程验收监测报告》。

（4）环保监理

将整个工程（含环保工程）分标段委托给相应监理单位开展监理工作。各监理单位设置了工程监理项目部,监理时间为2003年12月至2019年6月;根据工程环评报告书的规定,开展工程监理工作,并完成了相应标段的《监理总结报告》。

（5）环境保护设施验收

2019年8月,山东环测环境科技有限公司编制完成《山东省胶东地区引黄调水工程竣工环境保护设施验收调查报告》。山东省胶东地区引黄调水工程建管局在烟台市组织召开了胶东调水工程竣工环境保护设施验收会议。根据项目竣工环境保护验收监测报告和现场检查,该项目环保手续完备,技术资料齐全,执行了"三同时"管理制度,基本落实了环评报告书及其批复所规定的各项环境污染防治措施,各类污染物能够实现达标排放要求,符合竣工环境保护验收条件,验收合格。

7.5.2.2 环境保护法律法规执行情况评价

胶东调水工程从项目立项到项目实施与验收,严格执行了环境保护相关法律法规;重视环境保护工作,执行了环保"三同时"要求,施工和运行阶段执行了国家和地方环保法规、规章和环境保护部对于建设项目环境保护工作的各项要求。

7.5.3 工程建设与运行过程中的环境影响评价

7.5.3.1 工程建设过程中的环境影响评价

施工期对环境的影响主要表现在对自然水系的影响以及废（污）水排放、大气污染、噪声、弃土及生活垃圾、卫生防疫等方面。

（1）施工对区域水系连续性影响分析

①输水明渠工程（宋庄分水闸—黄水河泵站前池）:项目施工期中涉及输水明渠与现有渠沟的交叉的,均采用立交方式。交叉建筑物以倒虹工程为主,在淘金河及界河两处采用渡槽。同时,为方便工程管理,在输水渠跨沙河、珍珠河、曲马河、诸流河、马南河、南滦河、泳汶河和绛水河处新建交通桥8座。所有立交建筑物施工均配套建设了围堰工程。施工期间,围堰工程将截断河流和排水沟网,破坏了区域水系的连续性,影响了当地的排灌和正常的田间排水。随着施工期的结束,上述河流的水系连续性均得到了恢复,

上述影响已经消失。

②暗涵工程:本工程输水线路中,暗涵工程主要是顺原河道岸边布设,没有穿越原有区域水系。因此,暗涵工程的施工对原区域水系的连续性无明显影响。

③管道工程:输水管道采用倒虹方式穿过沿线河流,施工时采用了围堰工程,破坏了自然水系的连续性,对原河流造成了一定的影响。随着施工期的结束,上述影响已经消失。

(2)施工导流对水环境的影响分析

施工导流对水环境的影响主要表现在:①施工围堰改变了原河道的过水断面,导致河流水流结构和流态的变化;②水流结构变化将改变水体的同化自净能力;③水流结构变化将影响水生生物。

本工程跨河倒虹和渡槽的施工主要集中在非汛期进行,河道流量很小,有些河道甚至干涸。在这种情况下,导流工程规模都较小,导入两侧沟渠的水流流态不会发生明显变化。因此,施工导流不会造成水环境污染问题。部分导流工程由于施工期较长且到了汛期,此种情况下河道过流量大,导流工程改变了水流结构,对河流水环境造成了一定影响。但施工完成后,原有水系已得到恢复,上述影响已经消失。

(3)施工对水质影响分析

施工期污废水包括生产废水和施工人员的生活污水。生产废水主要源于冲洗砂石料、浇筑仓面、混凝土预制、冲洗、养护废水以及冲洗汽车等机械设备,其中主要污染物为悬浮物。因本工程施工场面大,施工人员分散,集中生活污水排放量很少,所以污水排放对沿线地表水环境质量影响较小。

泵站施工期污染源同样主要包括生产废水和生活污水两大部分。工程施工产生的生产废水和生活污水对周围水环境质量产生了一定影响。但从总体上来说,施工期对周围水质影响较小,不会影响地表水的原有功能。此外,泵站工程施工过程的基坑排水也是重要的生产废水。基坑排水是由降水和渗水等汇集而成,主要为施工区地下水,水量较大,但水质较好,未对排入水域造成不良影响。

(4)施工对大气环境影响分析

本工程长距离输水可改善沿线大气环境,增加空气湿度,但工程施工期施工车辆、机械的尾气排放以及施工中产生的扬尘会对局部地区的大气环境产生一定的影响。另外,生活烧煤等排放的 CO、CO_2、SO_2、NO_x、CH_x 及固体颗粒(粉尘和飘尘)对大气环境也将产生污染。施工区大气污染物新增浓度值与大气环境质量标准值相比是极小的,并且由于施工区地处农村旷野,大气环境质量较好,因此工程施工区大气环境质量不会因施工而受到明显的不利影响。

(5)施工对声环境影响分析

施工过程中噪声较大的污染源有管道、隧洞施工时爆破开挖、机动车辆运输、挖掘机、推土机、混凝土拌和机、振捣器等施工机械。噪声可分为固定噪声源与交通噪声源。

通过类比预测,在 300 m 和 600 m 范围内,噪声环境分别超过昼间和夜间标准值,对施工人员和沿线群众生活产生一定影响。

(6)施工期固体废物影响分析

施工期固体废弃物主要来源于建筑施工过程的弃土、弃渣和施工人员的生活垃圾。工程施工固体废弃物主要是输水渠道开挖和闸基、坝基开挖的弃土、石渣等。施工期的建筑、生活垃圾将会对周围环境产生一定的影响。

(7)施工对生态环境造成的影响分析

①河道开挖爆破、弃土堆放等会造成现有生态系统的破坏。

②施工占用土地而改变了土地的现有功能,会导致现有的生态系统结构发生变化(如生产者和初级消费者减少等)。

③施工过程的交通运输和大量施工人员的聚集活动,会干扰周围野生动物的自然生存环境。

(8)施工对人群健康的影响分析

施工期间,施工人员集中,环境卫生相对较差,可能存在供水不正常的情况。若卫生防疫措施不力,易造成各类传染疾病的爆发和流行。此外,在施工阶段,除了施工区附近群众,还有大量外地民工参加,难免有带菌者进入施工区,从而破坏原有的疫情结构。

(9)施工期的环境风险分析

工程施工过程中需要建立一些油料库、材料仓库等临时建筑设施,此外还需要用到炸药、雷管等爆破用品。以上设施或存储物品均具有较大的环境风险,施工过程中必须充分重视潜在危险防范和管理。此外,隧洞、暗涵、管道等工程的施工过程中也可能会引发环境地质灾害,施工前需要进行翔实深入的勘探调查分析,以确保工程顺利进行。

7.5.3.2　工程运行过程中的环境影响评价

工程运行期对环境的影响主要表现在水环境、生态环境、声环境、地下水、水土流失等方面。

(1)水环境的影响分析

①工程运行期,沿线的输水管理机构的办公、生活设施和泵站会产生一定的生活污水,通过采取相应环保措施,可减缓或消除其对周围水环境的影响。

②供水区污水排放量预测分析。工程运行后,由于用水量增加,相应污水排放量也会增加,会对供水区域的水体污染防治造成更大的压力。

(2)生态环境的影响分析

工程运行后,施工占地中临时占地部分可以通过复耕或绿化(植草、植树)等措施来进行迹地生态修复,可以改善周围的生态环境。本工程作为南水北调东线工程的组成部分,与其他工程共同缓解我国北方水源紧缺的状况,改善胶东地区沿线的供水条件,增加地表水补给和土壤含水量,形成局部湿地,补偿调节河湖水量,提高胶东地区抵御旱、涝、渍等自然灾害的能力,改善该地区的农业生态环境。

（3）声环境的影响分析

运行期泵站的有关设备（如抽水水泵）会产生一定的噪声，但因距居民区噪声敏感点较远，且通过装备防噪声设施，故对周围声环境影响不大。

（4）地下水的影响分析

本工程向 12 个县（市、区）供水，可以极大地缓解该地区用水紧张状况，减少地下水的超采，使地下水得以回补，减缓海水入侵的速度，逐步改善该地区的水环境状况。

（5）水土流失的影响分析

工程运行后，由于工程建设过程中扰动地表面积较大，通过挖损和堆垫等再塑作用，破坏了原有地貌，增加局部区域平均坡度会对水土保持产生一定的影响。

（6）其他影响分析

工程运行期后，沿线的输水管理机构的办公、生活设施和泵站等也对环境产生了一定的影响，如生活垃圾、噪声等环境污染因素。

另外，工程运行期可能出现的突发事件主要包括：暴雨洪水、地质滑坡、地震等自然灾害，会造成输水建筑物严重损坏，主要调度设施失灵等，致使输水中断；水源保护区污染、交通肇事等引发的危险化学品泄漏入渠、工程沿线企业环保事件等污染水质，以及水库水质富营养化造成水质恶化影响输水运行和供水安全的事件；输水建筑物损毁、机电设备故障、供电中断、人车落水等影响输水运行的事件。

上述事件都将不同程度地影响调水运行的安全性、连续性和平稳性，致使输水运行中断或运行流量改变，直接威胁受水区的用水安全。本工程针对自身的环境风险因素和可能产生的环境风险事故，采取、制定了相应的风险防范措施，编制完成了《山东省胶东调水工程调水突发事件应急预案（试行）》，并以鲁胶调水调运字〔2018〕12 号文下发给各分局，组织相关单位和人员进行了集中学习。

7.5.3.3 环境影响综合评价

（1）主要有利影响

①改善供水区环境条件

由于水资源紧缺，胶东地区水生态环境日益恶化，地下水严重超采，地下水漏斗区不断扩大，莱州湾海水入侵，大中型河道受到污染，生态退化。南水北调东线胶东调水工程的实施，可以使供水区当地的水资源得到补充，减少对地下水的开采，使地下水得以回补，防止海水入侵，使上述恶化的环境得以改善。

②改善农业灌溉条件

由于海水入侵，地下水条件发生恶化，农田灌溉条件变劣甚至丧失，土壤肥力下降，严重影响农民生活。本工程实施后，工业及居民生活用水采用客水，减少了对地下水的开采和对农业水源的占用，使地下水得到及时补充，防止了海水入侵，改善了农业灌溉条件，土壤肥力得到恢复，农业产量将提高。

③为经济发展提供了可靠水源

胶东调水工程的实施,可以极大地缓解或解决供水区用水紧张状况,并为胶东地区的经济可持续发展和对外开放提供可靠水源,使制约胶东地区经济发展的水资源紧缺状况得以缓解,对该地区的经济发展将起到不可估量的作用。

④改善供水区城乡居民的生活条件

胶东调水工程建成通水后,为供水区城镇居民提供了可靠、优质的饮用水,有利于群众的身心健康和生活水平、生活质量的提高,对社会的稳定和发展将起到积极的作用。

(2)主要不利影响

①工程建设过程中对环境的不利影响

工程施工过程中会给施工区当地的水质、大气、土壤、植被及人群健康带来不利的影响,但通过采取相应的环境保护措施,可以使工程对环境质量的影响较小。

②工程运行期对环境的不利影响

一是沿线的输水管理机构的办公、生活设施和泵站会产生一定的生活污水、生活垃圾。通过设置生活污水处理设施、生活垃圾定期清运等措施,可减缓或消除对周围环境的影响;

二是随着胶东地区用水结构的改善和区域总量的增加,可以促进工业和生活用水量的增加,但增加了用水量也会带来污水排放量的增加。通过污水达标排放、利用中水等措施,可减缓或消除对区域水环境质量造成的不利影响。

7.5.4　环境保护执行情况评价

7.5.4.1　环境保护措施落实情况

在工程建设期和运行期积极落实环境影响报告书和环保行政主管部门批复中的各项环境保护措施。由于工程实际变动,本工程已采取的环境保护措施与环境影响报告中提出的环保措施存在一定差异,对比情况见表 7.5.1;本工程已采取的环境保护措施与环保行政主管部门批复的要求对比情况见表 7.5.2。

表 7.5.1 环保措施对比一览表

行政区	输水形式	环境影响报告书中的环保措施		工程实际已采取的环保措施		是否满足要求	
		施工期	运行期	施工期	运行期	施工期	运行期
滨州市博兴县	—	(1)建污水集中处理装置，防止施工污水影响地表水环境 (2)对施工人员采取粉尘防护、噪声防护措施 (3)弃土集中堆放，采取专门水土保持措施防止水土流失	(1)采取专门水土保持措施防止水土流失 (2)复垦土地，防止沙化 (3)采取科学的防护措施，退池还地	渠首沉沙工程未建设，因此不需要落实相应环保措施	渠首沉沙工程未建设，因此不需要落实相应环保措施	渠首沉沙工程未建设，因此不需要落实相应环保措施	渠首沉沙工程未建设，因此不需要落实相应环保措施
昌邑市	明渠	(1)交叉建筑物施工期尽可能选在河道的枯水期，大型河道采用导流施工 (2)建厕所等污水集中处理装置，防止污水影响地表水环境 (3)对施工人员采取粉尘防护、噪声防护措施 (4)对受噪声影响居民进行补偿，尽可能白天施工 (5)弃土集中堆放，采取专门水土保持措施防止水土流失	(1)禁止渠道外污染物进入渠道 (2)对进入渠道的漂浮物要经常清理 (3)及时进行水土保持工作 (4)交通桥为野生动物活动提供空间 (5)绿地和林地恢复 (6)注意泵站噪声和管理人员污水处理	按环评报告书采取了相应环保措施	按环评报告书采取了相应环保措施	满足	满足

行政区	输水形式	环境影响报告书中的环保措施		工程实际已采取的环保措施		是否满足要求	
		施工期	运行期	施工期	运行期	施工期	运行期
平度市	明渠	明渠段措施同上，其中对于灰的处理设施：(1)建立生活污水，生产废水的处理设施 (2)给施工人员配备防粉尘，防噪声装置 (3)减少对周围敏感点的噪声污染，对敏感点人群进行补偿 (4)加强施工人员健康防疫工作，减少疾病发生率 (5)施工期泵站区水土保持和防止泵土场水土流失	明渠段措施同上，其中对于灰泵泵站：(1)装备防噪声设施 (2)减少对周围敏感点的噪声污染，对敏感点人群进行补偿 (3)对管理人员生活废水，生活垃圾要要有专门设备处理	按环评报告书采取了相应环保措施	按环评报告书采取了相应环保措施	满足	满足
莱州市		明渠段措施同上，东宋泵站措施同上	明渠段措施同上，东宋泵站措施同上	按环评报告书采取了相应环保措施	按环评报告书采取了相应环保措施	满足	满足
招远市		明渠段措施同上，辛庄泵站措施同上	明渠段措施同上，辛庄泵站措施同上	按环评报告书采取了相应环保措施	按环评报告书采取了相应环保措施	满足	满足
龙口市		明渠段措施同上，黄水河泵站措施同上	明渠段措施同上，黄水河泵站措施同上	按环评报告书采取了相应环保措施	按环评报告书采取了相应环保措施	满足	满足

续表

行政区	输水形式	环境影响报告书中的环保措施		工程实际已采取的环保措施		是否满足要求	
		施工期	运行期	施工期	运行期	施工期	运行期
		管道段： (1)建厕所等污水集中处理装置,防止施工生活污水影响地表水环境 (2)对施工人员采取粉尘防护措施 (3)对受噪声影响居民进行补偿,尽可能白天施工 (4)弃土弃渣集中堆放,采取专门的水土保持措施,防止水土流失	管道段： (1)采取水土保持措施,防止水土流失 (2)恢复管道开挖处覆土后的植被系统,美化景观环境。 五龙泵站措施同上,村里隧洞保护措施：				
蓬莱市	管道	五龙泵站站措施同上,村里隧洞保护措施： (1)建厕所等污水集中处理装置,防止施工人员生活污水影响地表水环境 (2)对施工人员采取粉尘防护措施 (3)对受噪声影响居民进行补偿,尽可能白天施工 (4)弃土弃渣集中堆放,采取专门的水土保持措施,防止水土流失	(1)采取水土保持措施,防止水土流失 (2)切实弃渣场的管理,措施,实施水土保持,防止渣场水土流失 (3)防止渣场淋滤液对地下水环境的影响 (4)做好隧洞衬砌,防止裂隙水污染水体	按环评报告书采取了相应环保措施,其中五龙泵站随工程变更为温石汤泵站,并采取了相应的环保措施	按环评报告书采取了相应环保措施,其中五龙泵站随工程变更为温石汤泵站,并采取了相应的环保措施	满足	满足

续表

行政区	输水形式	环境影响报告书中的环保措施		工程实际已采取的环保措施		是否满足要求	
		施工期	运行期	施工期	运行期	施工期	运行期
栖霞市	管道	管道段措施同上	管道段措施同上	按环评报告书采取了相应环保措施	按环评报告书采取了相应环保措施	满足	满足
烟台市福山区		管道段措施同上	管道段措施同上	按环评报告书采取了相应环保措施	按环评报告书采取了相应环保措施	满足	满足
烟台市芝罘区		黄务泵站措施同上	黄务泵站措施同上	按环评报告书采取了相应环保措施	按环评报告书采取了相应环保措施	满足	满足
烟台市莱山区		管道段措施同上	管道段措施同上	按环评报告书采取了相应环保措施	按环评报告书采取了相应环保措施	满足	满足
烟台市牟平区		管道段措施同上,星石泊泵站措施同上,卧龙隧洞措施同上	管道段措施同上,星石泊泵站措施同上,卧龙隧洞措施同上	按环评报告书采取了相应环保措施	按环评报告书采取了相应环保措施	满足	满足
文登区		管道段措施同上	管道段措施同上	按环评报告书采取了相应环保措施	按环评报告书采取了相应环保措施	满足	满足

表 7.5.2　环评批复意见落实情况一览表

分项	批复中要求的环境保护措施	落实情况及实施效果	落实结果评价
工程内容	渠首沉沙工程，应采取防渗和防扬尘措施，设置截渗沟，在渠堤上种植草类植物；对运营期满的沉沙池及时要及时覆土还田	渠首沉沙工程未建设，因此不需要落实相应环保措施	不属于重大变动
水环境	应采取措施改善因输水工程对地表径流造成的阻断影响，避免造成局部地区的涝灾	输水渠和暗管（涵）工程与现有河道、沟渠均采用立交方式，这种立交方式确保了原有水系的连续性。因此，在输水堤内侧能发挥、保持干区域有效功能正常发挥，设有截流沟，可确保雨水过部地区排出。调试以来未发生过局部地区涝灾	已落实，满足批复要求
	要做好调水工程的水土保持和输水明渠的防渗截渗工作，保证施工质量	输水明渠防渗截渗工程、绿化工程均已完工，并已经通过水土保持设施验收	已落实，满足批复要求
固体废物	对工程弃土，原则上用于工程建设或就地利用；对工程弃渣，选择附近的洼地、坑塘复填造地，复填厚度不小于 0.5 m，选择的复填处不得影响河流的行洪	工程弃土均已妥善处置，所有渣场均已完成复垦、复绿等工程，并已经通过水土保持设施验收	已落实，满足批复要求
环境风险	工程的爆破要采用浅孔，小药量爆破；保证隧道的衬砌质量	施工过程均采用浅孔，小药量爆破，未发生环境风险事故和安全事故	已落实，满足批复要求

续表

分项	批复中要求的环境保护措施	落实情况及实施效果	落实结果评价
水环境、声环境、固体废物	落实施工期生活废水、噪声的防治措施,设置生活垃圾投收集容器,并送城市垃圾处理场。要选用对环境影响小的施工机械,在居住区、学校等敏感点要合理安排施工时间,避免造成影响。对泵站等运营期的固定生活污水处理设施,保证达标排放生活垃圾,送城市垃圾处理场	施工期生活污水均得到妥善处理,并严格控制工程机械的作业时间,生活垃圾全部得到了妥善处置。运营期各泵站生活污水运行正常,所有生活污水均排入泵站内的化粪池,生活垃圾均由环卫部门定期清运	已落实,满足批复要求
生态环境	施工结束后,要及时恢复临时占地的使用功能,对施工集中生活区要采取消毒处理	临时占地均已完成复垦,复绿或作用鱼塘等,施工中生活集中区亦经消毒处理后改作相应的用途	已落实,满足批复要求
环境管理	在调水工程沿线,应避免污水进入输水干渠。在工程经过河流域时,考虑采用倒虹吸,涵管等交叉建筑物,如遇到大型河流,采用倒虹吸工程,小河流可选用涵管或暗涵洞,某些河流、湖库若满足本工程的输水要求,可利用其作为输水河流,同时要保证调水水质。在调水前,要做好水质的监测和监视工作,在调水水质满足《地表水环境质量标准》(GB 3838—2002)Ⅲ类标准要求后,方可进行调水	输水渠和暗管(涵)工程与现有河道、沟渠均采用立交方式;在输水堤内侧设有截流沟,可保证调水水质。山东省胶东调水局制定了《胶东调水工程引水水源污染突发事件应急预案》,预案对引水水源污染、输水河水质污染、调蓄水库水质污染等事件均制定了相应的防治措施和应急处置预案,可保证水质安全。在输水渠起始位置设置了在线监测断面,对主要指标进行实时监控,一旦发现水质异常,可立即采取有效措施,以保证调水水质安全	整改后落实,满足批复要求

通过采取相应的环保措施,工程施工期和运行期对于生态环境、水环境、大气环境、噪声和固体废弃物环境等方面的影响均得到了相应改善。

(1)生态环境保护措施及成效

本项目在建设过程中积极开展水土流失防治工作,水土保持工程措施、植物措施和临时措施基本按照水土保持方案报告书的要求进行了实施,使各施工扰动区域达到了水土保持方案制定的治理目标。在建设过程中修建了挡土墙、护坡、排水渠沟、护岸等具有水土保持功能的设施,大面积开展了管道作业带恢复耕地、穿越工程施工场地恢复耕地及平整、施工道路复耕及土地平整、弃渣场治理,对阀室区进行了植乔灌木、种草恢复植被。各项工程措施质量优良,管护措施得到落实;各项措施运行状况良好,项目建成的水土保持设施有效地控制了工程建设中的水土流失。

工程建成运行后,各项生态恢复设施在经历暴雨、大风等恶劣天气下运行正常,其安全稳定性良好。项目区林草长势良好,基本上达到了生态恢复预期的效果。项目区完成的生态恢复措施较好地发挥了保持水土、改善环境的作用。工程完成后,通过对扰动土地进行建设构筑物、场地整理、复耕及撒播种草措施,土地得到了治理。经过水保监测,工程扰动土地整治率为97.8%,水土流失总治理度为96.6%,整个项目区设计水平年土壤流失控制比达到1.0,林草覆盖率为28.4%。

(2)水环境保护措施及其成效

本工程运行期产生的生活污水均由环卫部门定期清运,化粪池均采取了严格的防渗措施。只要在运行中加强管理,杜绝生活污水的无组织排放,即可以有效控制运行期对周围水体的影响。

项目施工期的生产废水中,砂石料冲洗废水中的主要污染物为细砂、泥沙、悬浮物等。这些污染物较易沉淀,为防止施工期的这些生产废水对附近水域水质产生影响,在混凝土拌和及浇筑场地边设置了沉淀池;混凝土养护废水 pH 值在 12 左右,进行中和后与其他生产废水混合处理;机械车辆维修、冲洗、排放的废水石油类含量较高,对这类水均设置了单独的集油、撇油的设备;上述废水经处理后全部回用。基坑和引河开挖抽排地下水水质较好,直接排入了附近水体。施工期在各泵站及沿线较集中的施工人员办公生活区,均配套建设了粪便污水处理设施(含厕所、化粪池、沉淀池)。各施工人员生活区的生活污水绝大部分定期运送到附近的污水处理站或用作农用肥,加以利用。项目共分4 次对施工期生产、生活污水进行了检测。根据监测报告,项目施工期施工队伍生活污水均集中于沉淀池中,多数情况下污水量较小且不外排,施工废水集中于沉淀池中循环使用,因此施工废水未对施工现场周边环境产生不利影响。

(3)大气保护措施及成效

工程施工期间,根据环评和设计要求,主要采取了如下大气污染防治措施:①施工期间建设单位加强了环境管理工作。根据施工过程的实际情况,在施工现场设置围栏,减少施工扬尘扩散范围。②施工单位加强施工区的规划管理。如建筑材料的堆场以及混凝土搅拌场定点定位,并采取防尘、抑尘措施。③汽车运输易起尘的物料,采取加盖篷布、控制车速措施,防止物料洒落和产生扬尘;运输车辆进出的主干道做到定期洒水,起到抑尘作用。④施工单位选择的施工地点地势开阔,远离敏感点,有利于废气的扩散,且污染源本身排放量较小,影响时间较短,因此未对周围环境造成很大的污染。⑤对堆放的施工废料采取了防扬尘措施。

项目共分四个阶段对施工场地进行了监测:第一、二、三阶段对施工期大气环境质量的监测结果表明大气环境质量符合《环境空气质量标准》(GB 3095—1996)2 类标准,第四阶段对施工期大气环境质量的监测结果表明大气环境质量符合《环境空气质量标准》(GB 3095—2012)2 类标准。

运行期,各办公区均未设置厨房设施,因此无厨房油烟产生。工作人员的生活污水经各自配套的化粪池沉淀后,由环卫部门定期清运;生活垃圾经集中收集暂存后,由环卫部门定期清运。项目运行期无废气排放。

(4)声环境保护措施及其成效

针对噪声采取的治理措施主要是选用低噪声设备,加强绿化,在站场周围种植花卉、树木等。本工程的设施均按设计和环保要求采用了低噪声设备,并对站场进行了绿化,落实了噪声防治措施,有效降低了工程运行过程的噪声影响。

通过现场监测,试运行阶段本项目各站场的昼、夜间厂界噪声能够满足《工业企业厂界环境噪声排放标准》(GB 12348—2008)中的 2 类标准要求。

(5)固体废弃物处理措施及其成效

项目各弃渣场均采取了复耕或绿化的恢复工作。施工期生活垃圾定期清运至当地环保部门指定地点安全处置,对环境影响较小。运行阶段产生的生活垃圾收集后由当地环卫部门定期清理,未对环境产生影响。

综上所述,本项目在保证各项处置措施实施的情况下,固体废弃物的排放去向是可行、可靠、合理的,其对环境的影响在可接受范围之内。

(6)环境风险防范措施及成效

本工程在施工期和试运行期均制定了比较完善的环境风险防范措施与应急预案,基本落实了国家、地方及有关行业关于风险事故防范与应急方面的相关规定,并配备了必要的应急设施,设置了完善的环境风险事故防范与应急管理机构。应急预案已下发至各相关单位并已组织学习。

项目建设及调试期间,均未发生重大环境风险事故。

7.5.4.2　环境监测落实情况

(1)施工期环境监督监测计划及落实情况

施工期的环境监测主要是对作业场所的控制监测和事故发生后的影响监测。本工程环境影响报告书针对施工期列出环境监测计划,主要监测对象有施工场地施工队伍饮用水、生活污水、施工废水、施工场地空气质量、施工场地噪声等,监测单位为受建设单位委托的环境监测单位。

根据环境监测单位出具的报告,施工阶段共进行了四个阶段的监测,如表 7.5.3 至表 7.5.6 所示。

表 7.5.3 第一阶段监测场地一览表(2007 年)

所在位置		建筑物类型	标段	施工图设计桩号	完成情况	监测次数
昌邑市	胶莱河	输水渠穿河倒虹		5+02~5+446	已监测	2
昌邑市		明渠			已监测	2
平度市		明渠及附属建筑物	101	5+446~12+850	已监测	2
平度市	昌平公路	输水渠穿路倒虹	102 标段内	12+850~12+936	已监测	2
平度市		明渠及附属建筑物	102	12+850~17+735	已监测	2
平度市	友谊河	输水渠穿河倒虹		18+271~18+432	已监测	2
平度市		明渠及附属建筑物	103	17+735~18+171, 18+432~24+956	已监测	2
平度市		平度段明渠及附属建筑物工程施工(103 标段预制板)	107		已监测	2
平度市	双山河	输水渠穿河倒虹		25+056~25+291	已监测	2
平度市	泽河	输水渠穿河倒虹		30+161~30+608	已监测	2
平度市		明渠及附属建筑物	105	30+758~34+801	已监测	2
平度市		明渠及附属建筑物	106	34+801~38+143	已监测	2
平度市		明渠及附属建筑物	108	104~106 标段预制板	已监测	2
平度市	灰埠镇	灰埠泵站		35+674	已监测	2
平度市	三灰公路	输水渠穿路倒虹	106 标段内	36+560~36+642	已监测	2
平度市	平灰公路	输水渠穿路倒虹	106 标段内	37+399~37+475	已监测	2
莱州市		明渠及附属建筑物	110	38+143~43+505	已监测	2
莱州市	柳林北公路	输水渠穿路倒虹	110 标段内	41+775~41+875	已监测	2
莱州市		明渠及附属建筑物	111	43+505~47+171	已监测	2
莱州市	沙河	输水渠穿河倒虹		47+231~47+358	已监测	2
莱州市		明渠及附属建筑物	112	47+395~50+801	已监测	2
莱州市	珍珠河	输水渠穿河倒虹		50+801~50+917	已监测	2
莱州市		标段 110~113 的六角形衬砌板预制及运输	125		已监测	2
莱州市	海郑河	输水渠穿河倒虹		52+995~53+151	已监测	2
莱州市	后桥村北公路	输水渠穿路倒虹	113 标段内	54+940~55+030	已监测	2
莱州市		明渠及附属建筑物	114	56+811~60+909	已监测	2

续表

所在位置		建筑物类型	标段	施工图设计桩号	完成情况	监测次数
莱州市		明渠及附属建筑物	115	60＋909～65＋625	已监测	2
莱州市	东宋镇	东宋泵站		57＋634	已监测	2
莱州市		明渠及附属建筑物	116	66＋131～69＋500	已监测	2
莱州市	南阳河	输水渠穿河倒虹		69＋500～70＋194	已监测	2
莱州市		明渠及附属建筑物	117	70＋194～74＋570	已监测	2
莱州市		明渠及附属建筑物	118	74＋570～79＋711	已监测	2
莱州市	苏郭河	输水渠穿河倒虹		79＋711～79＋888	已监测	2
莱州市		明渠及附属建筑物	119	79＋888～86＋219	已监测	2
莱州市		标段117～119的六角形衬砌板预制及运输	126	标段117～119的六角形衬砌板预制及运输	已监测	2
莱州市	王河	输水渠穿河倒虹		86＋219～86＋619	已监测	2
莱州市		明渠及附属建筑物	120	86＋619～93＋671	已监测	2
莱州市	诸冯西公路	输水渠穿路倒虹	120标段内	87＋897～87＋973	已监测	2
莱州市	诸冯北公路	输水渠穿路倒虹	120标段内	87＋897～87＋973	已监测	2
莱州市		明渠及附属建筑物	121	93＋671～97＋835	已监测	2
莱州市	朱桥河	输水渠穿河倒虹		97＋835～98＋034	已监测	2
莱州市		明渠及附属建筑物	122	98＋034～101＋318	已监测	2
莱州市	马塘河	输水渠穿河倒虹		99＋723～99＋842	已监测	2
莱州市		明渠及附属建筑物	123	101＋318～103＋920	已监测	2
莱州市	金城东公路	输水渠穿路倒虹	123标段内	101＋318～103＋920	已监测	2
莱州市		明渠及附属建筑物	124	103＋920～108＋546	已监测	2
莱州市		标段122～124的六角形衬砌板预制及运输	127	标段122～124的六角形衬砌板预制及运输	已监测	2
莱州市	万深河	输水渠穿河倒虹		107＋947～108＋110	已监测	2
招远市	曲马沟	输水渠穿河倒虹		111＋453～111＋712	已监测	2
招远市	诸流河	输水渠穿河倒虹		115＋050～115＋449	已监测	2
招远市	淘金河渡槽	输水渠渡槽		118＋782～120＋122	已监测	2
招远市	孟格庄渡槽	输水渠渡槽		120＋437～120＋817	已监测	2
招远市	界河渡槽	输水渠渡槽		122＋855～124＋845	已监测	2
龙口市	后徐家渡槽	输水渠渡槽		127＋430～127＋760	已监测	2
龙口市	八里沙渡槽	输水渠渡槽		132＋888～132＋998	已监测	2
龙口市	南滦河	输水渠穿河倒虹		143＋320～143＋571	已监测	2
龙口市	泳汶河	输水渠穿河倒虹		146＋764～146＋952	已监测	2
龙口市	绛水河	输水渠穿河倒虹		153＋152～153＋301	已监测	2

续表

所在位置		建筑物类型	标段	施工图设计桩号	完成情况	监测次数
龙口市	兰高镇侧高村	黄水河泵站		159+816.5	已监测	2
龙口市	石良镇任家沟	任家沟隧洞进口		172+512.04	已监测	2
蓬莱市	村里集镇张家沟	任家沟隧洞出口		176+089.04	已监测	2
蓬莱市	村里集镇温石汤村	温石汤泵站		177+676.46	已监测	2
蓬莱市	村里集镇后辛旺庄	村里隧洞进口		183+237.91	已监测	2
蓬莱市	村里镇英格庄西	村里隧洞出口		189+585.01	已监测	2
烟台市	福山区高疃镇	高疃泵站		219+73.92	已监测	2
烟台市	牟平区龙泉镇	星石泊泵站		285+960.766	已监测	2
威海市	牟平区龙泉镇潘格庄	卧龙隧洞进口		295+941.53	已监测	2
威海市	文登区界石镇辛上庄	卧龙隧洞出口		297+192.76	已监测	2

表 7.5.4　第二阶段监测场地一览表（2008 年）

所在地	项目名称	工程进展情况
招远市	明渠（139 标段）	5 月和 10 月两次监测
招远市	明渠（140 标段）	5 月和 11 月两次监测
招远市	明渠（141 标段）	5 月和 11 月两次监测
龙口市	明渠（143 标段）	6 月和 11 月两次监测
龙口市	邢家东公路穿路倒虹（143 标段内）	6 月和 11 月两次监测
龙口市	香坊南公路穿路倒虹（145 标段内）	6 月和 11 月两次监测
龙口市	明渠（144 标段）	6 月和 11 月两次监测
龙口市	明渠（145 标段）	6 月和 11 月两次监测
龙口市	明渠（146 标段）	5 月和 11 月两次监测
龙口市	明渠（147 标段）	5 月和 12 月两次监测
龙口市	明渠（148 标段）	6 月和 12 月两次监测
龙口市	标段 139～141 的六角形衬砌砼板预制及运输（142 标段）	5 月和 11 月两次监测
龙口市	标段 146～148 的六角形衬砌砼板预制及运输（149 标段）	6 月和 11 月两次监测

所在地	项目名称	工程进展情况
龙口市	龙口连接线穿路倒虹	11月初和11月末两次监测
龙口市	庙前东北公路穿路倒虹（144标段内）	6月和11月两次监测
蓬莱市	任家沟暗渠	12月两次监测

表 7.5.5 　第三阶段监测场地一览表（2011 年至 2013 年）

所在地	项目名称	工程进展情况
蓬莱市	160标段1号暗渠施工场地	2011年1月3日和1月9日监测
蓬莱市	160标段2号暗渠施工场地	2011年1月4日和1月10日监测
栖霞市	161标段1号暗渠施工场地	2011年1月5日和1月11日监测
栖霞市	161标段2号暗渠施工场地	2011年1月6日和1月12日监测
栖霞市	162标段1号暗渠施工场地	2011年1月7日和1月13日监测
栖霞市	162标段2号暗渠施工场地	2011年1月8日和1月14日监测
福山区	165标段1号管道施工场地	2011年10月25日和12月11日监测
福山区	165标段2号管道施工场地	2011年10月26日和12月12日监测
福山区	166标段1号管道施工场地	2011年10月27日和12月13日监测
福山区	166标段2号管道施工场地	2011年10月28日和12月14日监测
牟平区	174标段1号管道施工场地	2011年10月30日和12月15日监测
牟平区	174标段2号管道施工场地	2011年10月31日和12月16日监测
牟平区	175标段1号管道施工场地	2011年11月1日和12月17日监测
牟平区	175标段2号管道施工场地	2011年11月2日和12月18日监测
威海市	167标段1号管道施工现场	2011年11月2日和12月19日监测
威海市	167标段2号管道施工现场	2011年11月3日和12月20日监测
莱山区	172标段1号管道施工现场	2013年3月2日和3月7日监测
莱山区	172标段2号管道施工现场	2013年3月3日和3月8日监测
莱山区	173标段1号管道施工现场	2013年3月4日和3月9日监测
莱山区	173标段2号管道施工现场	2013年3月5日和3月10日监测

表 7.5.6　第四阶段监测场地一览表(2019 年)

项目名称	工程进展情况	所在地
自动化调度系统工程	2019 年 3 月 17 日监测	福山区
	2019 年 3 月 17 日监测	文登区
	2019 年 3 月 17 日监测	牟平区
	2019 年 3 月 18 日监测	龙口市
	2019 年 3 月 18 日监测	莱州市
	2019 年 3 月 18 日监测	招远市

2013 年年底,胶东调水主体工程全线贯通,并进行了试通水。建设单位对调水水质定期进行监测,并形成检测报告。

(2)运行期环境监测计划及落实情况

根据工程环评报告书要求,运行期只对输水水质进行定期监测,详情如下:

监测频率:每月两次。

监测断面:宋庄分水闸(桩号:0+000)、胶莱河倒虹(桩号:5+200)、双山河倒虹(桩号:25+150)、东宋泵站(桩号:57+705)、辛庄泵站(桩号:118+240)、黄水河泵站(桩号:161+516)、五龙泵站(桩号:177+403.7)、黄务泵站(桩号:253+765.4)、星石泊泵站(桩号:300+648.4)。

监测项目:pH 值、悬浮物、DO(溶解氧)、高锰酸盐指数、氨氮、总磷、总汞、挥发酚、总氰化物、总砷、六价铬、粪大肠菌群、LAS(阴离子表面活性剂)。

本工程设有在线监测系统,并由专人负责运营。此外不设置专门的环境监测机构,在本工程调试期间及运营中,委托有资质的监测单位对本工程的输水水质进行监督性监测。

7.5.4.3　环境监理落实情况

将整个工程(含环保工程)分标段委托给相应监理单位开展监理工作。根据标段确定的主要监理单位包括:淮委水利水电工程建设监理中心、山东省水利工程建设监理公司、山东省科源监理工程建设监理中心、江苏河海工程建设监理有限公司、山东龙信达咨询监理有限公司等。各监理单位设置了工程监理项目部,监理时间为 2003 年 12 月至2019 年 6 月;根据工程环评报告书的规定,开展工程监理工作。

(1)监理的目标、范围

环境监理主要目标是缓解或消除环境影响报告书中所确认的不利影响因素,最终实现工程建设的环境、社会与经济效益的统一。本工程施工监理的工作范围主要包括所有输水线路的主体工程及辅助工程的施工场地及各承包商的生活区、施工道路等可能造成环境污染和生态破坏的区域。

（2）施工区监理的组织机构及工作方式

施工区环境监理主要负责监督施工区各承包商和业主的环境保护工作,其组织机构由环境监理公司及业主单位和承包商三者组成。监理公司设工程总监及各级监理工程师,负责工程施工区的环境监理工作。业主和承包商的环境保护工作受监理公司监督,共同管理工程的环境保护工作。

环境监理的工作模式一般是:监理人员常驻工地,对施工中的环境保护工作进行动态管理,发现问题后及时提出并及时解决。

（3）监理的任务

本工程环境监理的任务包括:

①受业主委托,监督、检查本工程的环境保护工作。

②审查承包商提出的可能造成污染的设备和技术环节,提出意见,并责令其按照环境保护要求进行修订。

③协调业主和承包商的关系,处理环境保护部分的违约事件。

④对承包商施工过程和竣工后的现场就环保内容进行监督检查。

具体的监理内容包含生产废水、生活污水处理,大气、粉尘控制,噪声控制,固体废弃物处理,水土流失、生态环境保护和卫生防疫等方面。

（4）监理的成果

各监理单位分别于 2003 年 12 月至 2019 年 6 月分标段对整个工程(含环保工程)进行了监理,并完成了相应标段的《监理总结报告》。

7.5.4.4 环境保护费用

（1）环境影响报告书批复的投资

根据 2004 年 9 月山东省环保厅《关于山东省胶东地区引黄调水工程环境影响报告书的批复》(鲁环审〔2004〕100 号),批复山东省胶东地区引黄调水工程环保投资为 966.83 万元。其中,施工期环境监测费用 238.58 万元,环境保护仪器设备费用 50 万元,环境保护临时措施费用 453.50 万元,环境保护独立费用 183.23 万元,基本预备费 41.52 万元。

（2）实际完成的环境保护投资

工程参建各单位严格按照国家有关法律、法规、环评报告和批复等要求,严格落实"三同时"制度,切实做好施工期水环境、声环境、大气环境和生态环境的保护工作。固体废弃物、生产、生活污水处理规范,取弃土区水土保持措施到位,水源地(取水口)的保护措施到位,批复的施工期环境保护措施均落到实处,施工期未发生环境污染事件和投诉情况,实际完成环境保护投资 1000 万元。

7.5.4.5 环境管理措施评价

环境管理是企业管理的一项重要内容。加强环境监督管理力度,尽可能地减少"三废"排放数量及提高资源的合理利用率,把对环境的不良影响减小到最低限度,是企业实现环境、生产、经济协调持续发展的重要措施。本工程对环境的影响主要来自施工期的各种作业活动及运行期的风险事故。山东省胶东调水局制定了《山东省胶东调水工程调水突发事件应急预案(试行)》等各项管理制度,最大限度地减轻了施工作业对生态环境的影响,减少了事故的发生,确保了工程的安全运行。

(1)环境保护管理体系

山东省胶东调水局成立了环境保护管理委员会。环境保护管理委员会成员由局领导及各分局有关人员分管环保的相关负责人组成,负责组织贯彻国家及调水局环境保护方面的法律、法规、政策、标准等;制定了环境保护工作的方针、规定、要求;审定了环保发展规划和有关制度、规定、办法;协调解决了有关环保的计划、设计、建设、生产等重大问题;监督各部门环保工作的执行情况;协调解决对污染事故的处理等。

(2)环境管理措施

①环境管理机构

工程投产运行后,其环境管理由山东省胶东调水局负责。

②环境管理制度建设

工程建立了环境保护管理体系,在调水局设置环境管理机构,贯彻执行国家环境保护的方针、政策、法律和法规;组织制定调水局的环境保护规章制度和标准,并督促检查执行;根据企业特点,制定污染控制及改善环境质量计划;组织环境监测、事故防范以及外部协调工作;组织突发事故的应急处理和善后事宜;组织开展环境保护的科研、宣传教育和技术培训工作;监督"三同时"规定的执行情况,确保环境保护设施与主体工程同时设计、同时施工、同时运行,有效控制污染;检查本单位环境保护设施的运行。

③环境保护相关档案资料的齐备情况

目前,调水局环境管理体系文件运行良好。调水局每年制定下达管理目标,并签订安全生产、环境保护目标管理责任书,全过程跟踪监督检查管理目标落实情况,年底对照目标完成情况进行考核。

7.5.4.6 公众意见

本项目为调水类水利工程项目。该工程在建设过程中,未发生因本工程建设引起的群体上访和举报事件。项目竣工环境保护设施验收情况在公示期间以及工程运行期间亦未收到有关本工程的公众意见。

7.5.4.7 环境保护执行情况综合评价

胶东调水工程在工程建设期和运行期积极落实环境影响报告书和环保行政主管部门批复中的各项环境保护措施,按照相关要求进行环境监测和环境监理工作并形成相关报告,环境保护投资落到实处。山东省胶东调水局建立了环境保护管理体系,在调水局设置环境管理机构以制定各项管理制度。工程在建设和运行过程中,均未收到有关本工程的公众意见。

7.5.5　环境影响评价结论与建议

7.5.5.1　环境影响评价结论

（1）胶东调水工程在建设过程中和运行期间，重视环境保护工作，满足了环保"三同时"要求；施工和运行过程中采取了有效的污染防治措施与生态保护措施，在施工和运行阶段执行了国家和地方环保法规、规章和环境保护部对于建设项目环境保护工作的各项要求。

（2）本工程建设在施工期和运行期对当地的水、气、声、土壤环境等产生了一定的影响。施工期渠道、暗涵、管道开挖、施工导流工程和泵站建设对沿线区域的自然水系、水土保持、大气、声环境及区域生态等方面产生了一定程度的不利影响。运行期工程通过改善胶东地区沿线的供水条件，从而改善该地区农业生态的环境；沿线的输水管理机构的办公、生活设施和泵站等也对环境产生一定的影响（如生活垃圾、生活污水、噪声等环境污染因素）；运行期供水区污水量等方面有所增加，但这些影响并不严重，工程采取相应环境保护措施加以减免或消除。

（3）本项目基本落实了《山东省胶东地区引黄调水工程环境影响报告书》及其批复中提出的环境保护措施，各类污染物能够实现达标排放要求，且在施工及调试期间均进行了环保监测，并由建设方和第三方监理单位监督管理。

（4）山东省胶东调水局成立了环境保护管理委员会，制定了《山东省胶东调水工程调水突发事件应急预案（试行）》等各项管理制度，最大限度地减轻了施工作业对生态环境的影响，减少了事故的发生，确保了工程的安全运行。

7.5.5.2　后续工作建议

（1）进一步建立健全环境管理制度。加强企业内部对环保设施运行管理和操作人员的培训，不断提高其管理和实际运行操作能力。

（2）加强环境风险防范。在工程运行期间，可能出现诸多突发事件。应强化管线运行管理，切实加强事故应急处理及防范措施。按照要求，定期进行事故应急演练，并与周围群众进行联动，根据演练中发现的问题及时完善应急预案。

（3）输水沿线跨越的大部分桥梁上设有防撞和防侧翻设施，但未设置废液收集系统。一旦发生运输车辆运载的液体泄漏等事故，将会对调水水质产生不利影响。因此建议在运行期严格限制危险化学品等运输车辆的通行，对有隐患的桥梁增设废液收集系统（包括收集管道和事故水池等）。

（4）加强输水沿线的监控和巡查力度，加强设备维护工作，确保输水安全、稳定。

（5）各泵站运行时，在各泵站厂界对昼间、夜间的噪声分别进行监测（1 次/年），确保达到所处声环境功能区的环境质量要求。

7.6　水土保持评价

7.6.1　水土流失影响

7.6.1.1　工程内容

胶东调水工程自黄河打渔张引黄闸引取黄河水,经沉沙池沉沙后,利用现有的引黄济青工程输水至昌邑市宋庄镇,在该镇引黄济青输水河左岸新建宋庄分水闸分水,沿莱州湾新辟输水明渠至龙口市黄水河泵站,再经压力管道、隧洞、暗渠输水至烟台市门楼水库,在暗渠末端新建高疃泵站,经压力管道、隧洞至威海市米山水库,途经博兴县、广饶县、寿光市、潍坊市寒亭区、昌邑市、平度市、莱州市、招远市、龙口市、蓬莱市、栖霞市、福山区、莱山区、高新区、牟平区及文登区共 16 个县(市、区)。输水线路总长 482 km,其中利用现有引黄济青段工程 172 km(含引黄济青输沙渠及沉沙池长);新辟输水线路310 km,包括输水明渠长 160 km,输水管道、输水暗渠及隧洞长约 150 km。工程全线共设 9 级提水泵站;布置了 5 座输水隧洞;新建 6 座大型渡槽;其他水闸、倒虹吸、桥梁等建筑物 400 座;并配套建设自动化调度系统。根据《山东省水利厅关于暂停实施胶东地区引黄调水渠首沉沙池工程的意见》(鲁水发规字〔2018〕15 号),暂停实施胶东地区引黄调水渠首沉沙池工程,待各方面条件成熟后再适时实施胶东调水新建沉沙池工程。

胶东调水工程主要由输水明渠、压力输水管道、暗渠输水工程、泵站工程、隧洞工程、交叉建筑物工程等组成,配套建设工程自动化调度系统。工程总占地 1 650.16 hm^2,其中永久占地面积 1 276.08 hm^2,临时占地面积 374.08 hm^2。本工程在建设期间开挖土方总量为1 630.75×10^4 m^3,填方总量 1 165.56×10^4 m^3;取土场取土方 144.61×10^4 m^3,弃方609.80×10^4 m^3。工程总投资 50.69 亿元,其中土建投资约 38 亿元,由山东省胶东地区引黄调水工程建管局投资建设。

7.6.1.2　水土流失评价

根据《全国水土保持规划国家级水土流失重点预防区和重点治理区复核划分成果》和《山东省水利厅关于发布省级水土流失重点预防区和重点治理区的通告》(鲁水保字〔2016〕1 号),确定莱州市、招远市、龙口市、蓬莱市、福山区属于胶东半岛北部省级水土流失重点预防区;栖霞市、莱山区、牟平区属于昆嵛山省级水土流失重点治理区;昌邑市、平度市、文登区不属于国家级和省级水土流失重点预防区或治理区。根据《全国水土保持区划(试行)》,确定项目区在全国水土保持区划中属北方土石山区中的胶东半岛丘陵蓄水保土区。项目不涉及崩塌、滑坡危险区和泥石流易发区,项目区容许土壤流失量为200 t/(km^2·a)。

经现场查勘并向专家咨询,综合考虑项目区土壤流失因子的特性及预测对象受扰动情况,确定项目区土壤侵蚀类型主要为水力侵蚀,侵蚀强度以轻度、中度为主,侵蚀形式主要以坡面面蚀为主,并伴有一定的细沟侵蚀。

水土保持监测成果表明,胶东调水工程施工对原有地形、地貌造成了破坏,形成了部分陡坡和临空面;在工程建设期,加剧了区域内的水土流失。工程施工结束后,经过水土保持措施建设和自然恢复,现场人为扰动因素消除,临时堆土摊平或得到利用,减少了水土流失的发生和发展。

7.6.2 水土保持法律法规执行情况评价

7.6.2.1 水土保持方案编制

2004年8月,山东省水利勘测设计院编制《山东省胶东地区引黄调水工程水土保持方案报告书》。

2004年9月,山东省水利厅以鲁水保字〔2004〕30号文对该项目水保方案进行了批复。

胶东调水工程因其工程复杂、线路长、工期长,实施过程中材料价格及人工费用增长较多,故最初的初步设计不能满足工程的实际开展需要。

山东省水利勘测设计院作为本工程的设计单位,在初步设计报告及初步设计变更报告中从生态保护措施和水土保持措施方面进行了设计说明。

2009年5月,山东省水利勘测设计院编写完成《山东省胶东地区引黄调水工程变更设计报告》,对水土保持内容进行了专项补充设计。

2009年10月,山东省工程咨询院对《山东省胶东地区引黄调水工程变更设计报告》进行了评审,以鲁工咨机字〔2009〕468号文下发《关于胶东地区引黄调水工程有关问题的评审报告》。

2009年12月9日,山东省发展和改革委员会下发《山东省发展和改革委员会关于胶东地区引黄调水工程有关问题确认意见的函》(鲁发改农经〔2009〕1564号)。

7.6.2.2 水土保持监测

2006年4月,建设单位委托山东省水利科学研究院开展本工程水土保持监测工作。

为了完成胶东调水工程水土保持监测任务,山东省水利科学研究院成立了胶东调水工程水土保持监测项目部。项目部有1名总监测工程师、5名监测工程师,他们进行了相关资料的收集、线路巡查、典型调查和定点监测等工作。监测单位在查阅相关资料的基础上编写完成了《山东省胶东地区引黄调水工程水土保持监测总结报告》。经监测,水土保持6项防治指标均达标。

根据监测结果,本工程水土流失防治目标的监测结果为扰动土地整治率97.8%,水土流失总治理度96.6%,土壤流失控制比1.0,拦渣率98.2%,林草植被恢复率97.5%,林草覆盖率28.4%。

在工程建设中,山东省胶东地区引黄调水工程根据相关法律法规和规章的要求,委托监测单位开展了建设期及自然恢复期的水土保持监测工作,并编写了水土保持监测总结报告。监测单位取得了相关的监测数据,其监测成果基本能够反映该工程的水土流失特点和水土保持状况。监测工作能根据项目建设实际情况确定监测方法,设立监测点;监测内容全面,数据可靠,便于开展项目的水土流失动态变化分析工作;可及时对水土流失严重地区布设水土保持防治措施,防治项目建设的水土流失。

7.6.2.3 水土保持监理

建设单位将整个工程(含水保工程)分标段委托给相应的监理单位开展监理工作。根据标段确定的主要监理单位包括:淮委水利水电工程建设监理中心、山东省水利工程建设监理公司、山东省科源工程建设监理中心、江苏河海工程建设监理有限公司、山东龙信达咨询监理有限公司等。各监理单位设置了工程监理项目部,监理时间为 2003 年 12 月至 2019 年 5 月,并根据水土保持监理的规定开展水土保持工程监理工作。监理的范围为整个防治责任范围。监理的内容包括控制工程建设的投资、建设工期和工程质量,进行工程建设合同管理,信息管理、职业健康和环境保护管理,协调有关单位间的工作关系。各标段的监理单位完成了相应标段的《监理总结报告》。

7.6.2.4 水土保持验收

2019 年 6 月,委托山东水文水环境科技有限公司编制完成《山东省胶东地区引黄调水工程水土保持设施验收报告》。2019 年 6 月 20 日,工程通过项目法人组织的水土保持设施验收。验收结论为:工程实施过程中基本落实了水土保持方案及批复文件的要求,完成了水土流失预防和治理任务,水土流失防治指标达到了水土保持方案确定的目标值,符合水土保持设施验收的条件,同意该工程水土保持设施通过验收。验收成果按程序公示后向山东省水利厅报备。2019 年 7 月 4 日,山东省水利厅出具了《关于山东省胶东地区引黄调水工程水土保持设施自主验收报备证明的函》(鲁水保函〔2019〕17 号),接受该项目水土保持设施验收报备。

对本工程水土保持建设情况,主要形成了以下结论:

(1)建设单位重视工程建设中的水土保持工作,按照有关水土保持法律法规的规定,编报了水土保持方案报告书,并上报水利厅审查、批复。本工程不涉及水土保持重大变化及变更,后续主体工程初步设计对水土保持措施进行优化,按照批复的水土保持方案足额缴纳水土保持补偿费,各项手续齐全。

(2)后续设计和建设过程落实了方案的设计内容和意见,开展了水土保持监理、监测工作。

(3)各项水土保持设施按批复的水土保持方案及其设计文件建成,符合主体工程和水土保持的要求,达到了批准的水土保持方案报告书和批复文件的要求。

(4)水土保持设施质量合格、结构稳定、排列整齐。

(5)本工程水土保持措施落实情况良好,工程水土流失防治责任范围内的水土流失得到了较为有效的治理,水土流失防治效果达到了有关技术标准的要求,水土保持设施运行正常。

(6)水土保持投资使用符合审批要求,管理制度健全。

(7)水土保持设施的后续管理、维护措施已经落实,具备正常运行条件,而且能持续、安全、有效地运转,符合交付使用要求。

(8)通过对本工程周围群众进行的公众意见调查发现,总体上公众认为工程建设能对经济环境带来有利的影响。工程对当地经济发展产生了积极的促进作用。

(9)本工程水土保持工作制度完善,档案资料保存完整,水土保持工程设计、施工、监理、财务支出、水土保持监测报告等资料齐全。

综上所述,水土保持设施验收报告结论为:建设单位依法编报了水土保持方案,开展了水土保持后续设计、监理、监测工作,依法缴纳了水土保持补偿费,水土保持法定程度完整;按照水土保持方案落实了水土保持措施,措施布局合理,水土流失防治任务完成,水土保持措施的设计、实施符合水土保持有关规范要求;水土流失防治目标总体实现;水土保持后续管理、维护责任已落实。

7.6.2.5　项目法人制

山东省胶东地区引黄调水工程建管局为建设单位,负责项目的投资管理,并组织实施工作,承担施工过程中的水土流失防治责任;成立项目部,及时组织相关单位全面展开各项水土保持工程的实施。项目从立项、水土保持方案编制、水土保持监测、水土保持监理及其水土保持设计变更的委托,到水土保持初步验收,均是按照项目法人制运作的。因此,项目建设符合项目法人制的要求。

7.6.2.6　执行情况评价

山东省胶东调水工程从项目立项到项目实施与验收,严格执行了水土保持相关法律法规,履行了水土保持相关程序。在胶东调水工程建设过程中,专门成立了水土保持方案实施组织机构,负责水土保持工作的组织、协调、设计、施工、监督等工作。主体工程完工后,追加水土保持投资,以加强对弃土弃渣的防护,严格落实水土保持工程投资。通过工程措施、植物措施和临时措施的实施,扰动土地得到了有效治理,达到了方案要求的目标。

山东省胶东调水工程严格按设计施工,水土保持与主体工程"三同时"制度落实到位。

7.6.3　水土保持实施情况评价

7.6.3.1　水土流失防治责任范围

(1)方案批复的水土流失防治责任范围

按照山东省水利厅《关于山东省胶东地区引黄调水工程水土保持方案报告书的批复》(鲁水保字〔2004〕30号),批复的工程水土流失防治责任范围共计 2 416.94 hm²,其中项目建设区防治范围 2 407.1 hm²,直接影响区防治范围 9.84 hm²。

(2)实际发生的水土流失防治责任范围

本工程评估范围以本项目水土保持方案报告书的批复、工程初步设计、施工图等相关设计文件为基础,结合现场查勘和查询本工程建设用地的批复、施工日志、工程监理、监测报告等资料,确定本工程实际水土流失防治责任范围为 1 650.16 hm²,其中永久占地 1 276.08 hm²,临时占地 374.08 hm²。

(3)防治责任范围变化及其原因分析

本工程批复的防治责任面积为 2 416.94 hm²,其中项目建设区防治范围 2 407.1 hm²,直接影响区防治范围 9.84 hm²;实际防治责任范围为 1 650.16 hm²,全部为项目建设区,比方案批复面积减少了 766.78 hm²,详见表 7.6.1。防治责任范围变化的主要原因有以下几点:

①渠首沉沙区和移民安置区:根据山东省水利厅文件《山东省水利厅关于暂停实施胶东地区引黄调水渠首沉沙池工程的意见》(鲁水发规字〔2018〕15 号),暂停实施胶东地区引黄调水渠首沉沙池工程,待各方面条件成熟后再适时实施胶东调水新建沉沙池工程。根据《山东省胶东地区引黄调水工程水土保持方案报告书》,渠首沉沙区未建设,减少 501.89 hm²;移民安置区未实际发生,减少 9.84 hm²。

②输水明渠区:方案设计中的输水明渠长度和实际施工长度相比变化不大。主要完成的水土保持措施包括土地整治、挡土墙、浆砌石护坡、撒播种草措施、临时排水沟、临时覆盖、临时拦挡等。方案设计时弃土区、取土区和弃渣场区占地均为临时占地,而在实际施工使用过程中,建设单位对临时占地进行了确权,均变成永久占地。方案设计中弃土区为 283.87 hm²,而实际施工时,在平度段、莱州段和龙口段设置了天新庄南、郭家埠村东、傅家村南、东宋泵站西、东宋泵站东、西上家村、埠上村、黄格庄村和泉水东村 9 个相对集中弃土区,占地 119.5 hm²,堆土 103.02×10⁴ m³;其余有余方的标段均是堆放在输水渠道一侧或两侧,占地面积 221.72 hm²。弃土区较方案增加了 57.35 hm²,取土区较方案减少了169.90 hm²,弃渣场较方案减少了 64.58 hm²;施工取土区面积减少了 169.90 hm²,集中弃渣场减少了 64.58 hm²。这主要是由于初步设计和施工图设计进行了优化,取土场和弃渣场合并使用,因此输水明渠工程区共减少占地 161.91 hm²。

③泵站枢纽工程区:本工程新建了灰埠泵站、东宋泵站、辛庄泵站、黄水河泵站、温石汤泵站、高疃泵站和星石泊泵站 7 座泵站。经查阅施工资料、监理资料,结合卫星照片影像和现场监测资料,泵站枢纽实际占地 47.15 hm²,主体工程较方案增加了 11.55 hm²;方案设计的临时占地弃土场和弃渣场未实际产生,主要是由于施工过程中优化竖向设计,减少了弃土弃渣;对工程建设产生的弃渣进行综合利用或运至输水渠沿线弃土区,泵站工程施工均在围墙占地范围内,未产生临时占地。综上,泵站枢纽工程区较方案较少占地13.24 hm²。

④交叉建筑物工程区:交叉建筑物工程区占地全部按永久占地考虑。经查阅施工资

料、监理资料,结合卫星照片影像和监测资料,交叉建筑物工程区施工过程中共增加占地约2.10 hm²,这主要是由于较方案设计增加了3处大型渡槽工程,分部是大刘家河渡槽、孟格庄渡槽、八里沙河渡槽。

⑤输水暗渠(隧洞、管道)区:方案设计中输水暗渠(隧洞、管道)分为主体工程区、施工临时占压、取土区和弃渣场区,初步设计和施工图设计时优化了线路走向,较方案设计时减少了12 km,相应减少了施工临时占地36.73 hm²,减少了弃渣场占地25.70 hm²;实际施工过程中输水管道施工所需用土采用购土方式,未设置取土区,减少取土区临时占地19.67 hm²。

⑥管理机构建设工程区:经查阅施工资料、监理资料,结合卫星照片影像和监测资料,胶东调水工程设置了昌邑宋庄分水闸管理所、平度马戈庄管理所、双流河管理所、龙口管理站、招远管理站、牟平管理站、威海调流阀管理站等,核算本工程占地面积为6.05 hm²,较方案设计增加了0.25 hm²。

表 7.6.1　防治责任范围面积变化对照表　　　　　　　　　单位:hm²

分区		水保方案值			实际值			变化值		
		建设区	影响区	小计	建设区	影响区	小计	建设区	影响区	小计
渠首沉沙池区	渠首沉沙池区	501.89	—	501.89	0.00	—	0.00	−501.89	0.00	−501.89
输水明渠工程区	主体工程区	789.99	—	789.99	808.36	—	808.36	18.37	0.00	18.37
	施工便道	22.35	—	22.35	19.20	—	19.20	−3.15	0.00	−3.15
	取土区	200.65	—	200.65	30.75	—	30.75	−169.90	0.00	−169.90
	弃土区	283.87	—	283.87	119.50	—	119.50	−164.37	0.00	−164.37
	弃渣场	78.48	—	78.48	13.90	—	13.90	−64.58	0.00	−64.58
	沿线弃土区	—	—	0.00	221.72	—	221.72	221.72	0.00	221.72
	小计	1 375.34	—	1 375.34	1 213.43	0.00	1 213.43	−161.91	0.00	−161.91
泵站枢纽工程区	主体工程	35.60	—	35.60	47.15	—	47.15	11.55	0.00	11.55
	弃土区	7.76	—	7.76	0.00	—	0.00	−7.76	0.00	−7.76
	弃渣场	17.03	—	17.03	0.00	—	0.00	−17.03	0.00	−17.03
	小计	60.39	—	60.39	47.15	0.00	47.15	−13.24	0.00	−13.24
交叉建筑物工程区	交叉建设区	9.47	—	9.47	11.57	—	11.57	2.10	0.00	2.10
输水暗渠(隧洞、管道)区	主体工程	2.57	—	2.57	2.41	—	2.41	−0.16	0.00	−0.16
	施工占压	391.60	—	391.60	354.88	—	354.88	−36.73	0.00	−36.73
	取土区	19.67	—	19.67	0.00	—	0.00	−19.67	0.00	−19.67
	弃渣场	40.37	—	40.37	14.67	—	14.67	−25.70	0.00	−25.70
	小计	454.21	—	454.21	371.96	0.00	371.96	−82.25	0.00	−82.25

续表

分区		水保方案值			实际值			变化值		
		建设区	影响区	小计	建设区	影响区	小计	建设区	影响区	小计
管理机构建设工程区	管理机构建设区	5.80	—	5.80	6.05	—	6.05	0.25	0.00	0.25
移民安置区		—	9.84	9.84	0.00	—	0.00	0.00	−9.84	−9.84
合计		2 407.10	9.84	2 416.94	1 650.16	0.00	1 650.16	−756.94	−9.84	−766.78

7.6.3.2　弃渣场

根据批复的水土保持方案中土石方平衡情况可知,整个项目弃方为 $722.24×10^4$ m³。

根据调查监测结果,本工程在工程建设过程中产生弃方 $609.80×10^4$ m³。输水明渠段弃方优先弃置于取土场区。泵站工程区弃方先综合利用,多余的调运至输水渠弃土区。输水暗渠(管道、隧洞)区产生的弃方先综合利用,不能利用的堆置于隧洞的出入口渣场。根据现场调查复核结果,本工程综合利用弃渣 $185.83×10^4$ m³,弃土(渣)场堆置弃方 $423.97×10^4$ m³。

(1)明渠段弃土区

输水明渠弃土区的集中弃土有 9 处,分别是平度市天新庄南、郭家埠东和傅家庄南 3 处,莱州市东宋泵站西、东宋泵站东、西上孙家和埠上村 4 处,龙口市黄格庄和泉水村东 2 处。

平度段天新庄南弃土场、傅家庄南弃土场沿输水渠道设置,于 2019 年进行削坡整平,栽植法桐、千头椿等,堆土高度在 1.0～2.0 m;郭家埠东弃土场沿输水渠道设置,于 2017 年进行平整,栽植北京栾树和白蜡,堆土高度在 0.2～1.0 m。

莱州段东宋泵站西、东宋泵站东弃土区于 2019 年进行整治,栽植黑松,堆土高度在 0.2～1.5 m;西上孙家和埠上村弃土区于 2012 年进行整治,栽植白蜡、黑松、速生杨,堆土高度在 1.0～2.5 m。

龙口段黄格庄和泉水村东弃土区于 2019 年进行整治,栽植木槿等植物,堆土高度在 1.0～2.5 m;沿线弃土区在主体工程输水明渠施工时开挖将弃土堆置两侧,堆土高度在 0.2～0.5 m;2012 年 3 月至 2014 年 10 月栽植了速生杨、白蜡、黑松等。

(2)明渠段弃渣场

输水明渠弃渣场有 2 处,分别是莱州市秀东村弃渣场、冷村弃渣场。

莱州市秀东村弃渣场、冷村弃渣场于 2019 年 3 月至 5 月对弃渣进行削坡整平,栽植黑松、白蜡、撒播种草等,目前堆放高度在 0.5～2.0 m。

(3)暗渠段弃渣区

输水暗渠(管道、隧洞)工程区的弃渣场(区)有 11 处,分别是龙口市任家沟隧洞入口弃渣场、蓬莱市任家沟支洞弃渣场、任家沟隧洞出口弃渣场、蓬莱市村里集隧洞入口弃渣场、蓬莱市村里集隧洞支洞弃渣场、蓬莱市村里集隧洞出口弃渣场、莱山区桂山隧洞出口渣土区、牟平区孟良口子隧洞入口弃渣区、孟良口子隧洞出口弃渣区、卧龙隧洞入口弃渣场、文登区卧龙隧洞出口弃渣场。

龙口市任家沟隧洞入口弃渣场自 2019 年 3 月至 5 月对弃渣进行削坡整平,并用挡渣墙拦挡,顶部覆土,通过栽植黑松进行植被恢复。

蓬莱市任家沟支洞弃渣场自 2018 年 7 月至 2019 年 5 月对弃渣进行削坡整平,顶部覆土,通过栽植黑松进行植被恢复;任家沟隧洞出口弃渣场已于 2013 年 7 月对弃渣进行削坡整平,顶部覆土,现已由当地村民恢复为果园。

蓬莱市村里集隧洞入口弃渣场已于 2013 年 7 月对弃渣进行削坡整平,顶部覆土,现已交由百姓进行复耕;村里集隧洞支洞弃渣场、村里集隧洞出口弃渣场自 2019 年 3 月至 5 月对弃渣进行削坡整平,顶部覆土,通过栽植黑松进行植被恢复。

莱山区桂山隧洞出口渣土在隧洞完工后全部进行了综合利用外运,现已恢复为果园,可用于复耕。

牟平区孟良口子隧洞入口产生的弃渣在隧洞完工后进行渣土综合利用、外运,现已在弃渣位置建成调流阀站;孟良口子隧洞出口产生的弃渣在隧洞完工后进行渣土综合利用、外运,现已在弃渣位置已种植黑松;卧龙隧洞入口弃渣场自 2019 年 3 月至 5 月对弃渣进行顶部覆土,通过栽植白蜡进行植被恢复。

文登区卧龙隧洞出口弃渣场自 2016 年 9 月对弃渣场进行顶部覆土,现已恢复为果园,可用于复耕。

7.6.3.3 取土场

根据《山东省胶东地区引黄调水工程水土保持方案报告书(报批稿)》,本工程建设期总挖方 $1\ 827.37 \times 10^4\ m^3$,填方总量 $1\ 191.75 \times 10^4\ m^3$;取土 $86.62 \times 10^4\ m^3$,产生弃土(石、渣)$722.24 \times 10^4\ m^3$。

根据监测报告,并结合现场调查复核、查阅施工资料和监理资料,项目在实际建设过程中输水明渠段设置集中取土场 9 处,占地面积 $30.75\ hm^2$,取土 $144.61 \times 10^4\ m^3$。根据监测结果,昌邑市两个取土场现状为坑塘;莱州市和招远市的取土场后期作为弃渣场进行了弃渣回填利用,上述取土场均根据各地形进行了平整和植被恢复。

7.6.3.4 工程措施

水土保持方案新增水土保持工程措施为土地整治工程。本工程共需土地整治面积 $63.75\ hm^2$。

实际完成的工程措施包括:渠道内坡拦渣墙 $1\ 800\ m$,挡土墙 $780\ m$,浆砌石护坡 $364\ m$,土地整治 $752.89\ hm^2$。

(1)输水明渠工程区:土地整治面积 $363.05\ hm^2$,渠道内坡拦渣墙 $1\ 800\ m$。

(2)泵站枢纽工程区:土地整治面积 $21.22\ hm^2$。

（3）交叉建筑物工程区：土地整治面积 3.12 hm²。

（4）输水暗渠（管道、隧洞）区：土地整治面积 363.68 hm²，挡土墙 780 m，浆砌石护坡 364 m。

（5）管理机构建设工程区：土地整治面积 1.82 hm²。

工程措施变化的原因在于，本工程实际完成的工程量与方案设计的工程量相比存在差异。

项目建设过程中，根据施工实际，土地整治面积较方案设计面积增加，这主要是由于方案编制阶段对于土地整治面积计算较少。

（1）输水明渠工程区：较方案设计新增了明渠内拦渣墙措施。实际建设过程中烟台市莱州段对输水明渠内侧修建拦渣墙（高 0.5 m），阻挡高边坡滑落渣土进入输水渠；设置混凝土拦渣墙 900 m，混凝土 340 m³，浆砌石拦渣墙 900 m，浆砌石 360 m³。

（2）输水暗渠（管道、隧洞）区：项目建设过程中，根据施工实际，对弃渣场外侧下边坡底部修建浆砌石挡渣墙及浆砌石护坡，任家沟弃渣场外侧下边坡底部修建浆砌石挡土墙，挡土墙长度约 620 m；孟良口子入口隧洞渣场修建浆砌石挡土墙 160 m；对孟良口子弃渣场外侧下边坡底部修建浆砌石护坡 364 m，浆砌石护坡 160.11 m³。

在施工中，根据工程实际对防护形式、工程量有所调整，从而导致与方案相比发生了变化。水土保持工程措施虽有变化，但多数工程措施是施工时根据主体工程和水土保持需要进行形式和数量上的调整，且已完成的工程仍可达到水土保持防护设计的要求。建设单位也对易发生水土流失危害的部位进行了重点防护，如输水明渠内侧修建拦渣墙、弃渣场外侧下边坡底部修建浆砌石挡渣墙等。同时，建设单位在工程运行期间，按时对这些防治措施进行维护、更新。从运行情况看，这些措施能够起到防治水土流失的目的，且项目区没有产生新的水土流失问题。

从现场勘查情况看，现有的各项水土保持工程措施已发挥作用，各防治分区没有产生水土流失危害，生产运营情况正常。

7.6.3.5　植物措施

水土保持方案报告书中确定的植物措施包括：混播草籽 58 000 kg，栽植面积 280 hm²，栽植速生杨 24 000 株，小叶杨 24 000 株，垂柳 11 800 株，速生柳 30 000 株，紫穗槐212 229 株，杞柳 114 500 株。

本工程实际完成的植物措施面积 469.00 hm²，包括栽植乔木、灌木，撒播种草等措施。本工程共栽植乔木 45.85 万株、灌木 29.32 万株，撒播种草 320.50 hm²。

（1）输水明渠工程区：经查阅主体工程施工设计资料并现场监测复核，工程完工后，对施工作业带、明渠沿线弃土区等占地范围内进行植物绿化，绿化面积为 363.05 hm²。

（2）泵站枢纽工程区：经查阅主体工程施工设计资料并现场监测复核，工程施工完工后，对泵站范围内进行植物绿化，绿化面积为 21.22 hm²。

（3）交叉建筑物工程区：建设过程中，对交叉建筑物穿越扰动范围内进行植物绿化，绿化面积为 3.12 hm²。

(4)输水暗渠(隧洞、管道)区:工程施工完工后,对输水暗渠(隧洞、管道)区开挖占地区域大部分进行复耕,对未占用耕地部分及弃渣场区域进行复植,绿化面积为79.78 hm²。

(5)管理机构建设工程区:建设过程中,对管理机构区范围内进行植物绿化,绿化面积为1.82 hm²。

植物措施量变化的原因如下:

(1)对于输水明渠段,建设单位对渠道两边分别进行了植物措施布设,按照乔木株距3～5 m、灌木1～3 m的规格进行布设;对于明渠段沿线弃土区,在弃土平整治理后进行乔灌木植被恢复,较方案设计相比,乔木数量有所减少,但灌木数量大大增加,实际防护功效有所增加。

(2)对于泵站枢纽工程区,由于泵站区属于建设单位永久占地范围,建设过程中各县区段对泵站内采取了较高规格的植被绿化设计,因此实际采取的植物措施量较方案相比增加。

(3)对于交叉建筑物工程区,植物措施主要为撒播种草,根据实际情况采取的植物措施量与方案相比有所增加。

(4)对于输水暗渠(管道、隧洞)区,地下暗渠、管道区域覆土整地后进行了复耕,对产生的弃渣场区域进行了覆土及栽植乔木或灌木,与批复的水土保持方案相比,弃渣场植物措施量有所增加。

(5)对于管理机构区,建设过程中各县区段对管理站内采取了较高规格的植被绿化设计,因此实际采取的植物措施量较方案相比增加。

虽然水土保持植物措施量有所变化,但是防护面积占扰动面积的比重并未减少,已完成的工程仍可达到水土保持防护设计的要求。各区裸露地表均采取了植物恢复措施。从运行情况看,各防治分区的植物措施中,植被长势良好,草地盖度较大,苗木成活率较高,达到了总体设计要求,且建设单位也定期对植物进行更新补植。

从现场勘查情况看,现有的水土保持植物措施已发挥作用,各防治分区没有产生水土流失危害,生产运营情况正常。

7.6.3.6 临时措施

水土保持方案报告书确定的临时措施有编织袋装土临时防护量8 300 m³。

本工程实际完成的临时措施如下:

(1)输水明渠工程区:采取编织袋装土临时拦挡4 580 m³。

(2)泵站枢纽工程区:编织袋装土临时拦挡2 410 m³,土质临时排水沟长2 800 m,防尘网覆盖500 m²,彩钢板临时拦挡4 400 m²。

(3)交叉建筑物工程区:编织袋装土临时拦挡630 m³。

(4)输水暗渠(管道、隧洞)区:编织袋装土临时拦挡2 660 m³。

(5)管理机构建设工程区:编织袋装土临时拦挡120 m³,彩钢板临时拦挡370 m²,防尘网覆盖 900 m²。

本工程水土保持临时措施完成量与批复的水土保持方案相比,工程量略有变化,变化原因主要是对泵站及管理机构设施区增加防护措施导致的。

根据工程水土保持监理及监测资料,工程施工期间,对土方和物料堆放区等重点部位及时进行防护,采取了临时覆盖、临时拦挡等防护措施。工程建设期间,因采取了临时防护措施,水土流失面积大为减少,未产生较大的水土流失危害。

总体上讲,水土保持工程是按照设计方案实施的,本工程防治思路清晰明确,实施的水土保持植物措施得当,草、树种植配置合理,防治措施基本与周围原自然环境相融合,美化了项目区生态环境,水土保持措施实施基本到位。这些水土保持措施有效保证了工程建设的顺利进行,也有效保证了水利工程的正常运行。工程开工和运行至今,没有出现重大水土流失与环境灾害。

7.6.3.7 水土保持工程质量

根据《水土保持工程质量评定规程》(SL 336—2006)中关于开发建设项目水土保持工程划分标准,结合主体工程建设实际情况,将本工程中的水土保持工程划分为土地整治工程、挡土墙工程、边坡防护工程、临时防护工程、植被建设工程 5 个单位工程,以及 23 个分部工程和 1 317 个单元工程。

(1)水土保持单元工程质量评定情况

根据水土保持工程质量评定依据,经施工单位质检部门自评、监理单位核定,本工程实施的 1 317 个单元工程全部完工,并且质量等级全部为合格。

(2)水土保持分部工程质量评定情况

分部工程的所有单元工程经检查全部完成并且质量合格后,由建设单位及监理单位主持,设计、施工、监测和质量监督等单位参加,对本工程的水土保持分部工程进行验收。

经验收,本工程分部工程的水土保持设施的建设标准、工程量、投资等基本按照批复的水土保持方案实施,质量等级合格,具备试运行条件。

(3)水土保持单位工程质量等级评定情况

单位工程的分部工程已经完工。经过一段时间的试运行后,由建设单位及监理单位主持,设计、施工、监测和质量监督、运行管理等单位参加,对本工程的水土保持单位工程进行了验收。

经验收,本工程单位工程的水土保持设施的建设标准、工程量、投资等基本按照批复的水土保持方案全部完成,质量等级为合格,具备安全运行的条件。

(4)水土保持工程质量综合评定

综合以上的质量评定结果,本工程各单元工程、分部工程实施的水土保持措施项目运行状况良好,在工程措施、植被建设工程和临时防护工程相结合的情况下能够有效地防治水土流失,满足水土保持要求。本工程的水土保持措施质量合格。

7.6.3.8　水土保持费用

（1）水土保持方案批复的投资

根据山东省水利厅文件《关于山东省胶东地区引黄调水工程水土保持方案报告的批复》（鲁水保字〔2004〕30号），批复胶东调水工程水土保持总投资1 435.15万元，其中工程措施费42.08万元，植物措施费665.05万元，施工临时工程费58.13万元，水土保持独立费用147.66万元，基本预备费27.39万元，水土保持设施补偿费494.85万元。

（2）实际完成的水土保持投资

本工程建设实际完成水土保持总投资4 201万元，其中完成工程措施投资1 016.29万元，植物措施投资2 188.05万元，临时措施投资131.82万元，独立费用370.00万元，水土保持设施补偿费494.85万元。

（3）变化原因

与批复的水土保持方案投资相比，实际完成水土保持总投资4 201万元，较批复增加了2 765.85万元，其中工程措施投资增加了974.21万元，植物措施投资增加了1 523万元，临时措施费用增加了73.69万元，实际独立费用增加了222.34万元。

本工程实际完成水土保持总投资变化的原因有：工程复杂、线路长、工期长，实施过程中材料价格及人工费用增长较多，加之审查过程中核减投资过多，工程单价过低，投资缺口较大，致使胶东调水工程无法按照水保方案设计要求进行施工。

为保证胶东地区引黄供水工程的正常实施，根据工程建设需要，建设单位调整水土保持工程部分投资。2012年9月，山东省工程咨询院对《山东省胶东地区引黄调水工程调度运行管理系统方案》进行了评审，以鲁工咨机字〔2012〕518号文下发《关于胶东地区引黄调水工程有关问题的评审报告》，核定了本工程水土保持投资4 201万元，主要调整了植物措施苗木投资及人工单价。

7.6.3.9　水土保持补偿费

山东省胶东地区引黄调水工程建管局已向山东省水利厅全额缴纳本工程水土保持补偿费494.85万元。

7.6.3.10　实施情况评价

后续设计和建设过程落实了方案的设计内容和意见，开展了水土保持监理监测工作。各项水土保持设施按批复的水土保持方案及其设计文件建成，符合主体工程和水土保持的要求，达到了批准的水土保持方案报告书和批复文件的要求。

工程建设方按照批复的水土保持方案足额缴纳水土保持补偿费，各项手续齐全。

7.6.4　水土流失防治效果评价

7.6.4.1　扰动土地整治率

工程建设完成后，通过建设构筑物、场地整理、复耕及撒播种草等土地整治措施，使扰动土地得到了治理。经过监测,胶东调水工程的扰动土地面积为 1 650.16 hm²;扰动土地整治面积等于综合治理面积(土壤流失量已达允许侵蚀标准)加上永久建筑物、硬化等面积,共计 1 614.21 hm²,扰动土地整治率为 97.8%。

7.6.4.2　水土流失总治理度

工程建设实际扰动土地总面积 1 650.16 hm²,水土流失面积 782.47 hm²,各项水土保持工程措施和植物措施总面积 759.00 hm²,项目区水土流失总治理度为 97%。

7.6.4.3　拦渣率

拦渣率指项目防治责任范围内实际拦挡弃土弃渣量与防治责任范围内弃土弃渣总量的百分比。

本工程在建设期间开挖土方总量 1 630.75×10⁴ m³,填方总量 1 165.56×10⁴ m³;取土场取土方 144.61×10⁴ m³,弃方 609.80×10⁴ m³。施工过程中通过采取编织袋拦挡、防尘网苫盖、彩钢板临时拦挡等临时措施,施工期拦渣率达到约 98.2%,满足水土保持方案的设计目标值。

7.6.4.4　土壤流失控制比

土壤流失控制比是指项目建设区内,容许土壤流失量与治理后的平均土壤流失强度之比。

本工程各防治责任分区的治理情况为:工程建设完成了大部分硬化,临时区域进行了场地平整,恢复了原地貌,水土流失得到有效控制。经过监测,土壤侵蚀模数达到 200 t/(km²·a)。经计算,整个项目区设计水平年土壤流失控制比达到了 1.0。

7.6.4.5　林草植被恢复率

项目区占地面积 1 650.16 hm²,已实施植被恢复面积为 469.00 hm²,可恢复林草面积共 481.02 hm²,项目区综合林草植被恢复率为 97.5%。

7.6.4.6　林草覆盖率

根据监测结果,工程占地面积 1 650.16 hm²,已实施林草植被面积 469.00 hm²,林草覆盖率为 28.4%。

通过水土保持措施的实施,工程建设新增水土流失的情况得到控制,原有水土流失得到有效治理,周边生态环境得到明显改善。运行初期水土保持措施运行稳定正常,植物生长基本良好,水土保持功能持续有效地发挥。水土保持措施实施后,水土流失防治效果显著,项目区新增林草面积 469.00 hm²。

7.6.4.7　效果评价结论

根据水土保持监测成果,水土流失防治责任范围得到了系统的整治,工程的各类开挖面、临时堆土、施工场地等得到了及时整治并进行了植被恢复,施工形成的水土流失源地得到了有效控制,项目区水土流失强度由轻度下降到微度。水土保持措施的实施减少了因工程建设可能造成的水土流失危害,达到了水土保持方案的预期目的。

7.6.5 水土保持评价结论与建议

7.6.5.1 水土保持评价结论

胶东调水工程项目区内未发现重大的水土流失事故。建议今后的建设项目水土保持工作真正做到"三同时",严格执行国家的有关法律法规和规章制度。具体总结如下:

(1)建设单位重视工程建设中的水土保持工作,按照有关水土保持法律法规的规定,编制了水土保持方案报告书,并上报山东省水利厅审查、批复。本工程不涉及水土保持重大变化及变更、后续主体工程初步设计对水土保持措施进行优化,按照批复的水土保持方案足额缴纳水土保持补偿费,各项手续齐全。

(2)工程设施合理,措施得当,质量合格。本工程水土保持措施落实情况良好,工程水土流失防治责任范围内的水土流失得到了较为有效的治理,水土流失防治效果达到了有关技术标准的要求,水土保持设施运行正常。

(3)本工程水土保持工作制度完善,档案资料保存完整,水土保持工程设计、施工、监理、财务支出、水土保持监测报告、水土保持验收报告等资料齐全。

7.6.5.2 水土保持评价建议

建议进一步深入贯彻习近平总书记关于黄河流域生态保护和高质量发展的重要讲话精神,坚持"节水优先、空间均衡、系统治理、两手发力"的治水思路,坚持重在保护、要在治理,指导地方充分依靠科技手段,全面履行法定职责,切实加强水土流失预防保护,科学推进水土流失综合治理,加强水土保持设施的功能,以实现胶东调水工程的绿色生态保护和高质量发展。

第8章 项目目标和可持续性评价

8.1 项目目标评价

8.1.1 项目原定目标

8.1.1.1 项目建议书阶段供水目标及供水量

(1)供水目标

应急调水工程应以最快的供水速度使胶东地区获得一定的水量补充,以缓解该地区严重的缺水状况。由于从黄河调水水量有限,为发挥最大的供水效益,应急供水目标以城市生活与重点工业为主。

(2)供水量

根据 9 个县(市、区)目前的缺水状况,结合供需平衡计算结果及黄河可供水量,确定本应急工程总供水量为 $14\,300\times10^4$ m^3,其中烟台市区 $3\,650\times10^4$ m^3,莱州市 $2\,500\times10^4$ m^3,招远市 $1\,000\times10^4$ m^3,龙口市 $2\,500\times10^4$ m^3;威海市区 $2\,555\times10^4$ m^3,文登区 $1\,095\times10^4$ m^3;青岛市(平度市) $1\,000\times10^4$ m^3。

8.1.1.2 可行性研究阶段供水目标及供水量

(1)供水目标

引黄调水工程应以最快的供水速度使胶东地区获得一定的水量补充,以缓解该地区严重的缺水状况。由于从黄河引黄调水水量有限,为发挥最大的供水效益,供水目标以城市生活与重点工业为主。

(2)供水量

根据 12 个县(市、区)目前的缺水状况,结合供需平衡计算结果及黄河可供水量,确定本工程总供水量为 $14\,300\times10^4$ m^3,其中烟台市区 $4\,150\times10^4$ m^3(含牟平区 500×10^4 m^3),莱州市 $1\,300\times10^4$ m^3,招远市 $1\,200\times10^4$ m^3,龙口市 $1\,300\times10^4$ m^3,蓬莱市 $1\,200\times10^4$ m^3,栖霞市 500×10^4 m^3;威海市区 $3\,650\times10^4$ m^3;青岛市(平度市) $1\,000\times10^4$ m^3。

8.1.1.3 初步设计阶段供水目标及供水量

(1)供水目标

根据南水北调东线一期工程总体规划及专家组对胶东供水可行性研究报告的评估意见,为缓解烟台市、威海市的供水危机,在长江水未调来之前,首先实施引黄调水工程,其供水范围为青岛、烟台、威海三市的 12 个县(市、区),涉及土地面积 $1.56 \times 10^4 \ km^2$。由于从黄河调水水量有限,为发挥最大的供水效益,其供水目标以确保城市生活用水与重点工业用水为主,兼顾生态环境及部分高效农业用水。

(2)供水量

根据胶东引黄供水区 12 个县(市、区)目前的缺水状况,结合水资源供需平衡计算结果及黄河可供水量,确定本工程总供水量为 $14\ 300 \times 10^4 \ m^3$,其中烟台市区 $4\ 150 \times 10^4 \ m^3$(含牟平区 $500 \times 10^4 \ m^3$),莱州市 $1\ 300 \times 10^4 \ m^3$,招远市 $1\ 200 \times 10^4 \ m^3$,龙口市 $1\ 300 \times 10^4 \ m^3$,蓬莱市 $1\ 200 \times 10^4 \ m^3$,栖霞市 $500 \times 10^4 \ m^3$;威海市 $3\ 650 \times 10^4 \ m^3$;青岛市(平度市)$1\ 000 \times 10^4 \ m^3$。

8.1.1.4 项目原定目标总结

项目前期设计阶段,根据供水对象目前的缺水状况,结合供需平衡计算结果及黄河可供水量,明确了供水目标以确保城市生活用水与重点工业用水为主,兼顾生态环境及部分高效农业用水,供水量细化到青岛、烟台、威海三市的具体区县,详见表 8.1.1。项目目标的制定贴合实际,针对性强,层层细化,便于项目建成运行后的考核。

表 8.1.1 项目目标表 单位:$\times 10^4 \ m^3$

阶段		项目建议书	可行性研究	初步设计
供水目标		以城市生活用水与重点工业用水为主	以城市生活用水与重点工业用水为主	以确保城市生活用水与重点工业用水为主,兼顾生态环境及部分高效农业用水
供水量	合计	14 300	14 300	14 300
	(1)青岛市(平度市)	1 000	1 000	1 000
	(2)烟台市	9 650	9 650	9 650
	①烟台市区	3 650	4 150(含牟平区 500)	4 150(含牟平区 500)
	②莱州市	2 500	1 300	1 300
	③招远市	1 000	1 200	1 200
	④龙口市	2 500	1 300	1 300
	⑤蓬莱市		1 200	1 200
	⑥栖霞市		500	500
	(3)威海市	3 650	3 650	3 650
	①威海市区	2 555	3 650	3 650
	②文登区	1 095		

8.1.2　目标实现情况

胶东调水主体工程建成后,自 2015 年 4 月 21 日按照山东省政府和山东省水利厅安排部署实施应急抗旱调水,至 2019 年 12 月 18 日完成竣工验收后正式运行。截至 2021 年 6 月 30 日,累计调引客水 11.14×10^8 m³,其中向烟台市供水 6.89×10^8 m³,向威海市供水 3.93×10^8 m³,向平度市供水 0.32×10^8 m³。年度供水情况见表 8.1.2。

表 8.1.2　年度供水情况统计表

供水情况		运行天数/天	供水量/($\times 10^4$ m³)			合计供水量/($\times 10^4$ m³)
			平度市	烟台市	威海市	
供水目标设计值		91	1 000.00	9 650.00	3 650.00	14 300.00
调水年度供水量	2015 年 4 月 21 日至 2015 年 7 月 6 日	77	0.00	3 150.00	0.00	3 150.00
	2015 年 12 月 14 日至 2016 年 7 月 1 日	200	85.48	4 616.46	3 612.73	8 314.67
	2016 年 8 月 15 日至 2017 年 8 月 5 日	356	229.88	10 359.49	8 503.20	19 092.57
	2017 年 11 月 7 日至 2018 年 8 月 8 日	275	844.92	2 106.54	6 373.36	9 324.82
	2018 年 11 月 11 日至 2019 年 6 月 28 日	230	289.02	7 955.45	7 611.00	15 855.47
	2019 年 9 月 1 日至 2020 年 7 月 31 日	304	781.23	23 448.62	9 251.16	33 481.01
	2020 年 12 月 7 日至 2021 年 6 月 30 日	206	988.98	17 253.40	3 943.77	22 186.15
合计		1 648	3 219.51	68 889.96	39 295.22	111 404.69

8.1.3　项目目标评价

胶东调水主体工程建成运行至今,共经历了 7 次调水,其中应急调水 6 次,正式调水 2 次,最后一次应急调水和第一次正式调水连续运行。历年度实际调水运行天数均超设计运行天数,其中 2016—2017 年度工程应急运行 356 天,接近全年运行。胶东调水工程仅在 2015—2016 和 2017—2018 两个应急调水年度实际供水量未达到设计供水量,这两个年度的实际供水量分别为设计值的 80.17%、65.21%,其余调水年度的实际供水量均超过设计供水量,其中 2019—2020 调水年度实际供水量为设计值的 234.13%,超额完成供水任务。工程累计调引客水 11.14×10^8 m³。由于 2015 年上半年仅明渠段参与调水,工程没有全部运行,若不计该调水年度的调水数据,其余 6 个调水年的供水量为年均 1.80×10^8 m³,是设计供水量的 1.26 倍。

根据平度市、烟台市、威海市三个受水区的历年供水情况统计分析可知,胶东调水工程超额实现了项目立项时确定的目标,有力地保障了胶东地区的基本用水需求。特别是烟台、威海两市持续干旱、严重缺水期间,山东省政府和山东省水利厅紧急部署实施应急抗旱调水工程,为解决当地水资源匮乏的窘况,减缓海水入侵、地下水漏斗扩大,促进当地经济发展、保障当地社会稳定,均发挥了重大作用。

8.2 项目可持续性评价

8.2.1 外部条件对项目可持续性的影响

8.2.1.1 资源利用和国家政策的可持续性

(1)水资源利用的可持续性

水是生存之本、文明之源,国民经济发展和人民生活一刻也离不开水。黄河水和长江水是胶东调水工程的两大水源。作为水资源主要补给来源的大气降水和江河径流具有随机性和周期性的变化属性。随着人们对水资源重要性认识的提高,科学合理地利用水资源是必然的趋势。水资源的可再生性决定了其利用将是可持续的。

(2)国家政策的可持续性

自古以来,我国的基本水情一直是夏汛冬枯、北缺南丰,水资源时空分布极不均衡。新中国成立后,我们党领导开展了大规模的水利工程建设。党的十八大以来,党中央统筹推进水灾害防治、水资源节约、水生态保护修复、水环境治理,建成了一批跨流域、跨区域重大引调水工程。

2021 年 5 月 14 日,习近平总书记在河南省南阳市主持召开推进南水北调后续工程高质量发展座谈会。习总书记在会上发表重要讲话指出,要深入分析南水北调工程面临的新形势新任务,完整、准确、全面贯彻新发展理念,按照高质量发展要求,统筹发展和安全,坚持节水优先、空间均衡、系统治理、两手发力的治水思路,遵循确有需要、生态安全、可以持续的重大水利工程论证原则,立足流域整体和水资源空间均衡配置,科学推进工程规划建设,提高水资源集约节约利用水平。

2021 年 6 月 28 日,水利部党组书记、部长李国英在水利部"三对标、一规划"专项行动总结大会上的讲话《推动新阶段水利高质量发展 为全面建设社会主义现代化国家提供水安全保障》指出:从(2021 年)2 月 22 日开始,在部机关和直属单位集中开展"政治对标、思路对标、任务对标,科学编制'十四五'水利发展规划体系"(以下简称"三对标、一规划")专项行动⋯⋯提高了把握新发展阶段、贯彻新发展理念、构建新发展格局、推动高质量发展的政治判断力、政治领悟力、政治执行力,进一步找准了落实"节水优先、空间均衡、系统治理、两手发力"治水思路的方向、路径、举措,进一步明确了新阶段水利工作的路线图、时间表、任务书,初步形成了一套定位准确、边界清晰、功能互补、统一衔接的"十四五"水利发展规划体系。

8.2.1.2　地方经济发展和水资源调配需求的可持续性

水是自然界一切生物赖以生存的不可替代的自然资源。随着经济发展、人口增长和人民生活水平的不断提高,对水资源的需求量越来越大,水资源供需矛盾日趋严重。缓解水资源需求压力,确保水资源可持续利用是国家和各级政府的重大战略部署。

平度市、烟台市和威海市作为胶东调水工程的主要供水对象,也是山东省重要的经济强市和相对缺水的城市,三市近年来经济发展迅速,在此过程中水资源扮演着不可或缺的重要角色。尤其是 2016 年前,由于胶东地区持续干旱少雨,导致地下水位大幅下降,地表水拦蓄量急剧减少,供水形势非常严峻。各县市开始实施最严格的水资源管理制度以来,总供水量虽然呈现出缓慢下降的趋势,但随着经济的发展和城区、工业规模的快速扩张,未来对水资源需求量的增加将是必然趋势。胶东调水工程作为烟台市和威海市的主要客水,自 2015 年开始实施应急抗旱调水以来,共进行了 7 次调引客水工作。截至 2021 年 6 月 30 日,工程累计向烟台市供水 6.89×10^8 m³,向威海市供水 3.93×10^8 m³,向平度市供水 0.32×10^8 m³。工程调水运行正常,无重大险情出现,有效缓解了胶东地区的用水危机,保障了胶东地区的用水需求和用水安全;扩大改善灌溉面积 333.3 万亩,减少了地下水开采,防止了海水入侵,改善了区域生态环境,在当地供水中扮演了重要角色,也为该地区的经济发展和人民生活稳定做出了巨大贡献,经济效益、社会效益显著。

本次总结评价从以下五个方面进行,总结了胶东调水工程运行以来,对当地经济发展的贡献情况,评价了当地对水资源调配的需求情况。

(1)社会稳定贡献情况

胶东调水工程自 2015 年实施应急调水以来,极大地缓解了当地的供水危机,保障了城镇居民和重点工业用水,避免了城镇居民生活用水无水可供、工业企业减产停产的极端困难局面,补充了地下水资源,改善了生态环境,减缓了海水入侵和地下水漏斗扩大,最大限度地保障了社会稳定,促进了当地经济发展。

(2)外调水在供水总量中的占比情况

胶东调水工程建成后,外调水在烟台市和威海市受水区扮演了极为重要的角色,已成为当地的主要水源之一。外调水占供水总量的比例稳步逐年上升,详见表 8.2.1。

表 8.2.1　受水区各水源供水量统计　　　　　　　　　单位：$\times 10^4 \ m^3$

受水区	年份	当地地表水	外调水	地下水	其他	合计	外调水占比
烟台市	2015	15 265	3 404	19 301	—	37 970	8.96%
	2016	20 342	6 200	24 145	321	51 008	12.15%
	2017	20 362	8 686	23 461	339	52 848	16.44%
	2018	25 086	2 775	17 548	601	46 010	6.03%
	2019	11 979	16 086	29 573	1 169	58 807	27.35%
	2020	20 658	19 169	22 386	1 416	63 629	30.13%
威海市	2015	22 287	3 613	14 700		40 600	8.90%
	2016	18 497	8 503	15 100	60	42 160	20.17%
	2017	21 237	6 373	14 250		41 860	15.22%
	2018	13 729	7 611	13 850	639	35 829	21.24%
	2019	18 830	9 210	13 840	375	42 255	21.80%

（3）城乡居民受益情况

胶东调水工程通过各分水口向受水区供水，受水区通过水库调蓄后，经城乡供水系统为当地工业用水、城乡居民生活用水和城镇公共用水三类用水户提供水资源保障。根据平度市、烟台市、威海市最新统计年鉴，统计设计受水区内的城乡居民人口数量后发现，随着胶东调水工程的投入运行，平度市受益人口数约 119.13 万，烟台市受益人口数约 468.25 万，威海市受益人口数约 137.19 万，总受益人口数约 724.57 万。

胶东调水工程作为烟台市、威海市的外调水源，在当地用水结构中占据较大的比重，已经成为当地居民生活用水的主要来源之一，为当地居民的饮水安全提供了重要保障。

（4）经济社会发展受益情况

以外调水量占用水户用水总量的比例以及水资源在工业产值中所占的重要程度估算胶东调水工程工程对当地经济社会的贡献值。胶东调水工程自投入运行以来，支撑烟台市年均工业产值 3 226.0 亿元，约占烟台市工业总产值的 25.73%，考虑水资源在各生产要素中的重要度，计算的工业净贡献值年均约 58.1 亿元；支撑威海市年均工业产值 361.3 亿元，约占威海市工业总产值的 38.25%，考虑水资源在各生产要素中的重要度，计算的工业净贡献值年均约 6.5 亿元。

胶东调水工程作为烟台市、威海市工业用水的主要水源之一，为当地工业用水安全提供了重要保障，特别是保障了干旱年份的工业发展用水，有效地支撑着当地经济社会的发展。

（5）城镇化发展水平情况

城镇化建设的推进离不开水资源和供水体系的建设。水资源和供水体系的建设作为基础设施领域里重要的一部分,往往会制约着某些地区的城镇化进程。胶东调水工程的建设为烟台、威海地区推进城镇化建设提供了一定的用水保障,在一定程度上能够促进当地的城镇化建设。烟台市、威海市在 2015 年以前城镇化率增长速度较缓,基本维持在 1.0% 以下;2015 年以后城镇化率增长速度明显加快,特别是 2015 至 2018 年,城镇化年增长率基本在 1.4%~1.8%。

城镇化的建设离不开城镇化用地、住房的建设,更离不开城乡供水一体化等供水管网的建设。而胶东调水的投入运行在城镇化建设历程中能够起到一定的有利影响,为城乡居民生活环境的改善起到了促进作用。

胶东调水工程是实现山东省水资源优化配置的重大战略性、基础性、保障性民生工程,是省级骨干水网的重要组成部分。工程运行以来,为胶东地区城市生活及工业用水提供了有效保障,改变了长期形成的生活及工业与农业争水和超量开采地下水的现状,实现了长江水、黄河水、当地水的联合调度及优化配置,缓解了山东省水资源紧缺的局面,为胶东地区经济的平稳发展做出了突出性贡献,为人们的生产生活创造了安全稳定的环境;保障了该地区经济社会的繁荣稳定,避免了因缺水而造成的社会恐慌;促进了科学技术及文化教育事业的发展,促进了经济社会的可持续发展及人与自然的和谐发展。由此分析,平度市、烟台市、威海市供水区的经济稳定发展和人民生活水平提高,高度依赖胶东调水工程以及对水资源的时空调配的可持续性需求。

8.2.2　内部条件对项目可持续性的影响

8.2.2.1　供水功能的可持续性

胶东调水工程建成运行以来,经受了设计水位、设计调水时间、设计调水量以及冬季极端天气运行等多重考验,目前工程运行状态良好。明渠总体防渗效果良好,河道堤防工程无大面积坍塌,河道清淤及时无淤积;交叉建筑物实体观测结果正常,闸门启闭正常,输水河的防渗能力及过水能力均超过设计要求;管道运行正常,排气阀等各类控制设施运行正常,调流阀调流控制能力和精度达到设计要求,管道流量满足各工况要求,符合设计标准;各级泵站运行参数均达到设计及规范要求,机组效率符合规范标准,运行平稳,安全可靠,能够满足各种工况下的运行要求;供电线路工程运行正常,满足设计和安装要求,无重大险情出现。冬季运行期间,输水河没有出现冻胀破坏现象;汛期或汛后,地下水位较高的河段埋设的排水设施性能良好;防冻、排水能力达到了设计标准。根据2015 年应急调水以来的运行检验结果,可见胶东调水工程供水功能可持续性良好,可长期发挥其为胶东地区供水的作用。

8.2.2.2　组织机构的可持续性

山东省调水工程运行维护中心及其所属分中心、管理站为胶东调水工程的运行管理单位。各分中心参照山东省调度中心的职责成立分调度中心,负责辖区内调度运行、应急抢险与运行管护人员的技术安全培训,服从山东省调度中心的统一调度指挥。各管理站组成调度组,负责辖区内的调度运行、应急抢险工作,服从省、分调度中心的调度指挥。泵站、闸站、阀门井站点、渠道、管道巡视人员为现地运行单位管理人员,负责运行期间的水位、压力、流量观测、接收调度指令具体操作泵站、闸站、阀门井机电设备、组织工程安全巡查、参与应急抢险等运行工作,服从上级调度中心(组)的指挥。

根据《关于调整省水利厅所属部分事业单位机构编制事项的批复》(鲁编〔2019〕12号),山东省调水工程运行维护中心为副厅级公益二类事业单位,共分省、市、县三级管理机构,经费来源为财政补贴,日常管理运行费用由水费解决。省中心内设9个处室,编制人员111人。工程沿线潍坊、青岛、烟台、威海分设分中心,为市级管理机构,编制人员分别为55人、53人、23人、16人。在昌邑、平度、莱州、招远、龙口、蓬莱、福山、牟平分设管理站,作为县级管理机构,编制人员分别为76人、80人、19人、12人、15人、11人、12人、12人。

胶东调水工程线路长,运行管理任务重,尤其烟台市、威海市实有编制人员数量少,难以满足工程日常管理的需要。自2020年起,通过落实"管养分离"体制改革,采取购买社会服务的方式,组织工程日常维修养护与巡视巡察工程的维护和运行。

目前的管理机构和人员情况基本能满足工程运行管理和维修养护的组织管理需要。管理机构制定了较为健全的调度运行管理办法和应急预案,每年都制定详细的调度运行方案,并有计划、有针对性地进行维修养护。各分中心、管理站和维修养护单位能够按照各项规章制度、标准的相关要求开展工程日常管理和维护工作,组织机构的可持续性良好。

8.2.2.3 经济和财务的可持续性

(1)经济分析可持续性

①本项目经济内部收益率为28.8%,经济净现值为2 424 893万元,经济效益费用比为6.5。经济内部收益率远大于社会折现率8%,经济净现值远大于零,经济效益费用比远大于1.0。从上面的指标可以看出,胶东调水工程运行以来已经初步取得了非常好的国民经济效益,社会、经济效益显著。

②在费用增加10%,效益减少10%的最不利的情况下,胶东调水工程的经济内部收益率仍可达27.63%,远大于社会折现率8%,这表明工程具有较好的抗风险能力,经济上具有较强的可持续性。

(2)财务分析可持续性

①按照设计供水规模、长江水计量水价收费,按照目前正常年份项目的营业收入和各项成本费用,计算整个项目期的财务指标。本项目的财务内部收益率为2.13%,高于设定的行业基准收益率1%;相应的财务净现值为167 631万元,大于零;投资回收期为45年,项目基本满足财务评价要求。

②各因素的变化会不同程度地影响财务内部收益率,其中水费收入的变化影响最

大,电费成本影响较小。可知对于胶东调水工程来说,提高供水量和采取有利的水价政策是提高财务能力的主要手段。

由此可以看出,制定合理的水价收费政策是项目财务可持续性发展的前提条件。为了保证项目的正常运转和供水效益的持续发挥,应在现有供水情况的基础上,分析将来的供水发展需求,统筹考虑水源供给,合理制定口门水价,保证本项目在财务上的可持续性。

8.2.3　可持续性评价结论和建议

8.2.3.1　结　论

从上述分析来看,胶东调水工程资源利用可持续,符合国家政策方针和地方经济发展的需要,供水功能将持续发挥,且组织机构健全,规章制度完善,国民经济效益良好,以目前的水费收缴标准来看,项目具备保本微利的盈利能力,基本满足财务评价要求。项目可持续性发展良好。

8.2.3.2　建　议

胶东调水工程具备了可持续发展的有利条件,但为保证项目的可持续性,缓解经济发展与水资源供应不足的矛盾,提高供水保证率,促进人与自然的和谐,在此提出以下建议:

(1)完善水价机制,以促进工程良性循环运行,从而保证工程持续发挥效益。

(2)加强已经建成工程的维护和管理,并保证稳定的运行维护费用,促进工程的正常运行。

(3)总结经验教训,提高运行管理和维修养护水平。

(4)在合适的时机实施胶东调水挖潜工程或新辟输水线路,缓解现有工程的运行压力,提高供水保证率。

第9章 总结评价结论与建议

9.1 总结评价结论

在实施过程总结、效果评价、目标和可持续性评价的基础上,依据确定的评价方法、评价指标体系进行综合分析,提出项目总结评价结论。

(1)工程项目决策正确,前期工作有序完成

胶东调水工程是党中央、国务院和山东省委、省政府决策实施的远距离、跨流域、跨区域大型水资源调配工程,是实现山东省水资源优化配置的重大战略性、基础性、保障性民生工程,是省级骨干水网的重要组成部分。该工程的兴建实现了山东省水资源的优化配置,缓解了胶东地区的水资源供需矛盾,改善了当地的生态环境。

在胶东调水工程项目建议书、可行性研究报告、初步设计及设计变更等项目前期工作中,设计单位提交的设计成果基本符合当时的规范要求,工程方案基本合理,审批程序均符合水利项目基本建设管理规定。

评价认为,胶东调水工程项目决策正确、论证基本充分,是一项利国利民的水利建设工程。

(2)实行建设管理"四制",发挥法人核心作用

山东省胶东地区引黄调水工程指挥部及办公室、山东省引黄济青工程管理局、山东省胶东地区引黄调水工程建管局先后承担了项目法人职责,全面负责工程的建设与管理,对项目建设的工程质量、工程进度、资金管理、档案管理和生产安全负总责。

项目法人按现代企业制度运作,实行法人负责制、招标投标制、建设监理制和合同管理制。项目法人组织机构合理,制度建设健全,过程管理有力,控制执行有效,充分发挥了关键核心作用;招标投标和建设监理工作开展规范;合同管理严密科学。建设管理"四制"保证了工程建设目标的圆满实现和效益的充分发挥,为大型水资源调配项目的法人组建和运行提供了宝贵的经验,对我国大型水资源调配建设项目管理体制建设具有很强的借鉴意义。

（3）运行维护管理高效，工程供水效益显著

山东省调水工程运行维护中心及其所属分中心、管理站为胶东调水工程的运行管理单位。运行管理主体职责明确，机构设置合理，制度建设基本完善，人员配置能够满足工程实际运行的需要；维护运行管理规范，制度执行良好有序；调度运行管理科学严密，方案可靠合理。

截至 2021 年 6 月 30 日，胶东调水工程累计供水 11.14×10^8 m^3，其中向烟台市供水 6.89×10^8 m^3，向威海市供水 3.93×10^8 m^3，向平度市供水 0.32×10^8 m^3。工程调水运行正常，工程运用情况良好，实现了长江水、黄河水、当地水的联合调度、优化配置，为胶东地区城市生活及工业用水提供了有效保障，改善了区域生态环境，经济效益及社会效益显著。

（4）工程财务效益尚可，国民经济效益合理

以工程建成后的实际建设支出、运行支出以及实际供水收益数据为基础，结合工程原设计规模和供水能力以及现行的水费价格管理文件，核算的工程财务评价指标基本满足评价基准要求。

按照引黄济青改扩建批复本胶东调水工程规模 1.505×10^8 m^3、指标水量 1.665×10^8 m^3 方案和按照近三年平均供水量 2.38×10^8 m^3 方案，通过计算各项指标，发现供水量越大，财务指标越好。评价认为，适当提高供水规模有利于提高水费收入，从而有效地提升财务指标。

根据国民经济盈利能力分析和敏感性分析结果，胶东调水工程在国民经济上是合理可行的。在设定的浮动范围内，各项经济指标仍能满足要求。

（5）移民任务全面完成，经济社会稳定发展

山东省胶东地区引黄调水工程建管局、各级地方政府对征地及移民安置工作高度重视，实施机构精心组织实施，措施得力，设计和监理单位履行职责，使胶东调水工程各项移民工作全面完成。移民安置工作实施符合规划要求，得到了大部分移民的认可，达到了预期目标。工程影响区交通、电力、通信专项功能恢复，交通条件得以改善提高。

评价主要从烟台市、威海市城乡居民受益人口数、工业产值贡献率、促进城镇化率三个方面对胶东调水工程的社会影响进行分析。通过分析发现，受益人口数量约 329.57 万人；支撑烟台市年均工业产值 3 226.0 亿元，约占烟台市工业总产值的 25.73%，年均工业净贡献值约 58.1 亿元；支撑威海市年均工业产值 361.3 亿元，约占威海市工业总产值的 38.25%，年均工业净贡献值约 6.5 亿元；促进城镇化率增长水平从 1% 以下提高到 1.4%～1.8%。胶东调水工程的建设实施，为受水区人民群众安居乐业和经济社会发展作出了十分重要的贡献。

（6）环境保护措施可靠，水土流失防治有效

胶东调水工程在建设过程中和运行期间，重视环境保护工作，满足环保"三同时"要求，施工和运行过程中采取了有效的污染防治措施与生态保护措施；在施工和运行阶段

均执行了国家和地方环保法规、规章和环境保护部对于建设项目环境保护工作的各项要求。水环境、大气环境、声环境均达到相应的环境质量标准。固体废弃物排放方案可行、可靠、合理,对环境的影响在可接受的范围内。项目区完成的生态恢复措施较好地发挥了保持水土、改善环境的作用。

建设单位重视工程建设中的水土保持工作,按照有关水土保持法律法规的规定,编报了水土保持方案报告书,并上报山东省水利厅审查、批复。本工程不涉及水土保持重大变化及变更、后续主体工程初步设计对水土保持措施进行优化,按照批复的水土保持方案足额缴纳水土保持补偿费,各项手续齐全。本工程水土保持措施落实情况良好,防治责任范围内的水土流失得到了较为有效的治理,水土流失防治效果达到了有关技术标准的要求,水土保持设施运行正常。

(7)项目实现供水目标,可持续性发展良好

胶东调水主体工程建成运行至今,共经历了 7 次调水,历年实际调水运行天数均超设计运行天数;累计调引客水 11.14×10^8 m³,年均 1.59×10^8 m³,为设计供水量的 1.11 倍。胶东调水工程超额实现了项目立项时确定的目标,有力地保障了胶东地市基本用水需求。特别是在烟台、威海两市持续干旱、严重缺水期间,山东省政府和山东省水利厅紧急部署实施应急抗旱调水,对于解决当地水资源匮乏的窘况,减缓海水入侵、地下水漏斗扩大,促进当地经济发展、保障当地社会稳定,均发挥了重大作用。

胶东调水工程资源利用可持续,符合国家政策方针和地方经济发展的需要,供水功能将持续发挥,组织机构健全、规章制度完善,国民经济效益良好,以目前的水费收缴标准来看,项目具备保本微利的盈利能力,基本满足财务评价要求。项目可持续性发展良好。

9.2 成功的主要经验和存在的主要问题

9.2.1 成功的主要经验

9.2.1.1 规划建设方面

跨流域长距离调水工程建设宜与当地建设规划相结合,从而能够最大限度地调动地方配合建设的积极性。例如,调水管道线路经过的烟台市福山区门楼镇,福山区政府提出输水线路沿拟修建的林门公路绿化带内布设。这样,一方面福山区政府可借助调水工程将其门楼镇境内的迁占资金用于公路建设,另一方面也为调水工程的管道埋设提供了场地,方便了工程运行巡视工作。山东省建管局采纳了福山区政府的建议,及时调整了设计方案。

9.2.1.2 建设管理方面

胶东地区引黄调水工程包括明渠、管道、暗渠、泵站、渡槽、水闸、倒虹、隧洞、桥梁等,

几乎囊括了水利工程中涉及的各类水工建筑物。由于工程距离长、途径地市多、施工环境复杂、技术要求高,故建设管理任务繁重。根据工程特点和工作实际,工程建设方探索出了"政府协调、法人负责、分级管理、靠前指挥"的建设管理模式,有力解决了工程建设外部环境协调、征地移民、资金到位、建设管理等过程中的难点、堵点、关键点问题,有效地确保了工程的顺利实施。

(1)合理设置建管机构,满足工程建设需求

①根据胶东调水工程线路长、途经市、区(县)多,建筑物类型多,管理难度大的特点,采取省、市、县(区)三级管理的模式开展工作,实行分级管理。山东省建管局负责全面的工程管理和总调度,制订工程建设年度计划,审核拨付工程款项,重点负责控制性骨干建筑物、重要机电设备等工程的建设管理;市、区(县)建管局负责迁占补偿,地方环境协调及明渠、附属建筑物等委托地方建管项目的建设管理。由此做到了任务分解、目标明确、齐抓共管,取得了积极推进工程建设的良好效果。

②成立了现场指挥部,实现靠前管理。工程开工建设伊始,山东省建管局根据现场实际需要,先后成立了暗渠段和明渠段两个现场指挥部,抽调有经验的同志参与工程的现场管理,代表项目法人现场督导工程建设质量、进度、安全和工程验收、计量审核等工作,对工程现场坚持经常性的巡视检查。对关键施工段派专人进驻,及时掌握工程现场情况,发现问题时能够第一时间赶到现场,参与并提出方案、解决问题,同时及时上报。对容易出现事故的施工地点进行了重点检查,重点强调防坍塌、高处坠落、沟槽两侧防护、起重机械施工、爆破作业、防火患、施工安全用电等方面,并进行了细致的检查。做到建设单位、设计单位、检测单位人员同吃、同住、同工作,加大质量、安全、进度现场管理的力度。

(2)加强制度建设,做到有章可循

①制定相关管理办法。山东省建管局成立之初,首要任务是加强制度建设。依据国家有关工程建设管理的法律、法规及标准、规定等,先后制定了胶东调水工程建设管理办法、招标投标管理办法、质量管理办法等多个管理文件。在工程施工过程中,又根据新出台的法规、标准等对工程项目管理文件进行了补充和修订。这些管理办法与规章制度对工程建设的程序化、规范化管理和保证工程建设的顺利实施起到了重要作用。

②制定施工技术要求。根据有关技术规范和标准,编制了《山东省胶东地区引黄调水工程施工技术要求》《渠道衬砌工程施工与安全技术要求》《管道工程安装和安全技术要求》等,并举办了"渠道衬砌施工和管道安装技术"培训班,召开了施工现场观摩会,统一了施工技术要求和标准,规范了施工行为,确保了渠道衬砌和管道安装施工质量。

③积极创建文明工地。山东省建管局编制了《胶东调水工程加快工程建设进度及创建文明工地奖惩办法》,加强了各施工项目部文明工地创建的意识和争创先进典型的吸引力,调动了各施工单位参与创建文明工地的热情和积极性,强化和规范了质量管理工作,进一步提高了工程建设质量。通过各参建单位的共同努力,胶东调水工程多次获得

"文明建设工地"的荣誉称号。

④加强党风廉政教育,签合同必签廉政责任书。在建设、监理、设计、施工等单位组织开展治理商业贿赂自查自纠活动,有效地杜绝了商业贿赂现象。

(3)建立咨询会商制度,集思广益解决重大技术问题

①建立联席会议制度。针对胶东调水工程建设中遇到的重大设计变更、投资、技术、施工环境等问题,定期召开有关单位参加的联席会议,研究、协商解决问题的方案和建议,确保工程建设顺利进行。

②建立专家咨询制度。面对工作中的重难点问题,邀请专家召开专题会,借鉴专家的宝贵经验,发挥集体智慧,找到解决问题的思路和方法,提出处理意见和方案,从而有效推动了各项工作的实施。

③建立社会中介机构合作制度。聘请法律顾问机构,对合同条款及重要契约性文件进行审查,以有效避免履约风险,对争议和纠纷事件提供法律支持,合理、合法地解决各类问题。聘请造价咨询机构,对工程预算审核把关,对合同完工结算提供审核意见,保证了工程建设资金的使用安全。

(4)加强过程管理和控制,及时发现和解决问题

①定期开展专项检查和综合检查。坚持日常检查和专项检查相结合,组织有关人员开展定期检查,及时排查各类事故隐患。其中项目部每个月开展不少于一次专项检查,监理部每两个月开展不少于一次专项检查,现场指挥部、山东省建管局每季度不少于一次专项检查。山东省建管局每年组织两次工程质量、安全生产综合检查,对在建工程的质量、安全及档案资料进行全面检查和梳理,做到有检查、有通报、有整改、有落实,杜绝责任事故的发生。

②设备生产采取监理单位、建设单位人员驻厂监造措施,严把生产图纸审查关、设备生产材料关、工序关,严格工厂试验、出厂验收和到货验收,确保设备生产质量。

③加强安全生产管理工作,成立工程安全生产领导小组,逐级落实"一岗双责",实行网格化管理,制定安全度汛和冬季施工实施方案,开展汛前和冬季在建工程质量与安全生产大检查,对检查中发现的质量问题及安全隐患当场下达整改通知,并跟踪落实整改情况,实现了安全生产无事故的目标。

④选定第三方检测单位,对所有工程项目的质量进行巡回检查。

⑤监督并对施工单位的施工资料及记录等进行随机抽样检测。对工程建设中出现的问题,及时向有关单位下达"施工质量整改意见的通知"。加强工程施工现场的质量控制,确保及时解决工程施工中出现的各种质量问题和隐患。

(5)实行集中现场办公,全面推动工程建设

2011年至2014年,为重点推进胶东调水门楼水库以下段工程建设,山东省建管局全体人员进驻牟平现场办公,以方便对现场情况全面、及时地了解和调度,现场问题现场解决,简化了部分工作流程。现场办公实行责任包干制、专项督导制、调度通报制、实时监

控制以及工程进度日报/周报/月报等多项制度,强化重点标段和关键节点性工程督导力度,对控制性、制约性标段安排标段责任人现场督导,在保证工程质量与生产安全的前提下全力推进工程建设,实现建设目标和任务。

(6)运管单位提前介入,建设运行平顺过渡

胶东地区引黄调水工程建设期间,运行管理单位——山东省调水工程运行维护中心(原山东省胶东调水局)提前介入工程建设管理,2009 年即组建管理机构,管理机构的主要职责是:建章立制,制定运行方案,配备运行管理技术人员,负责工程看护及运行。在这期间积累了管理运行经验,培养了运行技术人员,实现了从建设到运行的平顺过渡。

9.2.1.3　财务管理方面

建管机构成立之初,山东省建管局按照《基本建设财务管理规定》等法规建章立制,明确各类支出及价款结算办法。全系统统一会计电算化核算口径,适时举办财务培训班,不断提高财务人员的业务素质和能力。定期开展财务检查、自查、互查。各级财务人员能够时刻做到警钟长鸣,严把职业操守,会计核算准确。各级单位严格按照建设程序和会计核算流程执行,严格按概算批复、合同以及计量支付手续支付各类价款,价款结算及时无误。在审计部门的项目跟踪审计下,保证了各项资金的安全。

9.2.1.4　档案管理方面

针对胶东调水工程档案形成周期长、档案种类多、数量大、涉及领域广的特点,建设方坚持高起点、高标准、高质量的要求,认真履行职责,加强监督检查,强化过程管理,这些也是工程档案管理的关键。

(1)把档案管理纳入工程的合同管理

招标投标以及签订勘测、设计、施工、监理等合同(协议)时,设置专门条款,对档案的载体形式、质量、份数、移交工作提出明确要求。

(2)规范档案管理程序,在认真执行上下功夫

在具体工作中,制定并严格执行可操作的档案管理程序,如下所示:

①领取中标通知书时,递交投标文件的电子版。

②签订合同时,领取档案管理人员一览表。

③上报一览表的同时领取胶东调水工程档案管理办法光盘,并对重要内容逐一进行沟通与交流。

④提出预付款申请时提交合同项目档案工作计划。

⑤提出工程进度款申请的同时,提交对应拟归档的各种载体档案原件及电子版。

⑥工程检查时,将工程档案列入重要内容同时进行检查。

⑦工程验收前首先对档案进行验收。

⑧提出工程完工结算款申请的同时,办理档案的移交手续。

（3）把档案管理纳入工程计量管理

山东省建管局领导高度重视档案管理工作，把能否提供符合归档要求的、与工程进度相对应的档案资料作为工程计量支付（拨款及结算）的条件之一。

（4）严格档案验收与移交程序

单位工程（含阶段验收）完（竣）工验收前，首先对档案进行验收，由档案管理部门给出相应的鉴定评语。档案移交时需要办理交接手续，作为财务结算的依据之一。

通过实践证明，以上档案工作过程管理能够较好地保证工作质量，提高工作效率。各级建管及合同单位档案管理人员在文件材料收集、整理、立卷、归档等环节有章可循，管理规范，从源头上保证了各类档案的归档数量与质量、载体的完整性及档案数字化的进程；有效地保证了档案工作与工程建设的同步进行、同步完成，确保了档案专项验收的顺利通过。

9.2.1.5 科研成果方面

工程建设过程中，充分利用科技创新解决难点问题，带动提升工程建设管理水平。针对胶东地区引黄调水工程输水线路长、跨越区域广、地质条件复杂、工程类别多、施工难度大、质量要求高的特点，立足工程建设实际，在建设实践中不断创新思路、丰富手段、完善措施，大力推进新工艺、新材料、新技术、新设备的应用，有力地保障了工程建设的优质与高效，同时为其他同类工程建设提供了借鉴与支持。工程共获得各类奖项 30 余项，其中山东省科技进步二等奖 2 项，山东省水利科技进步一等奖 3 项、二等奖 1 项，山东水利系统优秀调研成果二等奖 1 项，山东省档案局开发利用档案信息资源成果二等奖 1 项，山东省技术进步奖 1 项，山东省软科学奖 8 项，山东省优秀论文奖 3 项，山东省优秀工程勘察设计成果奖 4 项，山东省优秀水利水电工程勘测设计奖 3 项，新型实用专利 3 项。

9.2.1.6 维护运行方面

2019 年工程竣工验收后，本着"事企分开，科学管理，规范用工，提高效能"的原则，引入第三方维修养护公司参与日常管理维护，完成了"管养分离"体制改革，实现了工程管理模式从"自管"向专业化、社会化管理转变，工程标准化管理体系框架基本形成。按照"一物一标准、一事一标准、一岗一标准"的原则，出台了相关标准、预案，工程管理实现了有规可依、有章可循。

2020 年至 2021 年，先后组织审批泵站、明渠、管道暗渠工程委托服务及维修养护方案 11 项，批复养护服务经费 1.2 亿元。在养护标准核定、工程设施交接、人员关系转移、运行维护稳定等关键性工作上，加强工作调研和协调，出台了一系列措施来确保工作的顺利过渡。截至 2021 年上半年，胶东调水工程新建 7 级泵站、160 km 明渠、150 km 管道暗渠和沿线闸站、阀井的日常维修养护工作全部通过社会化服务实现，各项工作顺利交接，保证了工程管理和调度运行的正常秩序，全面提升了胶东调水工程管理水平。

9.2.1.7 调度运行方面

调水运行前，积极组织做好资金筹措、工程检查、设备调试、方案制定、调度及工程管理体系的构建、人员培训等各项前期工作；调水运行期间，做好各级运管单位及地方有关单位的协调，定期召开管理与调度联席会议；制定符合工程实际情况、可操作性较强、科学合理的工程调度运行方案。自开展应急调水至今，工程运行情况安全良好，实现了长江水、黄河水、当地水的联合调度及优化配置，圆满完成了各年度输水任务。

有关方面研究制定并实施了长距离、多起伏、无调蓄、明暗交替、泵站串联的管道调度运行方案（黄水河泵站—米山水库段工程），保证了运行的可控性和安全性；结合工程特点及冬季运行实际情况，提出了冰期蓄水、分水、输水、停电、事故停机等各种条件下的控制运行方式，确保了运行安全、平稳；建立了工程完备、设施先进、制度完善的水质保护体系，保证了水质安全；建设了自动化调度系统工程，推进了工程的网络化、数字化、智能化发展。

9.2.2　存在的主要问题

9.2.2.1　工程建设周期长

2003 年 12 月 19 日，胶东调水工程在辛庄泵站先期开工建设。2009 年 12 月 9 日，山东省发展和改革委员会以《山东省发展和改革委员会关于胶东地区引黄调水工程有关问题确认意见的函》（鲁发改农经〔2009〕1564 号）作出批示，确保工程 2011 年全面建成。

2013 年 6 月，主体工程全线完工；2013 年年底，对全线进行了试通水。实际工期超设计批复工期。

胶东调水工程内容复杂，沿途建筑物繁多，沿途穿越的村庄集镇也较多，施工条件复杂。因施工难度大，导致项目工期延长，分析归纳其原因如下：

（1）原设计工期偏短

基于应急工程的建设需求，为了尽快实现供水目标，原设计工期偏短。但实际按照正常供水项目建设实施，改变了工程应急建设的特性。因此胶东调水工程设计工期和批复工期先天存在不足，后期延长成为必然。

（2）供水区域由枯水年进入丰水年，当地对水资源的需求紧迫性降低

工程开工后，在整个建设实施期间，胶东地区由枯水年进入丰水年，当地对水资源的需求紧迫性降低，对推进工程建设的力度有一定影响。

（3）工程土地手续延期

胶东调水工程自 2003 年宣布开工后，直到 2005 年 8 月，建设用地才获得国土资源部的批复。工程实施时，沿线铁路、高速公路、工业园区等项目已相继获得土地批复并进入实施阶段，与本工程用地发生了严重冲突，导致部分线路不得不调整或增加交叉建筑物，致使工期延误。

（4）建设资金到位不及时

根据胶东调水工程投资及资金到位实际情况，截至 2008 年年底，实际到位资金 17.06 亿元，占工程总投资的 30.46%；截至 2011 年年底，实际到位资金 36.58 亿元，占工

程总投资的 65.32％。工程建设资金到位不及时,致使无法大面积展开施工,建设单位工作难以开展,施工单位缺少建设资金,从而造成工程建设实施进展减缓,致使工期延误。

9.2.2.2 设计变更较多

胶东调水工程建设时间跨度较长,其间由于建设资金到位不及时、土地手续延期、政策调整、物价上涨、完善设计等多方面因素的影响,导致建设期间出现了三次重大设计变更。设计变更基本符合工程现场的实际情况和国家设计规范的要求,变更申请合规,变更方案可行。对工程建设过程中发生的重大设计变更,通过组织相应层面的专家进行评审论证,确定了最优方案,并最终得到批复;履行了相关审批手续,手续较完备,符合国家的建设管理程序和有关规定。

分析导致工程设计变更的主要原因如下:

(1)胶东调水工程按照应急供水工程立项、审批、设计

调东调水工程立项、审批时,作为应急调水工程处理,重建设、轻管理,这导致对该工程,尤其是后来转变为正式向胶东地区供水的永久工程的运行管理基础设施和自动化调度系统考虑不周;审批压缩投资,设计内容也存在缺项。为了解决工程试通水和应急调水期间暴露出来的缺陷及问题,不得不增加工程建设内容,因此需要进行设计变更。

(2)土地手续延期

由于土地手续延期,造成工程实施时,选定线路上地面附着物变化较大,沿线铁路、高速公路、工业园区等项目已相继获得土地批复并进入实施阶段,与本工程用地发生了严重冲突,需要进行线路调整和交叉建筑物变更。尤其是没有永久征地的管道暗渠段,工程按原批复线路施工的难度大、补偿多,需要进行设计变更。

9.2.2.3 工程投资增加较多

竣工决算(不含尾工)总投资为 52.36 亿元,较工程最终批复的投资(56.00 亿元)略有结余,但工程 2019 年调整投资后,较初步设计批复概算投资有大幅上涨,增加幅度达94％,分析归纳其主要原因如下:

(1)胶东调水工程按照应急供水工程立项、审批、设计

胶东调水工程立项、审批时,作为应急调水工程处理,重建设轻管理,这导致对该工程,尤其是后来转变为正式向胶东地区供水的永久工程的运行管理基础设施和自动化调度系统考虑不周;审批压缩投资,设计内容也存在缺项。为了解决工程试通水和应急调水期间暴露出来的缺陷和问题,增加工程调度运行灵活性和可靠性,需建设相应的自动化调度系统增加投资3.18 亿元,与工程配套的管理设施增加投资 0.78 亿元。

(2)政策调整因素

因政策因素调整,新增耕地占用税,增加补充征地费,增加征地补偿费、专项设施补偿费、水土保持及环境保护费等,导致移民迁占、水土保持及环境保护等专项投资增加6.23 亿元。

（3）物价上涨因素

胶东调水工程于 2003 年年底开工建设，启动占地普查工作；2005 年 8 月，国土资源部作出了建设用地批复；2006 年，泵站、隧洞等控制性工程开始兴建；2009 年年底，明渠工程建设完成；2010 年，暗渠及门楼水库以下段管道工程开始施工；2013 年底，主体工程全线贯通。整个工程建设期间也是我国经济高速发展的时期，物价上涨，设备原材料价格大幅上涨，建设成本上升，这些因素导致工程投资大幅增加。

（4）完善设计及设计变更因素

为满足工程运行管理的需要，补充完善设施设备及其他管护内容，使得工程投资增加。此外，工程开工以来胶东地区社会经济高速发展，特别是烟台—威海段输水线路（途径烟台市的福山区、莱山区、高新区、牟平区等），由于城市化进程加快，当地区划调整和城区总体规划变更，致使调水线路多次变更调整，导致工程投资增加。

（5）建设期利息增加

胶东调水工程调整概算投资增加后，中央预算资金没有相应调增，投资压力很大一部分需要通过银行贷款解决，再加上建设期拖延，仅建设期利息一项就增加 6.12 亿元。

（6）其他项目费用增加

由于工期延长，增加了工程建设管理费、联合试运行费、待运行期工程管护费、核定投资中漏列项目费，导致工程投资增加。

9.3　对策和建议

在对项目决策、建设实施、运行管理过程中的做法进行分析和总结的基础上，从完善胶东调水工程项目、指导拟建类似工程的目的出发，分析了项目目前存在的主要问题，总结了经验教训，提出了对策建议。

9.3.1　工程完善配套的对策和建议

（1）挖潜现有工程的输水能力，适时开展改扩建工程

由于宋庄分水闸以上与引黄济青工程共用段渠道工程规模偏小，无法满足同时输送达量指标的黄河水和长江水的需求，因此应在现有工程规模的基础上，挖潜现有工程的输水能力，适时开展改扩建工程，提高供水能力和效益。

（2）增加调蓄工程

由于胶东调水沿线无调蓄工程，为了提高工程运行的稳定性，减少调度运行的压力，建议适时开展新增调蓄工程规划建设。

（3）增加泵站机组调流装置

灰埠、东宋、辛庄明渠段泵站无流量调节机组，运行流量调节不灵活，上、下游流量匹配只能通过频繁开/停机实现，增大了机组磨损，降低了机组使用寿命，增加了运行压力。因此建议配套完善必要的机组调流装置，增加工程运行稳定和安全的保证率，缓解运行

调度压力。

（4）完善水价机制

鉴于胶东调水工程承担着多水源、多目标供水任务，实际各运行年度需要根据受水区的供水需求、供水区的供水能力等实际情况，以及山东省政府的宏观调控政策进行多水源联合调度。所引起供水成本的变化中，不同水源水占比对综合水价的确定影响较大。因此建议完善水价机制，既不过分增加地方政府和老百姓的经济负担，又能确保工程合理的财务收入，保证运行经费的投入，促进工程良性循环运行，从而保证工程持续发挥效益。

（5）增加冬季输水保障措施

由于冬季输水期间渡槽槽身易结冰，会缩减过水断面宽度，抬高槽内水位，易造成险情，因此建议槽身增加保温措施，各输水渠道和建筑物采取相应的保温和除冰措施，以保障冬季工程能够安全平稳地运行。

（6）利用管道末端剩余水头

为了充分利用管道末端剩余水头，节省能耗，建议在星石泊泵站前增加调压塔，改造机组。

（7）增加泵站、管道在线监测设施

为了完善泵站和压力管道的运行监测，及时发现异常和诊断故障原因，建议配备泵站运行状态监测诊断系统及管道安全监测设施，从而保障工程的安全运行。

（8）实施常态化清淤措施

由于黄河水中泥沙含量大，随着引水量的增大，泥沙沉淀量增加，现有沉沙池容量和效率减小，致使部分运行时段沉沙池出口泥沙含量高，下游渠道淤积，影响输水能力。在目前没有条件新建沉沙池的情况下，建议实施常态化清淤措施，保证现有沉沙池的沉沙效果；待各方面条件成熟后，建议适时实施胶东调水新建沉沙池工程。

（9）加强智慧调水工程建设

新阶段水利工作的主题是推动高质量发展。调水工程应全面贯彻"创新、协调、绿色、开放、共享"的新发展理念，打造"安全化、规范化、信息化"三位一体的现代化调水工程，逐步构建数字化、网络化、智慧化融合发展的智慧调水体系。建议在条件允许的情况下，提升和完备工程现代化运行管理能力。

9.3.2　对类似调水工程的建议

（1）充分论证工程建设内容，减少设计变更，控制建设工期和工程投资

建议在前期设计阶段类似的大型水资源调配工程，要充分考虑地区的经济发展状况、人文特点和其他制约工程建设的因素，以及工程技术发展和革新的速度，采取必要和完善的工程措施，合理计算基本预备费和价差预备费；工程开工建设前应落实征地工作，以满足工程建设的需要；在建设实施阶段，要确保资金及时到位，保障工程建设的顺利推进。尽量避免工期-变

更-投资连锁反应,控制建设投资,减少工程变更,保证工程按期完成。

（2）开工前落实征地,开工后按时到位建设资金,运行后保障经费

由于未落实建设征地,故根据工程实际情况,暂停了渠首沉沙池建设。但黄河水是胶东调水工程的主要水源之一,河水中泥沙含量高。为了保证工程正常运行,管理单位每年都要投入大力的人力、物力和财力进行清淤,从而增加了运行管理的难度和维修养护的经费投入。

由此建议,在类似大型水资源调配工程的前期工作阶段,增加相应的沉沙、清淤工程内容设计,尽量避免或减少工程淤积;工程开工建设前应落实征地,以保障工程建设的实施;开工后按时配套建设资金,保证工程建设的顺利进行;运行管理过程中增加并落实清淤经费投入,尽量减少对当地生态环境的不利影响。

（3）完善建筑物整体布局

个别泵站厂房布置过于紧凑、检修空间狭窄,使得日常维修养护和机组大修操作困难。建议在前期设计阶段,工程生产建筑厂房布置及空间尺寸的确定,除了应满足机电设备的安装要求外,还应为后期维修养护的需求创造便利的检修条件,并配备完善、必要的辅助生产设施和工具。

（4）适当加大末端工程规模

长距离调水工程前期设计阶段,应考虑调水工程末端受水区短期集中调水的需求,增强针对特大干旱、持续干旱、突发水安全事件的应对能力,全面提升供水保障能力。建议适当加大末端工程规模,保障末端工程具备单独应急调水的能力,减少因小规模运行带来的水量损失和运行成本增加。

（5）配套调蓄工程,完善调流设施

长距离调水工程应考虑配套调蓄工程以增加调蓄能力,或配套必要的调流设备以减少运行调流频次,增加工程运行稳定和安全的保证率,缓解运行调度压力。

（6）合理利用现有工程,匹配拟建工程规模

根据工程运行实战经验,"引黄""引江"共用一条输水线路,在输水时间、输水规模、工程运行等方面相互影响,甚至存在矛盾和冲突。尤其是新建工程利用现有工程输水时,应在挖潜现有工程输水能力的基础上,根据水源情况,规划设计与工程规模相匹配的供水系统,充分考虑不同水源水量叠加工况发生的概率,合理确定工程规模;考虑不同水源调度运行的差别,细化调度运行方案,从而提高工程供水保证率,降低调度运行压力,避免不同水源输送时空上的矛盾。

（7）充分考虑冬季输水保障措施,设计标准适当折减

根据胶东调水工程冬季输水的实战经验,冬季极端严寒天气输水工况考虑欠缺,工程抗冰冻能力较弱。建议应充分论证冬季严寒等极端天气工程运行的可能性,采取必要的防护措施,保证工程运行安全。建设冬季输水设计标准应该适当折减,各输水渠道和建筑物采取相应的保温和除冰措施。

参考文献

[1]国家发展改革委.中央政府投资项目后评价管理办法[G].北京:国家发展改革委,2014.

[2]国家发展改革委.中央政府投资项目后评价报告编制大纲(试行)[G].北京:国家发展改革委,2014.

[3]关于印发《水利建设项目后评价管理办法(试行)》的通知[J].水利建设与管理,2010(3):1-3.

[4]水利建设项目后评价报告编制规程[M].北京:中国水利水电出版社,2011.

[5]陈文晖.工程项目后评价[M].北京:中国经济出版社,2009.

[6]张三力.项目后评价[M].北京:清华大学出版社,1998.

[7]中国水利经济研究会.水利建设项目后评价理论与方法[M].北京:中国水利水电出版社,2004.

[8]唐德善,蒋晓辉.黑河调水及近期治理后评价[M].北京:中国水利水电出版社,2009.

[9]梁忠民,钟平安,华家鹏.水文水利计算[M].北京:中国水利水电出版社,2011.